电子战无人机任务载荷原理

王勇 王磊 骆盛 编著

Principles of Electronic Warfare UAV Mission Payload

U0300510

人民邮电出版社

北京

图书在版编目（ＣＩＰ）数据

电子战无人机任务载荷原理 / 王勇，王磊，骆盛编
著. -- 北京：人民邮电出版社，2022.10（2024.1 重印）
ISBN 978-7-115-59661-1

Ⅰ. ①电… Ⅱ. ①王… ②王… ③骆… Ⅲ. ①电子对
抗—无人驾驶飞机—飞行载荷 Ⅳ. ①V279

中国版本图书馆CIP数据核字(2022)第160849号

内 容 提 要

  本书基于作者多年来从事电子战无人机任务载荷相关研究的成果编写而成。全书共七章，
主要内容包括绪论、机载任务载荷通用技术、机载通信对抗任务载荷原理、机载雷达对抗任务
载荷原理、机载导航对抗任务载荷原理、机载成像侦察任务载荷原理、机载反辐射任务载荷原
理等。

  本书既可作为高等院校电子信息工程、信息对抗技术、无人机应用技术等相关专业的教材，
也可作为相关从业人员的参考用书。

◆ 编　著　王　勇　王　磊　骆　盛
  责任编辑　刘盛平
  责任印制　焦志炜

◆ 人民邮电出版社出版发行　　北京市丰台区成寿寺路 11 号
  邮编　100164　电子邮件　315@ptpress.com.cn
  网址　https://www.ptpress.com.cn
  北京中科印刷有限公司印刷

◆ 开本：700×1000　1/16
  印张：16.25　　　　　　　2022 年 10 月第 1 版
  字数：283 千字　　　　　2024 年 1 月第 6 次印刷

定价：99.80 元
读者服务热线：(010)81055552　印装质量热线：(010)81055316
反盗版热线：(010)81055315
广告经营许可证：京东市监广登字 20170147 号

编 委 会

前　言

无人机作为 21 世纪以来发展最为迅速的飞行器之一，正在越来越广泛、越来越深入地影响世界新军事变革的模式与进程。电子战无人机在历次局部战争中都有出色的表现，引起了国内外相关研究人员的高度关注。

本书从电子战和无人机实际发展的热点问题、需求和前沿知识出发，阐述各类机载任务载荷的组成和技术原理，特色和创新点如下。

1. 从电子战与无人机结合的实际需求出发，体现学科交叉

电子战的发展需求牵引了无人机的发展方向，而无人机技术的创新发展反过来又促进了电子战手段的广泛应用。电子战、无人机应用领域的技术人员以及信息对抗技术等专业的学生和研究人员，迫切需要学习电子战无人机的核心设备——任务载荷的相关技术原理。电子战无人机任务载荷的体积、重量、布局、功耗等均受无人机气动特性和整机性能的限制，因此，电子战无人机任务载荷技术来源于传统地面电子战设备，又有不同于传统地面电子战设备的特点。本书内容融合了电子战和无人机两个技术领域的知识，依据领域融合发展的现状和应用前景整合而成。

2. 从电子战无人机发展的前沿理论出发，体现知识创新

目前，国内外对电子战和无人机技术的相关研究侧重于无人机系统技术和通用电子战系统技术，尚缺乏专门针对电子战无人机研究的成熟出版物，而电子战无人机任务载荷作为电子战无人机的核心任务设备，由于其技术发展迅速，市场上的相关图书更少。本书相关内容以国家自然科学基金（No.61671454、No.60902017、No.61903372、No.61901490）和安徽省自然科学基金（No.1808085MF190）的研究成果为理论基础，融合电子战无人机任务载荷的技术理论，贴近军事应用和发展，体现知识创新。

3. 以编写组十余年的教学科研积累为基础，内容成熟合理

本书编写组成员来自国防科技大学电子对抗学院，从事电子战无人机相关专业研究和教学工作多年，曾获军队（省部级）科技进步奖一等奖三项、二等奖六项，发表论文 120 余篇，熟悉该领域的国内外研究现状，能够准确把握电子信息工程、无人机应用技术和信息对抗技术等专业人员的学习需求。根据电子战无人机的现状和发展趋势，本书包含了机载任务载荷通用技术，以及机载通信对抗、机载雷达对抗、机载导航对抗、机载成像侦察和机载反辐射等各类任务载荷功能和技术原理的知识，体系结构完备。

感谢王耀北、王迪、陈明建、董天宝、牛和昊、赵青松、左磊、王阳阳、林志、马涛、宋常建、张岩、翟雅笛等为本书部分章节材料的整理提供的帮助。

由于作者水平所限，书中难免存在不当之处，敬请读者批评指正。

王　勇

2022 年 4 月于合肥

目 录

将无人机作为武器装备的搭载平台，可以充分发挥无人机的作用优势，延伸武器装备的作用距离，是提高武器装备作战效能的重要途径。20 世纪 60 年代以来，无人机在多次局部战争中都有出色的表现，发挥了重要的作用，搭载任务载荷的无人机可以完成图像侦察、电子情报搜集、电子对抗、通信中继，甚至对地攻击等任务。

|1.1　无人机任务载荷分类|

无人机系统由飞行器、任务规划控制站（地面控制站）、任务设备、数据链等组成。无人机任务载荷又称有效载荷，是指安装在无人机上完成特定任务的仪器设备，无人机任务载荷和与其配套的地面设备（一般纳入地面控制站）共同构成了任务设备，地面设备用于任务载荷的监视、控制和任务规划。无人机任务载荷的体积、重量、布局、功耗等均受无人机气动特性和整机性能的限制，其种类和功能很大程度上决定了其军事运用价值。无人机任务载荷专指无人机为了遂行特定任务而装载的仪器设备，而无人机为了实现飞行、导航等目的以及回收所必需的航电、数据链等设备，不包括在任务载荷范围内[1]。根据任务的不同，同一型号的无人机也可装载不同的任务载荷，通常将军用无人机任务载荷分为侦察、电子战、攻击、通信中继等多种类型[2]。

军用无人机所搭载的任务载荷按照毁伤类型可分为硬杀伤、软杀伤和非杀伤三类。

1. 硬杀伤任务载荷

硬杀伤任务载荷包括挂载弹药杀伤任务载荷和战斗部杀伤任务载荷。挂载弹药杀伤无人机的特点是其只作为运载平台，进入预定区域或瞄准目标后，投放挂载的毁伤性任务载荷，如导弹、火箭、制导炸弹、石墨弹等摧毁目标，任务完成后无人机仍保持完好的工作状态，待任务载荷填充后可进行下一轮攻击；战斗部杀伤无人机的特点是装有毁伤性物质的任务载荷（即战斗部）是无人机本体的一部分，进入预定区域锁定目标后，携带战斗部的无人机成为攻击主体，与被攻击目标"同归于尽"，因此也被称作自杀式无人机。

2. 软杀伤任务载荷

软杀伤任务载荷是利用电子干扰等设备，阻止敌方有效利用电磁频谱，从而使敌方不能有效地获取、传输和利用电子信息，影响、延缓或破坏其指挥决策过程和精确制导武器运用的仪器设备，主要有通信对抗、雷达对抗、导航对抗等多种类型。

3. 非杀伤任务载荷

非杀伤任务载荷是以侦察、监视、探测、战损评估、通信等支援保障为目的的仪器设备，主要有成像侦察、通信侦察、雷达对抗侦察等多种类型。

电子战无人机所搭载的任务载荷也包含硬杀伤、软杀伤和非杀伤三类。对于中小型无人机，其搭载的任务载荷类型相对有限，型号名称通常与载荷的类型相对应，如通信对抗无人机、雷达对抗无人机、反辐射无人机等。典型的电子干扰（通信对抗、雷达对抗等）无人机的代表是美国的"先锋"无人机、"勇敢者-200/300"系列无人机、"苍鹰"无人机以及德国与法国合作研制的"杜肯"无人机等[3]；典型的反辐射无人机是以色列的"哈比"反辐射无人机[4]。对于大型无人机，其搭载的任务载荷具有功能多样化、设备综合化和集成化的特点，但其执行的电子战任务通常也涵盖通信对抗、雷达对抗、导航对抗、成像侦察等。大型无人机的典型代表是美国的"全球鹰"无人机。

|1.2 电子战无人机任务载荷的类型与功能|

从所执行电子战任务的角度来看，电子战无人机任务载荷主要包含通信对抗、雷达对抗、导航对抗、成像侦察和反辐射等几类。下面简要阐述各类型任务载荷的功能和设备组成。

1.2.1 机载通信对抗任务载荷

通信对抗是指为削弱、破坏敌方通信设备的使用效能，保护己方通信设备正常发挥效能而进行的电子对抗。其实质是敌对双方在通信领域内为争夺无线电频谱控制权而展开的斗争[5]。机载通信对抗主要包括机载通信对抗侦察、机载通信干扰和机载通信电子防御等。机载通信对抗任务载荷主要面向机载通信对抗侦察和机载通信干扰任务设计和应用。机载通信对抗侦察任务载荷是指安装在无人机上，专门用于搜索、截获、测量、分析、识别、监视敌方通信信号以及测向、定位敌方通信设备，以获取其技术参数、功能、类型、位置、用途等情报的设备；机载通信干扰任务载荷是指安装在无人机上，通过发射干扰电磁波，扰乱、破坏敌方无线电通信的干扰设备。

无人机通信对抗侦察设备分为侦察测向机载设备和地面控制设备两部分，如图1-1所示。侦察测向机载设备为无人机的任务载荷（机载通信对抗侦察任务载荷），它主要由侦察测向天线阵和侦察测向接收机组成；地面控制设备为侦察测向分析控制设备，一般纳入地面控制站工作，主要由侦察干扰显控台和收发信机组成。

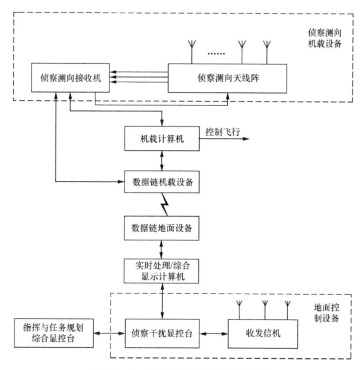

图 1-1 无人机通信对抗侦察设备的组成

　　侦察测向机载设备的主要功能是接收地面控制设备的控制指令，执行相应的任务流程，结合无人机飞行控制系统提供的飞行参数，完成对目标信号的搜索、截获和测向，并将侦察测向数据经遥测信道下传到地面控制设备。地面控制设备的主要功能是通过遥控信道对有效载荷进行任务控制及实时任务调整，对下传的侦察测向数据进行解调、分析、处理。由于无人机载荷量的限制，侦察测向机载设备常采用小型化、侦测一体化设计，应用的主要技术有宽窄通道相结合的搜索式信道化接收、高低波段天线及长短基线相结合的比相/比幅测向、基于移动交汇定位的单站定位等。

　　无人机通信干扰设备也分为通信干扰机载设备和地面控制设备两部分，如图 1-2 所示。通信干扰机载设备为无人机的任务载荷（机载通信干扰任务载荷），主要由干扰信号产生模块、功率放大器和干扰天线组成。通信干扰机载设备的主要功能是接收地面控制设备的控制指令，由干扰信号产生模块产生相应的干扰信号，经功率放大器放大并由干扰天线发射。通信干扰的目的是破坏和降低敌方通信系统的有效性和可靠性，典型的通信系统主要由发信端、通信介质和接收端组成，通过破坏通信系统的任何一个环节都会产生有效性和可靠性下降的效果。但是，干扰电磁波不会对通信的发信端产生任何干扰作用，通信介质也仅在个别特殊的环境中才会发生变化，干扰效果总是在接收端产生，所以通信干扰就是干扰通信系统的接收端部分。

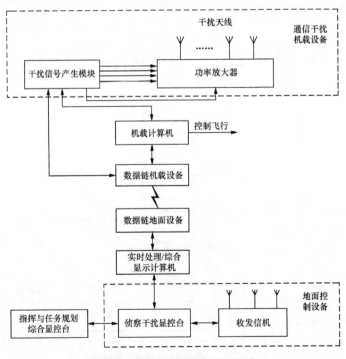

图 1-2　无人机通信干扰设备的组成

1.2.2 机载雷达对抗任务载荷

雷达对抗是指为削弱、破坏目标雷达设备的使用效能，保护己方雷达设备正常发挥效能而进行的电子对抗[6]。机载雷达对抗主要包括机载雷达对抗侦察、机载雷达干扰和机载雷达电子防御等。机载雷达对抗任务载荷主要面向机载雷达对抗侦察和机载雷达干扰任务设计和应用。机载雷达对抗侦察任务载荷是指安装在无人机上，专门用于搜索、截获、分析、识别目标雷达发射的电磁信号，获取辐射源技术参数及其方向、位置的设备；机载雷达干扰任务载荷是指通过发射或转发干扰电磁波，扰乱、破坏目标雷达工作的设备。

无人机雷达对抗设备分为机载和地面两部分，机载部分为无人机的任务载荷（机载雷达对抗任务载荷），主要由侦察天线、侦察接收系统、引导控制系统、干扰发射系统、干扰天线等组成，如图 1-3 所示。机载雷达对抗任务载荷的主要功能是接收地面控制设备的控制指令，执行相应的任务流程，结合无人机飞行控制系统提供的飞行参数，完成对目标信号的搜索、截获、测向和干扰。

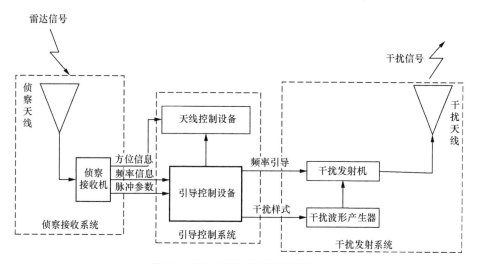

图 1-3 无人机雷达对抗设备机载部分

按照干扰作用的不同，雷达干扰可分为压制性干扰和欺骗性干扰两大类。压制性干扰的目的是把杂乱的噪声干扰波送入雷达接收机，使目标的回波淹没在杂波之中，无法被发现。欺骗性干扰则是干扰机复制出假信号，使雷达产生错误的判断，破坏雷达对目标的正确指示和跟踪。欺骗性干扰不采用压制原理，产生的欺骗信号必须以雷达的原始信号为基础，通过改变信号的时间、幅度、相位或频率来形成假目标，欺骗性干扰复制的干扰信号和雷达脉冲宽度一样，功率只要略大于回波信号就能取得效果，从而使欺骗性干扰可以使用较低的平均功率，这一优点使它能够广泛应用于无人机等机动性要求高、装载能力有限的平台上。

1.2.3 机载导航对抗任务载荷

无线电导航对抗是为削弱、破坏敌方无线电导航设备的使用效能，保护己方无线电导航设备正常发挥效能而进行的电子对抗[7]。1997 年，在英国召开的全球定位系统（global positioning system，GPS）应用研讨会上，美国正式提出了"导航战"的概念——导航战是指在战场或特定区域内，对敌导航系统采取电子干扰或攻击，使其不能正常导航或导航精度降低，同时采取各种有效措施，确保己方卫星导航系统正常工作的对抗方式。机载导航对抗任务载荷是安装在无人机上，发射或转发导航干扰信号，对欲防御地域实施导航对抗的设备。导航干扰任务设备（机载导航对抗任务载荷）与地面的导航监测任务设备共同组成了无人机导航对抗任务设备，如图 1-4 所示。

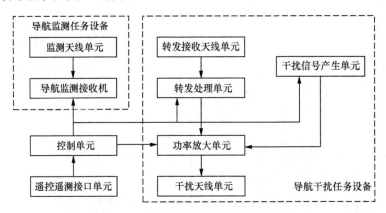

图 1-4 无人机导航对抗任务设备的基本组成

导航监测任务设备通常放置在地面，主要接收当前可见卫星导航信号，并监测频率、功率等参数，同时提取时间和星历等信息，为无人机导航干扰提供必要的技术支撑。导航干扰任务设备通常根据执行的干扰任务不同分为压制性干扰设备、欺骗性干扰设备等。

压制性干扰设备由地面系统遥控，自主产生并发射强功率压制性干扰信号，使敌方导航接收机的高频前端饱和或接收机载波环失锁，从而无法工作。压制性干扰必须能够抵消掉敌方导航接收机的"系统裕量"。"系统裕量"包括由扩频处理增益以及由组合导航、自适应调零天线、自适应滤波等抗干扰技术带来的抗干扰能力。例如，在 GPS 中，C/A 码接收机的系统裕量一般认为在 25 dB 左右，P 码接收机的系统裕量在 42 dB 左右。

欺骗性干扰设备接收地面系统转发的具有可控位置欺骗能力的欺骗性干扰信号，经过信道变频处理后，通过机载天线发向指定区域，其干扰方式又分为转发式欺骗性干扰和生成式欺骗性干扰。转发式欺骗性干扰不需要对目标导航信号进行相关接收和解算处理，仅需要对其进行延迟转发即可，这种干扰方式技术门槛低，仅能从信号层面进行欺骗，欺骗效果一般，易被识别；生成式欺骗性干扰是指地面系统依据目标卫星导航信号的伪码、电文，通过复杂的运算，产生高逼真的欺骗导航信号，通过无人机任务载荷向干扰区域播发，生成式欺骗性干扰难度大，且仅限于在准确掌握目标导航信号结构的条件下才可实施。

若无人机执行压制性干扰任务或生成式欺骗性干扰任务，则干扰信号产生单元根据控制指令产生相应的导航干扰信号，经功率放大单元放大后由干扰天线单元辐射出去；当无人机执行转发式欺骗性干扰任务时，则通常需要与地面设备配合，转发接收天线单元接收转发的导航信号，经转发处理单元处理以及功率放大单元放大后，由干扰天线单元辐射出去。需要说明的是，无人机实际的导航对抗任务设备组成与图 1-4 所示可能不完全相同，例如有的无人机只是执行导航压制性干扰任务，则导航干扰任务设备中可能不包含执行欺骗性干扰的转发处理单元等。

从近年来的局部战争及冲突来看，导航对抗越来越频繁地进入实战，可以预见，在未来的高技术局部战争中，争夺导航权的斗争将越来越激烈。此外，各大国不断优化更新自身的全球导航卫星系统（global navigation satellite system, GNSS），增强其可用性、连续性和可靠性，提升其在战时的生存能力，同时开发芯片级原子钟、芯片级惯导等定位、导航、授时（positioning, navigation and timing, PNT）技术，加强多传感器集成和信息融合，提升 GNSS 应用终端的抗干扰性，导航对抗将向综合 PNT 对抗方向发展，进入体系对抗阶段[8]。

1.2.4 机载成像侦察任务载荷

无论哪种类型的无人机，通过特定的传感器，对特定频段的电磁波进行检测、接收和处理是其获得战场信息的最基本途径。占据信息获取形式绝对比例的成像侦察类载荷，就是无人机的"眼睛"，在无人机正确执行任务、达成作战目标的过程中起着不可或缺的作用。没有这样的"眼睛"，无人机就会成为一事无成的"瞎子"。随着无人机平台作战性能（高空、高速、长航时、广域、隐身）和作战模式（全维感知、智能决策、引领协同）的快速发展，成像侦察类载荷作为其任务支撑系统，必须具有与之相匹配的工作性能和对苛刻战场环境的适应能力。

目前，常见的机载成像侦察任务载荷的成像方式有可见光成像、红外成像、光谱成像、合成孔径雷达成像、激光雷达成像等。不同成像方式任务载荷的作战目标不同、技术体制不同、组成结构不同、功能特点不同，但是彼此之间工作频段可相互补充、运用方式可相互协调、数据结果可相互融合，共同为完成无人机的任务发挥着各自积极的作用。

1. 可见光成像侦察任务载荷

可见光成像是无人机航空侦察的最主要成像方式之一，工作在 $0.38\sim0.76~\mu m$ 的可见光波段，主要包括相机航拍侦察和电视摄像侦察两种。相机航拍侦察是采用可见光相机对地拍摄，获取地面目标及其背景环境的静态高分辨率图像，然后通过后期图像处理和判读，实现高解析度的处理结果。该相机不仅承担基本的照相任务，还具备一定的定位和测图功能。电视摄像侦察采用基于电子扫描系统的模拟式影像摄取设备或光电转换系统的数字式影像摄取设备，对动态场景进行图像和声音信息的连续摄取、记录、转换、传送以及影像的接收、显示和回放等，获取的是连续的动态影像。两种系统在成像原理、底层感光器件以及取景方式、拍摄角度控制、拍摄实施方式等方面没有本质区别，相机航拍获取的是分辨率高的静态图像，而动态影像本质是高速但分辨率相对较低的连续图像帧的有序合成。可见光成像侦察任务载荷目前总体技术成熟度极高，性能优越，空间分辨率高，核心器件 CCD 或 CMOS 成本低，部署容易。

2. 红外成像侦察任务载荷

红外成像也是无人机航空侦察的最主要成像方式之一，工作在 $0.76\sim1~000~\mu m$ 的红外波段。在自然环境中，一切物体都会辐射红外线，且不同物质、不同温度下的红外辐射特征各不相同，因此红外成像侦察任务载荷可利用高灵敏度的红外传感器来接收和测量目标本身及其背景的红外辐射能量，把目标和背景因温度和发射率不同产生的红外辐射空间分布通过成像处理技术转换成人眼可视化的伪彩色图像。红外成像侦察任务载荷不受侦察环境的光照和气象条件影响，不易受天电电磁波干扰，探测能力强，作用距离远，具有穿透性，已成为可见光成像侦察的有力补充，因此无人机主要依靠红外成像侦察任务载荷在晨昏、夜晚以及各种恶劣的天气条件下对战区进行作战行动，也可以进行协助式打击效果评估、战场隐蔽物探测、生化探测等。红外成像侦察任务载荷主要包括主动式红外成像系统（红外夜视仪）、被动式红外成像系统（红外热像仪）和被动式近红外成像系统（微光夜视仪）三类，具体的设备形式又有很多。红外成像侦察任务载荷目前总体技术成熟度高，性能优越，空间分辨率相对较低，图像对比度较低，核心器件红外焦平面探测器成本高，部署容易。

3. 光谱成像侦察任务载荷

光谱成像是对可见光、红外成像技术的精细划分和扩展，一般多应用在可见光/近红外波段（0.38~3 μm）、中红外波段（3~6 μm）和远红外波段（6~15 μm）等光谱范围。不同物质对电磁波谱的吸收或辐射特性不同，光谱成像技术利用这个特点，在普通的二维平面成像基础之上，增加了一个维度的光谱特征信息。由于成像目标及其背景的各种物质组成成分不同，每种成分对应的光谱之间必然存在差异性，从而可以利用这个光谱特征的差异性对目标及其背景进行区分、识别和分类。在光谱成像技术的基础之上，又采用成像分光技术，将来自目标及其背景的宽波段光分割成若干个连续窄波段的光束，把每个窄波段的光束分别成像在对应的探测器上，构成一个类似"三维数据块"的多光谱图像。光谱成像能力的关键指标是光谱分辨率，即光谱探测器所能区分的最小波长间隔。光谱分得越细，波段数越多，分辨率越高，区分目标光谱特征的能力越强。根据光谱分辨率的不同，光谱成像又分为多光谱、高光谱和超光谱等。目前常见的光谱成像侦察任务载荷有光谱相机和光谱成像仪，总体技术成熟度较高，性能优越，光谱分辨率高，空间分辨率相对低，分光机构复杂，成本高，部署较容易。

4. 合成孔径雷达成像侦察任务载荷

合成孔径雷达成像侦察是一种崭新的成像侦察技术体制，基于雷达的工作原理对雷达回波数据进行相干处理成像。在无人机航向上，利用机载雷达与地面目标的相对运动，基于多普勒频移理论和雷达相参技术，对真实的小孔径天线侧向发出的雷达波照射到目标后返回的回波信号进行相干和合成处理（等效为一个虚拟的大尺寸孔径天线的效应），从而可以获取沿航向上的高分辨率；在与航向垂直的方向上，采用线性调频信号的脉冲压缩技术来获取该方向上的高分辨率，由此可以获取方位向和距离向这两个维度上的可以媲美光学成像的高分辨率图像。此外，雷达回波信号中还包含极化信息、相位信息和多普勒信息等，是对成像视觉信息的有力补充和增强。合成孔径雷达成像由雷达自身主动发射电磁波，不依靠自然环境光照，同时雷达波段波长比光波长很多，既可以高效穿透云、雨、雪、雾和烟等，也可以穿透一些地表遮蔽物，因此具有全天时、全天候成像能力，能有效地发现遮蔽目标和伪装目标，成为光学成像的极有力补充。目前，合成孔径雷达成像侦察任务载荷的总体技术成熟度高，性能优越，空间分辨率高，受制于载机运动状态影响比较大，成本高，部署相对不易。

5. 激光雷达成像侦察任务载荷

激光雷达成像侦察是一种全新且处于发展前沿的成像侦察技术体制，依托微波雷达技术基础，二者在工作原理和结构上有许多相似之处，仅仅在组成形式上有所不同：激光雷达采用激光作为载波，以激光器为辐射源，以光电敏感器件为探测器，以光学透镜组为天线，和微波雷达并无本质区别，信号处理也沿用了微波雷达中的成熟技术。激光雷达成像过程：发射光学系统发射特定波长和样式的激光，经大气传输，照射到目标上；接收光学系统通过光电探测器接收目标反射的回波激光信号，检测和解算回波能量、目标距离等关键信息，存储为点云数据；数据处理系统将点云数据构建为辐射几何分布图像、距离选通图像和速度图像等，还可以生成可视化程度高的三维图像。作为一种先进的光探测技术，激光雷达结合了激光和雷达工作体制的优点，越来越广泛应用于现代高科技战争中战场的成像侦察任务中。其主要缺点是激光波长短，在大气传输过程中会受雾、霾、云、雨、湍流等大气现象的影响，严重时会大大降低激光雷达的探测性能。此外，载机平台的运动特性也会对其工作产生影响。目前的激光雷达成像侦察任务载荷种类纷繁复杂，功能多样，工作体制各异，总体技术成熟度不高，性能优越，空间分辨率较高，受制于大气和载机运动影响大，结构复杂，成本高，部署不易。

为适应无人机平台的运动特点和承载能力，以上各类载荷大多数是经小型化、轻量化后，以系统集成的形式（采用标准插接口，可以根据具体任务灵活选装不同的载荷）安装在具有高度稳定性能的一体化吊舱里，再整体部署在无人机上执行任务时，无人机会根据预先的任务设计、航路规划和飞行控制方式，使用一体化吊舱中配置的任务载荷，对战场区域内的目标及其背景开展多源成像侦察，获取多维数据，并结合机载导航定位系统和惯导系统的定位和姿态数据，附加各类标记信息，如地形、地物特征及其相互关系等，形成综合图像和影像情报，最终利用这些情报对目标进行搜索、识别、定位、跟踪、打击和评估。

1.2.5 机载反辐射任务载荷

反辐射无人机是一种利用目标雷达辐射的电磁信号，发现、跟踪以至最终摧毁目标雷达的武器系统，作为电子进攻硬摧毁的重要武器之一，具有滞空时间长、费效比高、作战使用灵活等优势，主要执行对敌预警探测、指挥控制、防空体系的反辐射压制和攻击任务[9]。反辐射任务载荷采用被动雷达导引头，或基于被动雷达导引头的多模导引头。被动雷达导引头用于接收、分选和识别敌目标雷达辐射的信号，提取包括脉冲宽度（pulse width，PW）、脉冲幅度（pulse amplitude，PA）、脉冲重复频率（pulse repetition frequency，PRF）[或脉冲重复周期（pulse repetition interval，PRI）]、信号载频（carrier frequency，CF）、脉冲到达时间（time of arrival，TOA）及脉冲到达方向（direction of arrival，DOA）等敌目标雷达的参数，这些参数构成了辐射源的脉冲描述字（pulse description word，PDW）。

被动雷达导引头由天线及射频接收系统、信号分选装置、主控器等组成。工作时，信号分选装置完成信号分选、识别及记忆，并由主控器形成导引指令控制无人机在方位上跟踪目标。

在实际的电磁环境中，被动雷达导引头不仅要能检测单部连续波雷达和常规脉冲雷达信号以及多部雷达信号的相互交叠，还要能够对频率捷变、脉冲重频捷变、波形捷变和脉内调制等雷达信号进行分选。信号分选一般采用被动雷达导引头接收到的脉冲流与装载的目标雷达参数进行 PDW 模式匹配，从而提取单部雷达的脉冲序列，实现对目标的跟踪。

1.3　电子战无人机的应用与电子战无人机任务载荷的发展

1.3.1　电子战无人机的应用

战争牵引着无人机的应用，军事需求推动了电子战无人机技术的发展。在1973 年的第四次中东战争中，以色列沿苏伊士运河使用了大量的"火蜂"无人机模拟有人作战机群，掩护有人作战机群超低空突防。在 1982 年的黎巴嫩战争中，以色列先使用了大量的"猛犬"无人机诱使萨姆地空导弹阵地的雷达开机，同时"侦察兵"无人机将战场实况发回指挥所，最后照相侦察无人机还进行了战场损伤评估。

在海湾战争中，多国部队使用多种无人机实施昼夜侦察，获取了伊拉克军队地空导弹阵地、坦克、机库、掩体等重要目标的图像和位置信息，提供了大量的情报支援。在科索沃战争中，北约军队共使用"捕食者""猎人""先锋""红隼""不死鸟""米拉奇"等各型 300 多架无人机，用于中低空侦察和战场监视、电子对抗、目标定位、营救和战况评估等任务，促进了电子战无人机的快速发展。

在 2020 年的纳卡冲突中，无人机与反无人机更是贯穿整个战场的始终。阿塞拜疆使用"苍鹭"无人机担负战场监视任务，使用"赫尔墨斯"无人机对地面雷达、防空导弹实施远距离支援干扰并掩护攻击型无人机对地打击，使用"哈比"反辐射无人机的升级型"哈洛普"无人机对亚美尼亚防空预警雷达实施巡飞压制。

未来高技术局部战争使用精确制导武器的比重越来越大，空袭与反空袭斗争更加激烈，战场环境对空中和空间目标的威胁增大，有人驾驶飞机将面临巨大的风险，飞行员战场伤亡的概率越来越大，作战效能受到严重制约。而无人机在作战过程中，无须考虑人员伤亡问题，可以在高密度的防空火力区内执行有人驾驶飞机难以执行的高危险任务，即便是在遭受核生化污染的环境下执行任务，也丝毫不用为人身安全担忧；无人机还可以适应更大飞行过载的压力和更加恶劣的飞行环境，留空时间也不会受到人类体能的限制，可以完成多种对作战人员来说是"不可能的任务"，从而在空中占据绝对优势。

1.3.2 电子战无人机任务载荷的发展

任务载荷是无人机的关键设备，不仅在重量上占据了无人机的较大比重，而且在成本上也占据了无人机成本的相当比重。以高性能、高成本的美军"全球鹰""捕食者"无人侦察机为例，其任务载荷的成本分别占其总成本的 1/4 和 1/2。表 1-1 所示为典型电子战无人机采用的任务载荷。

表 1-1 典型电子战无人机采用的任务载荷

无人机名称	任务载荷
"全球鹰"	红外/光电照相机、合成孔径雷达等
"捕食者"	红外/光电多传感器监视系统、海尔法导弹、电视摄像机、合成孔径雷达等
"先锋"	高分辨率电视摄像机、前视红外传感器、电光测距、双探测器监视系统等
"暗星"	光电传感器、雷达传感器、电子/光学相机等
"哈比"	被动雷达导引头、杀爆战斗部等

执行软杀伤任务的电子干扰无人机以战术级为主，通常搭载通信对抗、雷达

对抗任务载荷，具有攻击能力的反辐射任务载荷和石墨弹也得到了发展，但载荷相对单一；在成像侦察无人机系统中，光电/红外传感器最为通用，合成孔径雷达逐步得到应用，尤其是以"捕食者"为代表的察打一体化无人机迅速发展，其搭载的任务载荷已呈现出多样化、综合化的发展趋势。

以无人机作为空中运载平台的新型电子战系统，在信息战领域发挥着越来越重要的作用。地面车载干扰机到通信接收机的电波传播模式为地波，电波传播衰减大、侦察/干扰作用距离小、配置灵活性弱，而以空—地传播为主要特征的无人机机载电子战装备，以无人机为平台升空到一定高度后，地形不再影响电波的传播，干扰机与通信接收机之间的电波传播模式为视距传播，传播路径可视为自由空间路径，干扰路径损耗等于自由空间路径损耗，电波传播路径损耗将大大减少，并可在目标区域上空以最佳的飞行姿态、沿最有利的飞行航线抵近目标区，开展电子侦察和电子干扰，大大提高了电子对抗系统的作战效能，从根本上克服了地面电子对抗装备的缺点。

未来电子战无人机任务载荷的发展趋势有两个大的方向。一是发展一体化综合电子战系统，提高设备的小型化、自动化和综合一体化水平。战场上的电磁环境日益复杂，一体化和通用化已成为当前电子战装备发展的重点和未来电子战装备总的发展方向。为了在同一平台上实现更多的功能，搭载设备的小型化是必然要求，同时需要将侦察告警、有源/无源干扰及战术通信、多功能雷达有机结合，实现部分硬件、软件综合，以及信息融合、共享。二是向察打一体化方向发展，无人机是实现软杀伤和硬摧毁的重要手段和发展方向，具有突防能力强、任务容错能力强、使用效能高等特点，可根据作战任务需求实现大纵深、全方位的战场区域压制，远距离攻击。

▎参考文献▎

[1]　FAHLSTROM P G, GLEASON T J. 无人机系统导论[M]. 郭正, 王鹏, 陈清阳, 等译. 4 版. 北京: 国防工业出版社, 2016.

[2]　段连飞, 章炜, 黄瑞祥. 无人机任务载荷[M]. 西安: 西北工业大学出版社, 2017.

[3]　罗守贵. 电子战无人机的发展现状及趋势[J]. 舰船电子对抗, 2009, 32(2): 26-28, 52.

[4]　华阳, 徐敬, 周常尧. 以色列哈比无人机的现状与发展[J]. 飞航导弹, 2006, 9: 38-40.

[5]　冯小平, 李鹏, 杨绍全. 通信对抗原理[M]. 西安: 西安电子科技大学出版社, 2018.

[6] 赵国庆. 雷达对抗原理[M]. 2 版. 西安: 西安电子科技大学出版社, 2019.

[7] 全军军事术语管理委员会. 中国人民解放军军语(2011 版)[M]. 北京: 军事科学出版社, 2011.

[8] 刘富, 舒展, 谢维华. 卫星导航对抗能力现状及发展趋势[J]. 导航定位学报, 2020, 8(6): 1-5.

[9] 刘培宾, 盛怀洁. 反辐射无人机航路规划问题研究[J]. 无人机, 2020, 42(1): 40-42.

第 2 章

机载任务载荷通用技术

不同类型的无人机，其机载任务载荷虽然各不相同，但它们采用的相关技术大致相同。本章首先介绍机载任务载荷设计时应遵循的原则，然后展开介绍机载任务载荷天线的技术要求、主要电参数以及典型的机载任务载荷天线种类，最后对无人机电磁兼容和升空增益的相关知识进行介绍。

|2.1 机载任务载荷的设计原则|

无人机上需要安装任务载荷来执行作战任务，机载任务载荷的设计暂没有统一的标准和规范，需要根据无人机平台的实际情况进行个性化设计。但机载任务载荷的设计一般需遵循以下原则[1-2]。

① 安全性原则。要考虑露出机身的机载任务载荷对无人机平台气动性的影响（如天线），载荷的重量、重心应符合无人机平台的要求，不影响无人机平台的飞行安全。

② 兼容性原则。机载任务载荷和无人机平台中的机载电子设备、地面电子设备在工作时能相互兼容，能承受相互间的电磁辐射和干扰。

③ 环境适应性原则。机载任务载荷应满足无人机起降和正常飞行时的机械振动与冲击、气候和电磁环境等方面的要求。

④ 性能满足性原则。机载任务载荷随无人机运动执行对地或对空作战任务，机载任务载荷性能指标的达成要更多地考虑外在因素，性能指标是否满足显得尤为重要。

机载任务载荷逐步向小型化、轻量化、模块化、耗电小等方向发展。目前先进的机载任务载荷正是基于综合化、模块化的思路，开发开放式可编程、功能可重建的系统。

|2.2 机载任务载荷天线|

机载任务载荷天线安装在无人机平台上，其安装与工作环境明显不同于地面平台和舰船平台，所以并非任何天线都能安装在无人机上。从结构角度考虑，天线的重量、高度、外形、安装位置、结构强度等都会直接影响无人机的安全性能和操稳特性；从电气性能角度考虑，由于天线直接安装于无人机机体蒙皮，机体就是天线的"地"，而机体的表面形状、尺寸、安装位置、搭接状况等都会对天线的性能产生影响。因此，机载任务载荷天线设计的前提是其结构和电气性能必须能够适应无人机环境，且对无人机的影响可控制在允许的范围之内。设计时必须综合考虑无人机的结构特点与天线的电气性能，有时甚至要牺牲某些性能来满足其他方面的要求。

2.2.1 机载任务载荷天线的技术要求

机载任务载荷天线是无人机与其他系统进行电磁能量交换的转换设备，是无人机感知系统（传感器）的一部分。机载任务载荷天线是电子战无人机执行侦察、干扰任务的射频前端，主要有以下技术要求[3]。

① 应满足天线方向图的一些特殊要求。由于无人机处于运动状态，故为了使方向图能持续覆盖某一范围，应该采用弱方向性天线。此外，由于机身的影响，机载任务载荷天线与自由空间天线的方向图有很大的差别，设计和使用时必须考虑这一影响。

② 天线极化特性要在允许的范围内变化。在机载任务载荷天线安装位置固定的情况下，无人机的运动使机载任务载荷天线与地面天线往往处于极化失配状态，这是影响无人机通信干扰能力的最重要因素之一。因此，设计时应尽量使机载任务载荷天线在正常飞行情况下与地面天线的极化相匹配，运用时则可通过调整飞行姿态来改善极化性能。

③ 天线数量和布置要合理。无人机要在有限的机身空间上安装测控、侦察和干扰等多副机载任务载荷天线，设计时应考虑它们之间的电磁兼容问题，尽可能减小相互之间的影响。

④ 具有良好的耐电击穿强度。用于干扰的机载任务载荷天线的辐射功率较

大，有可能将机载任务载荷天线附近的气体击穿，引起机载任务载荷天线阻抗特性和辐射方向图的巨大变化而使系统无法正常工作，应设法避免这一情况发生。

⑤ 气动阻力要小。由于无人机的机体较小，任何突出机体的结构都将严重影响无人机的飞行动力学特性，因此应尽量采用低剖面或平装的机载任务载荷天线，且在满足电气性能的情况下，机载任务载荷天线的尺寸应尽可能小，重量应尽可能轻。

⑥ 要有足够的机械强度。机载任务载荷天线要经得起无人机在发射和回收过程中的振动、冲击和过载。

⑦ 介质材料温度稳定性要好。由于防热支撑、填充等要求，天线本身必不可少地要采用一些介质材料。无人机在飞行过程中有可能要经历较大的温度变化，这时介质材料的温度特性对机载任务载荷天线的性能有较大的影响。因此，必须采用高强度、低温度系数、损耗小的介质材料。

2.2.2　机载任务载荷天线的主要电参数

描述天线工作特性的参数称为天线的电参数，又称电指标，它是定量衡量天线性能的依据。机载任务载荷天线的主要电参数有输入阻抗、方向图、增益、极化、频带宽度、天线效率等[4]。

① 输入阻抗。输入阻抗是指天线馈电点所呈现的阻抗值，它直接决定了和馈电系统之间的匹配状态，从而影响馈入天线的功率以及馈电系统的效率等。机载任务载荷天线的输入阻抗不仅取决于它自身的结构尺寸和工作频率，同时还受机翼金属框架、介质材料以及机上其他天线的影响。

② 方向图。方向图是天线在相同距离处的辐射场大小在空间的相对分布随方向变化的图形。机载任务载荷天线的方向图还需满足无人机在不同工作条件下的特定要求，如考虑到无人机处于运动状态，为了使方向图能持续覆盖某一区域，天线通常应该是弱方向性的。

③ 增益。增益定义为在同一距离及相同输入功率的条件下，天线在最大辐射方向上的辐射功率密度和理想无方向性天线（理想点源）的辐射功率密度之比。对于机载任务载荷天线，由于无人机的飞行姿态不稳定，这时还应考虑天线在某个角度范围内的增益值。

④ 极化。极化是指天线在给定方向上远区辐射场的空间取向，一般特指天线在最大辐射方向上的极化。实际上，天线的极化随着偏离最大辐射方向而改变，

天线在不同的辐射方向上可以有不同的极化。无人机与目标的相对位置不断变化，实际中还应考虑机载任务载荷天线在其他方向上的极化特性。天线间的极化匹配要求收发天线的极化形式一致，且空间取向相同，否则会因为极化失配造成接收功率的减小，当收发天线极化正交时，接收天线的接收功率为零。

⑤ 频带宽度。频带宽度是指天线可以正常工作的频率范围。在这一范围内，虽然天线的方向图、增益、输入阻抗和极化等都随频率发生了变化，但都还能满足基本技术要求。

⑥ 天线效率。天线效率是指天线的实际辐射功率与输入功率之比。天线的结构尺寸及天线选用的物质材料和天线的安装位置等都会影响天线效率。

2.2.3 典型的机载任务载荷天线

典型的机载任务载荷天线包括有源集成天线、平面型不对称振子、单臂加载的平面型不对称振子、印刷二元引向天线等，下面分别展开介绍。

1. 有源集成天线

有源集成天线是将有源器件与天线集成为一体，实现电磁波的产生、变换、发射和接收等功能的装置。它将无源微带天线的辐射单元（如贴片、缝隙等）与微波电路（移相器、低噪声放大器、高功率放大器、混频器、检波器和倍频器等）集成，集无源微带天线的辐射功能与微波电路的振荡、信号放大、混频和移相等功能于一体。

有源集成天线具备微带天线的体积小、重量轻、易与其他载体共形、制造方便和造价低等优点，还可以利用微波电路提高无源微带天线的性能（如宽频带、高增益和低噪声等），并能实现各种复杂的功能，如波束扫描、极化捷变和频率捷变等。这些优点使有源集成天线在无人机上具有广阔的应用前景。

有源集成天线的增益除无源微带天线的增益外，还有有源网络（由有源器件组成的电路）的增益。有源网络本身会产生噪声，且同时放大接收到的噪声，但采用低噪声技术、选用低噪声晶体管、实施集成化设计等，可使有源集成天线的系统噪声做得低于所选用晶体管的噪声。

有源集成天线中的辐射体可以是垂直鞭形天线、水平对称振子、V形天线、螺旋天线及环形天线等。

在图 2-1 中，某无人机系统采用的是无源微带天线和有源网络分离（形式上集成，安装布置时分离），仍能起作用的垂直鞭形天线则安装在无人机的第二舱内。

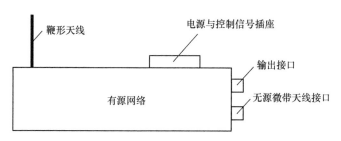

图 2-1　某无人机系统有源集成天线结构

2. 平面型不对称振子

为了增加工作频带宽度,无人机机载通信侦察系统常采用平面型双极天线(水平对称振子)。在实际应用中,有时为了得到特定的性能而采用不对称结构(不对称振子),甚至有时受载体平台的限制只能采用不对称结构。

① 在天线总长度一定的情况下,改变两臂长之比会使输入阻抗发生变化。具体的趋势是,随着不对称比例的增大,输入电阻峰值减小,峰值对应的频率向低频端移动;输入电抗在频率较低时变化较小,在频率较高时变化较大。总体而言,不对称性对输入阻抗的影响不是特别大,平面型不对称振子仍然具有较大的阻抗带宽。

② 对于直立天线,改变两臂长之比对天线垂直面的方向性影响较大,体现为方向图主瓣向臂长较长的一端偏移,不对称比例越大偏移越大,频率越高偏移也越大;而改变两臂长之比对水平面的方向性影响较小。例如,对于无人机上垂直安装的天线,如果使下臂长于上臂,那么天线的方向图将下压,有利于向地面辐射或从地面接收更多的信号。值得注意的是,不对称的比例不能过大,否则就失去了双极天线的意义。数值试验表明,上下两臂长之比应在 1∶3 以内。

③ 加载是展宽天线带宽的一种有效方法,与多数为改善天线性能而有意进行的加载有所不同,有时一些特殊的结构也可以看成对天线的加载,也会对天线的性能产生很大的影响。无人机机翼介质材料对与其共形天线的加载作用就相当于并联接入了分布电容,由于介质的加入不仅改变了天线的输入阻抗,而且也改变了天线的方向性,在有介质的一侧辐射得到增强,在无介质的一侧辐射被削弱,介质的介电常数越大,这种现象就越明显。设计与无人机侧翼共形的水平极化天线时,为了使辐射方向图更多地倾向地面,应该将天线制作在机翼蒙皮的内侧而不是机翼的下表面。

如图 2-2 所示,右尾翼干扰天线是一副平面型不对称振子,采用沉铜工艺将上下两臂直接制作于右尾翼外侧面上,与尾翼共形。天线的馈线沿着右尾撑传出,在尾撑和中翼分离面用一只高频插头座连接，进入机舱与干扰设备相连。

图 2-3 所示为该天线的输入阻抗，从图中可以看出，在工作频率范围内，输入电阻为 5～55 Ω 时，输入阻抗为−80～23 Ω，总体变化比较平缓，经阻抗匹配网络与特性阻抗为 50 Ω 的同轴线连接就能实现良好的馈电。

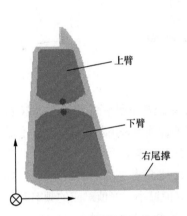

图 2-2　右尾翼干扰天线

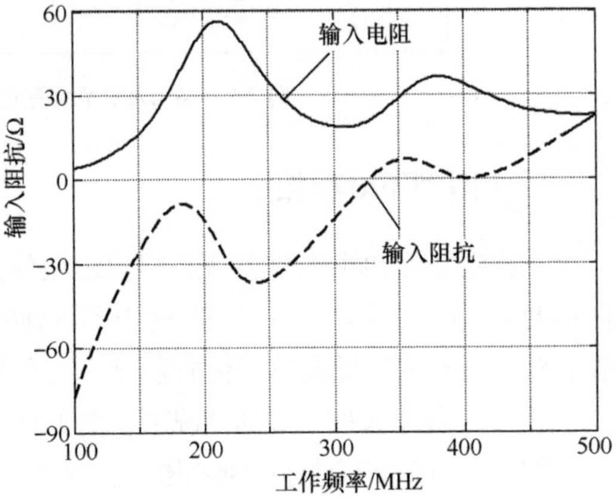

图 2-3　右尾翼干扰天线的输入阻抗

图 2-4 所示为该天线在一些典型频点的方向图。从图中可以看出，天线在起始频率（f = 100 MHz）时的方向图类似于电基本振子，超过中心频率（f = 300 MHz）后，各种不规则结构对方向图的影响逐渐明显，随着工作频率的升高，主瓣逐渐变窄，副瓣开始出现并逐渐增大。天线臂长的不对称性使最大辐射方向向臂长较长的一端偏移，因而使天线在大部分工作频率的方向图都有下压趋势。

总之，通过优化上下臂长之比，不但能使天线的输入阻抗在工作频带内呈现平坦的频响特性，天线可承受 100 W 以上的大功率，而且使天线在大部分工作频点上的方向图都具有下压趋势。显然，在不同的工作频率下，机载干扰天线对地面目标的干扰能力是不一样的。

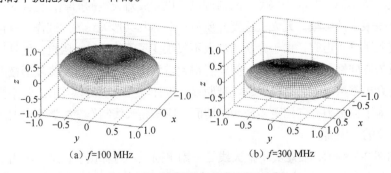

（a）f=100 MHz　　　　　　　（b）f=300 MHz

图 2-4　右尾翼干扰天线的立体方向图

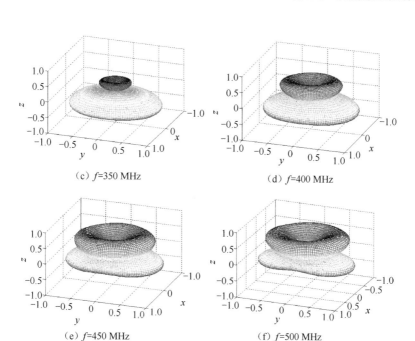

（c）f=350 MHz

（d）f=400 MHz

（e）f=450 MHz

（f）f=500 MHz

图 2-4 右尾翼干扰天线的立体方向图（续）

3. 单臂加载的平面型不对称振子

　　某机载干扰天线是一副单臂加载的平面型不对称振子，无人机中翼和中外翼包含金属梁和肋，外蒙较薄的介质板，外翼为介质材料。在左机翼的外翼和中外翼的下表面采用铜箔粘贴工艺按一定形状将天线的条状辐射体直接成形在侧翼的下表面，构成天线的两臂，平面型不对称振子增加了天线的工作频带宽度，如图 2-5 所示。中外翼下表面的铜箔，设计时采用一体化技术，合理地选择形状和在机翼上的粘贴部位，铜箔的连接处用压接烙铁焊接，确保良好接触，但铜箔不与机翼金属件直流导通，基本上沿机翼金属梁和肋粘贴。铜箔与机翼金属梁和肋的紧密耦合使金属梁和肋也成为天线的一部分，从而提高了天线效率。

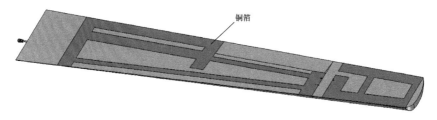

铜箔

图 2-5 单臂加载的平面型不对称振子

为了减小不对称性对辐射性能的影响，可通过一根连接左外翼和左尾撑尖的斜拉线加载。加载部分不但增加了天线的电长度，提高了天线效率，而且还大大改善了天线的阻抗特性。最后通过一个宽带大功率的无耗匹配器，可进一步提高天线的带宽、效率和功率容量等性能。

图 2-6 所示为该天线的输入阻抗，图中实线为考虑金属框架（机翼金属梁和肋）时的值，虚线为没有考虑这些金属框架时的值。从图中可以看出，当考虑金属框架时，输入阻抗曲线呈现锯齿状波动，在某些频率（40 MHz 附近和 70 MHz 附近）起伏较大，但在大部分工作频率上的值与没有考虑金属框架时的值接近，并且具有相同的变化趋势。造成这种情况的原因是，金属框架紧靠实际天线，两者具有很强的电磁耦合（或感应）。当天线受到电源激励时，激发的电磁场会在金属框架上产生较大的感应电流；同样地，金属框架的感应辐射激发的电磁场也会在天线上产生感应电流。这样就使天线上持续振荡的电流很难趋于零，造成天线输入阻抗随频率的变化比较剧烈，电阻值变小。

图 2-7 所示为该天线的电压驻波比随频率变化的曲线，从图中可以看出，在低频端和 70 MHz 附近的驻波比较大，这正好对应图 2-6 中输入阻抗变化较大的两个区域；天线在工作频率范围内驻波比的值都小于 3。

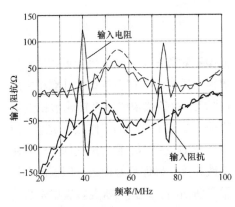

图 2-6　左机翼天线的输入阻抗　　　　图 2-7　左机翼天线的电压驻波比

图 2-8 所示为该天线在一些典型频点的方向图，从图中可以看出，该天线方向图随频率变化的规律与图 2-2 所示的右尾翼天线类似。天线在起始频率（$f =$ 20 MHz）时的方向图类似于电基本振子；低于中心频率（$f = 70$ MHz）时，方向图变化平缓；随着工作频率的升高，主瓣逐渐变窄；超过中心频率时，各种不规则结构对方向图的影响逐渐明显；超过 80 MHz 时，由于较长臂的长度大于半波长，副瓣出现并逐渐增大；天线臂长的不对称性导致最大辐射方向向臂长较长的一端偏移。显然，这一机载干扰天线在不同的工作频率时对地面目标的干扰能力是不一样的。

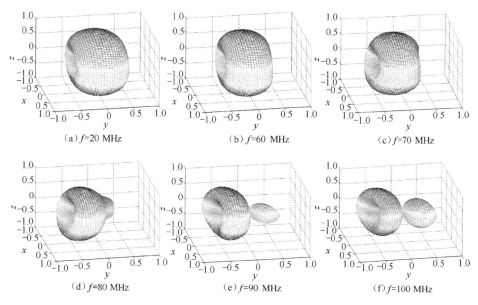

（a）*f*=20 MHz　　（b）*f*=60 MHz　　（c）*f*=70 MHz

（d）*f*=80 MHz　　（e）*f*=90 MHz　　（f）*f*=100 MHz

图 2-8　左机翼天线的立体方向图

4. 印刷二元引向天线

某机载特高频（ultrahigh frequency，UHF）雷达对抗天线由两副相同的印刷二元引向天线构成，一副用于侦察接收，另一副用于干扰发射，可以互换使用。鉴于目标雷达是水平极化的，机载侦察、干扰天线也都采用水平极化，这样不但实现了对目标的极化匹配，而且还可以大量稀释接收信号密度，有利于去除无用的背景信号，快速、准确地提取有用的雷达信号，提高作战效能。为了避免后者干扰前者，可按照轴线正交的空间构型，将两副天线分别安装在左右机翼的下方，形成正交极化隔离，实现电磁兼容。

如图 2-9 所示，每副天线都是把有源振子、反射器、馈线和附加平衡段平衡器集成在一张双面敷铜印制板上，与机翼共形安装，由同轴超小 A 型（subminiature version A，SMA）接口馈电。

从发射的角度看，干扰信号产生器激励起的电磁波通过功放，经接口插座由同轴线中的横向电磁（transverse electromagnetic，TEM）波转换为微带线中的准 TEM 波，馈入有源振子，有源振子向外辐射电磁波。在有源振子电磁场的作用下，反射器产生感应电流，也向外辐射电磁波，两者的辐射场在空间叠加干涉，形成端射。图 2-10 所示为该天线在载机平台的安装位置和忽略载机影响时的立体方向图（工作频率取 450 MHz）。

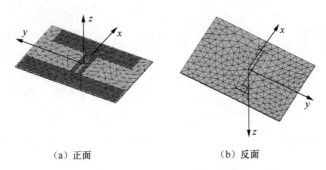

（a）正面   （b）反面

图 2-9   印刷二元引向天线的结构

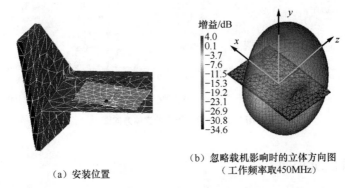

（a）安装位置

（b）忽略载机影响时的立体方向图
（工作频率取450MHz）

图 2-10   印刷二元引向天线的安装位置和忽略载机影响时的立体方向图

印刷二元引向天线共形安装在无人机的左、右机翼上，载机平台成为天线的一部分，机身对天线的电流分布产生影响，电流分布的变化进一步影响天线的输入阻抗、方向图和带宽。图 2-11 所示为频率从 350 MHz 到 550 MHz，该天线主要电参数的仿真计算结果。为了便于比较，图中同时绘出了忽略和考虑载机影响两种情况下对应的曲线。

从图 2-11（a）所示可以看出，受载机的影响，天线的谐振点从 420 MHz 向低频端偏移到 390 MHz；谐振点输入反射系数 S_{11} 的值从 -15 dB 减小到 -30 dB，与忽略载机的影响相比，天线的相对带宽有所展宽。

从图 2-11（b）所示可以看出，当忽略载机影响时，天线的增益发生了较大变化，天线的增益先从起始频率（350 MHz）处的 2.7 dB 增加到 5.0 dB，再几乎按线性减小到 500 MHz 处的 2.5 dB，随后维持 2.5 dB 不变，在终止频率附近略有升高。受载机的影响，当工作频率为 365～450 MHz 时，天线的增益随频率的增加呈减小趋势，最大值为 365 MHz 处的 3.0 dB；当工作频率高于 450 MHz 时，天线的增益几乎按线性增加。

仿真结果表明，在工作频率为 430 MHz 时，天线的方向图变化不大，水平面波束宽度大于 60°，垂直面波束宽度大于 110°。如图 2-11（c）、（d）所示，无论是在水平面还是垂直面，方向图的形状变化不大。

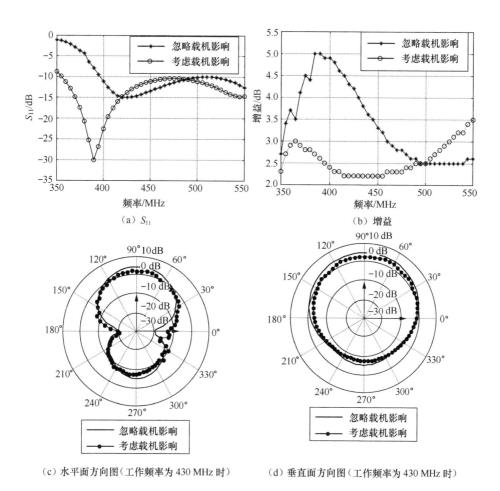

（a）S_{11}　　　　　　　　　　（b）增益

（c）水平面方向图（工作频率为 430 MHz 时）　　　（d）垂直面方向图（工作频率为 430 MHz 时）

图 2-11　印刷二元引向天线的主要电参数

2.3　无人机电磁兼容

　　无人机电磁兼容要求尽量减少机载电子设备之间的相互干扰，使各种机载电子设备能够在有限的载机平台空间内、一定的频谱资源条件下、复杂的电磁环境中正常运转、工作。

2.3.1　无人机的电磁环境

　　无人机所处的电磁环境是提出和确定无人机系统电磁兼容要求的依据。电磁环境是指存在于给定场所的所有电磁现象的总和。

1. 内部电磁环境

无人机在设计时对重量和体积的限制几乎达到了苛刻的地步，从而造成这样一种局面：机体内部空间狭小，机载设备种类繁多，安装拥挤；电磁频谱占用度高；收发设备电平相差悬殊；并且由于重量受限，机载电子设备常常无法获得满意的屏蔽保护，有些甚至完全暴露在电磁波的照射之下；设备布置与电缆敷设相对困难；机载天线安装位置有限，难以为各机载天线提供满意的空间和极化隔离，受机体材料限制，通常也难以利用机身遮挡来满足要求。

对无人机内部的电磁环境效应分析就是研究系统内的电磁兼容。无人机的点火装置、机载测控发射设备、具有大电流变化与断续触点的执行装置和设备、大电流逆变电源和开关电源、中高频数字电路以及类似电路结构、无线电发射的任务载荷等，是无人机系统内电磁环境的主要干扰源。此外，系统布局不合理、设计不完善，也可能导致无人机局部电荷的持续大量积累，从而造成系统内部的静电干扰。

恶劣的电磁环境、狭小的机体空间，以及某些机型的机体材料采用透波的玻璃钢蜂窝结构，使无人机系统内的电磁耦合变得十分复杂，概括而论，可包含下面几种类型：天线间的互耦、电场与线缆的互耦、电场与设备壳体的互耦、线缆间的互耦、传导耦合（公共地阻抗传导耦合和公共电源传导耦合）等。由于《军用设备和分系统 电磁发射和敏感度要求与测量》（GJB 151B—2013）的强制执行，机载设备和分系统的电磁环境适应能力有了很大的提高，从而在分析无人机系统内的电磁兼容时，可只考虑天线端口、场与线缆、线缆间以及公共地阻抗传导等几类电磁耦合。

无人机系统电磁兼容的重要一环是机载电子设备对电磁环境的适应能力，机载计算机、机载测量系统、操纵执行装置、动力系统的控制装置、测控系统接收设备以及一些任务载荷（如电子侦察接收设备、无线电导引头以及各种电子引信等）都属于此范畴，这将关系到飞机的安全与飞行任务完成的好坏。综合分析这些设备及可能遭遇电磁干扰的属性，可以将它分为以下几类：无线电射频端口、低频模拟信号端口以及电源端口等。对于低频模拟信号端口和电源端口，在进行系统或电路设计时，通过加装适当的电磁干扰滤波器，一般就能起到有效的抑制作用。对于无线电射频端口，情况将变得十分复杂，因而在机载设备满足相关标准要求的前提下，无人机系统电磁兼容主要针对无线电射频端口的电磁环境适应能力进行分析。

电子战无人机主要的电磁信号包括无线电测控信号、无线电导航信号、发动机火花信号、电子干扰信号等。

（1）无线电测控信号

无人机遥测和遥控主要依靠机载测控设备和地面测控设备来完成。无线电测控信号的频率根据测控距离的不同而不同，有 UHF 波段、L 波段、S 波段、C 波段等。测控信号脉冲一般采用脉冲编码调制（pulse code modulation，PCM），载波采用二进制相移键控（binary phase shift keying，BPSK）或者脉冲移频键控（pulse frequency shift keying，PFSK）调制。无线电测控设备的天线有全向天线和定向天线，定向天线的波束较窄，一般为几度至十几度。

（2）无线电导航信号

目前，无人机采用的主要飞行控制方式为遥控飞行方式和自主飞行方式。遥控飞行方式采用无线电测控链路进行飞行控制和数据下传。自主飞行方式主要是无人机使用导航设备进行航线控制，导航设备包括北斗、GPS 和 GLONASS。GPS 的工作频率是 1 227 MHz 和 1 575 MHz；GLONASS 的工作频率是 1 602 MHz。导航设备的接收天线为全向天线。

（3）发动机火花信号

无人机目前采用的发动机一般包括转子发动机、活塞发动机以及喷气发动机等。以某型活塞发动机为例，发动机在工作时，火花塞打火会产生电磁脉冲信号。根据测试情况，发动机火花信号具有以下特征。

① 载频范围很宽，从 50 MHz 到 4 GHz 都有，集中在 3 000 MHz 以下。

② 脉冲重复周期为 20 μs，脉冲重复间隔为 5～10 ms。

③ 功率不恒定，变化范围较大。普遍信号功率为−50 dBm 左右；最大信号频率从 450 MHz 到 1 000 MHz，信号功率大小为−30 dBm 左右。

（4）电子干扰信号

电子战设备一般包括雷达/通信侦察设备、雷达/通信干扰设备。这些设备的工作频率范围很宽，一般从几十千赫到几十吉赫，信号形式也很复杂，包括各种调制的连续波信号和脉冲信号。以某型雷达干扰设备为例，干扰的信号体制有常规雷达信号、脉冲压缩雷达信号、频率捷变雷达信号、频率分集雷达信号、重频参差/抖动雷达信号、脉冲多普勒雷达信号等。雷达干扰设备的天线一般为定向天线，波束覆盖范围较宽，可以达到几十度。

（5）其他信号

无人机上的其他电子设备还包括机载计算机、磁航仪、陀螺、速度传感器、舵机、夜航装置以及电气设备等。这些设备一般不产生辐射信号，但会通过信号耦合传导而相互影响。

通过对电子战无人机内部的电磁环境进行分析可以得到以下几个结果。

① 在频域，无线电测控信号、无线电导航信号、发动机火花信号、电子干扰信号的频谱是相互交叠的。

② 在时域，考虑到无人机的工作方式一般以自主程控飞行为主，导航系统必不可少，少数应急时采用航迹推算飞行；出于飞机的安全考虑，无线电测控链路在测控距离内也需要对无人机进行状态监视和调整控制；电子战设备到达指定作战区域后也将在区域内一直开机工作。通过对各种设备的工作时间分析可以看出，无线电测控信号、无线电导航信号、发动机火花信号、电子干扰信号在大部分时间内也是相互交叠的。

③ 在空域，导航设备接收在方位上是全向的；测控设备的发射、接收在方位上既有全向，也有定向；发动机的辐射信号是全向的；雷达干扰设备的天线一般是定向的，但波束较宽，可以达到 30°～90°。由于无人机体积尺寸较小，空间隔离有限，因此通过各种设备的空域覆盖范围分析可以看出，无线电测控信号、无线电导航信号、发动机火花信号、电子干扰信号在空域也是相互交叠的。

2. 外部电磁环境

无人机系统的外部电磁环境可分为两大类：自然电磁环境和人为电磁环境。自然电磁环境起源于地球和宇宙的自然过程（例如来自地球大气层的放电或来自太阳及外层空间的各种电磁辐射）。而人为电磁环境则是来自人类的活动并包括由无线电发射机有意产生的各种电磁场，以及这些发射机和其他技术设备产生的附加电磁场。

一般而言，由大气噪声、宇宙辐射等构成的自然电磁环境要比人为电磁环境干扰相对小很多，但这些干扰对于不同飞行高度的飞机表现出的电磁效应强弱却不尽相同。例如，对于飞行高度在万米以上的高空战略无人机，地面人为电磁干扰的影响相对减弱，而自然电磁环境的影响将会明显地表现出来；对于中低空（几千米以下）飞行的战术无人机，人为电磁辐射环境在电磁环境中占据主导地位，尤其是在现代战争中，飞行空域电磁环境十分恶劣[5]。

系统外电磁环境对无人机产生的影响不仅取决于外界电磁环境的强弱，而且与无人机的结构、系统布局以及工作方式有着密切的关系。具体而言，当机体外蒙皮全部采用金属（或导电）材料设计时，因金属机身所具有的屏蔽特性，机载设备可以免受外界电磁环境的影响，并且机身表面也可避免静电的积累。在这种情况下，研究基于电磁环境效应的共性特征，就主要表现在无人机上存在的各天线端口以及蒙皮可能存在的口盖、缝隙等耦合所引起的环境效应。而对于机身蒙皮全部采用（或部分采用）透波复合材料的情况，由于机身的无遮挡性，无人机内部完全暴露在外界电磁波的照射之下，从而使无人机电磁环境效应研究的内容基本上与系统内的情况相当，只是电磁环境不同而已。

2.3.2　无人机电磁兼容设计

通过对电子战无人机电磁环境的分析可以看出，随着各种电子设备的集中使用，无人机设计中电磁兼容的问题日益突出。为了提高机载设备在复杂电磁环境中的生存能力，确保无人机电子系统和设备达到抗干扰的设计要求，需要在系统或设备设计的初始阶段就进行电磁兼容设计，把大部分电磁兼容问题解决在设计定型之前，只有这样才能得到最满意的效费比。

电磁能会造成设备与电子元器件永久性的物理损坏。在高强度的电磁能照射下，绝缘体可能因介质损耗发热、电晕放电、化学变质等原因损坏。电磁辐射可以引起电子设备、元器件等产生假信号和错误信号，甚至可以使设备完全破坏。强电磁脉冲的瞬态作用可以使元件发热和老化，还会产生有害气体和二次辐射，从而损坏电子元件和电器。为了保证电磁兼容和可靠性，通常采用裕度设计和降额使用。同时，为了防止电磁危害，设计时还要精心选用元器件并考虑设备的接地、搭接、滤波、屏蔽或其他隔离措施[6]。

在一个电子系统中，电磁兼容可分为系统内电磁兼容与系统间电磁兼容两类。在电子战无人机系统中，系统内电磁兼容主要指各分系统（包括电子战设备、无人机平台、指挥控制站等）内部的以传导和近场感应为耦合途径的电磁兼容，按《军用设备和分系统 电磁发射和敏感度要求与测量》（GJB 151B—2013）的要求在分系统中进行解决。系统间电磁兼容主要指电磁波辐射途径的电磁兼容，包括无人机的测控设备、导航设备、机载电子设备、发动机等分别与干扰设备的电磁兼容。

1. 系统内电磁兼容设计

系统间电磁兼容设计包括频率管理分配、工作时间分配、相对位置安排、功率限制、布线要求、连接器要求等[7]。

（1）频率管理分配

对无人机上的无线电设备指定具体的使用频率的过程叫作频率指配。指配的频率必须符合国际和国家的有关规定，并在规定的频段及业务范围内；指配的频率不得对本频段同种业务的其他台站造成有害干扰，指配频率前必须向国家无线电管理部门了解该频段已有设备或系统的频率占有情况，并提出申请，经批准后方能使用。

为了在使用频率区域内避免同频、相邻信道、中频、镜像和互调等干扰，设计时必须对所指配的频率进行电磁兼容分析与预测，并根据要求确定干扰裕量。在考虑工作频率的同时，还必须重视发射功率、谐波、杂散波、占有带宽、定向发射时天线方向图特性等因素的影响。

在电磁兼容方面，要合理选择无人机数据链的工作频率，并对无人机动力装置、任务载荷以及电磁环境进行综合分析，以保证系统的正常工作。安装活塞式发动机的小型无人机，发动机火花信号干扰是其主要干扰源，频谱范围一般低于1 GHz；而对于电子对抗型无人机，则应重点关注其机载通信或雷达干扰机的工作频率及其谐波。

（2）工作时间分配

工作时间分配的设计包括：应对无人机系统内时间共用的分系统、设备的工作频率、工作电平和工作制式等进行分析；对同时工作的设备、分系统，频率要错开，同时应考虑谐波的影响，一般分析到 3 次谐波的发射以免造成干扰；分配发射时间时序以免重叠造成干扰。

（3）相对位置安排

相对位置安排的设计包括：调整位置距离加大空间以避免干扰；调整位置高度加大位差以避免干扰；利用机体自然形状屏蔽以避免干扰；波束直接耦合并减小旁波束耦合量。

（4）功率限制

功率限制的设计包括：调整发射接收波束避免直接耦合；对方向性干扰现象加以屏蔽；调整发射接收相对高度位置以避免干扰；发射接收天线波束耦合量大小调整；在空域、频域、时域限制的基础上进行功率限制，可编制一个功率使用表标明功率与空域、频域、时域的关系。

（5）布线要求

电缆敷设是影响无人机各分系统之间电磁兼容的一个重要因素，因为各种功率、信号的电缆都可能产生电磁干扰问题。例如，电缆可以起辐射发射的天线作用，电缆可以起敏感天线的作用，电缆还可以处于近场（串扰）耦合状态中，等等。因此，布线设计原则应按下述先后顺序考虑：安全性、可维修性、经济性。布线设计应达到可靠性高、系统间干扰和耦合最小、检查和可维修性好、能预防损坏、便于拆卸和可完整地更换线束等目标。

无人机内的电缆和导线应按电磁兼容分类敷设，充分利用有效的空间进行隔离。考虑到无人机上导线的安装密度大，导线分类方案必须服从这样一条原则：导线、电缆的类别在有效地控制干扰耦合的条件下应最少。把导线划分成组，允许将不同的机载电子设备的同组导线归并在同一线束中，以及把同一机载电子设备两个相邻组的导线归并在同一线束中。电缆束可按下述原则设计：载有近似/相同的干扰电平及相似干扰类型的电线成束；干扰大的电线束与干扰小的电线束要相互隔离开；使用空间分离来隔离某一类电线；当不同类型的电线或电缆不得不敷设在一起时（如穿过隔框的同一个孔时），电线、电缆应在隔框孔各侧尽量按要求隔离开；所有电线、电缆要尽量分散一定的距离，并注意电缆的走向与敷设，以使干扰耦合最小；不重叠的线组若交叉时要成直角，彼此间尽可能间距最大；机载电子设备的信号线（传感器、指示器、控制盒电路等）用扭绞线对敷设；除主电源馈线以外的 115 V/400 Hz 单相或三相交流电源线、28 V 交流或直流电气负载供电线不应屏蔽，应扭绞；电子设备的 28 V 交流或直流供电电源线，包括直接通过电阻或电感元件向晶体管或集成电路供电的电源线，应扭绞；对射频敏感的放大器供电线路，则需要屏蔽；对电磁干扰敏感的信号电路，包括模拟信号电路、数字电路、解调电路、同步信号电路等，应屏蔽扭绞；音频敏感电路需屏蔽与扭绞；射频电路和脉冲电路屏蔽层应多点接地。

（6）连接器要求

无人机设备之间的电源线、信号线及伴随线缆或线束的连接器，是把一根电缆与另一根电缆或其他设备相连接或分离的配对触点组件。无人机处处都可能有一个到几百个独立的导线插针与同轴外皮通过连接器实现同时接触。当处于连接或啮合位置时，连接器应为所有内部导线提供一条低阻抗传导通路，当使用外壳时要提供低阻抗连接，对电缆线束的屏蔽体应提供电连续性。连接器的结构与装配还要确定电缆屏蔽层是否需要接地以及如何接地。

2. 干扰设备与无人机测控设备的电磁兼容设计

对电子战无人机主要的电磁信号的分析表明，无人机测控设备和干扰设备的工作频率重叠，为了保障两者兼容工作，就需要进行以下两个方面的抗电磁干扰设计。

① 对高灵敏度接收的独立频率点，如无人机测控设备的接收灵敏度可以达到 −100 dBm 以上，干扰设备可以采用发射陷波屏蔽的方式，使发射机的静噪以及发射频率的谐波不会进入机载测控设备的接收机。

② 无人机测控设备发射机的发射功率一般是几十瓦。在同一架无人机上，由于干扰设备也具有较高的接收灵敏度，因此利用空间进行隔离有一定的困难。采

取的方法是：干扰设备在接收机中对遥测的频率点进行滤波处理或者对信号进行脉冲切割，避免遥测信号阻塞干扰接收机。

3. 干扰设备与导航设备的电磁兼容设计

GPS 接收机、GLONASS 接收机都具有很高的接收灵敏度，并且天线都是全向的，因此只能采用对导航工作频点发射陷波的方式来保证干扰设备和导航设备兼容工作。

4. 干扰设备与机载电子设备的电磁兼容设计

干扰设备与无人机上的磁航仪、惯导系统、机载计算机、舵机、电气系统等电子设备之间的电磁兼容问题关系到整个系统能否正常工作。由于无人机上电子设备多，电磁环境复杂，因此应从以下几方面来考虑电磁兼容设计。

① 应对无人机上的电磁环境进行测量，弄清楚飞机上各个电子设备的频率分布情况和信号大小，这样在任务设备的研制过程中就可以有针对性地采取措施。

② 在研制阶段，干扰设备与机载电子设备应该严格按照《军用设备和分系统电磁发射和敏感度要求与测量》（GJB 151B—2013）的要求设计研制。

③ 各电子设备在研制完成后，严格按照《军用设备和分系统 电磁发射和敏感度要求与测量》（GJB 151B—2013）的要求检测，使各电子部件既不向外耦合传导出超标准的电磁信号，又有必要的抵御外界电磁干扰的能力。

5. 干扰设备与发动机的电磁兼容设计

无人机发动机产生的脉冲信号频率覆盖了干扰设备很宽的工作频率范围，并且信号的幅度完全在干扰设备的接收机灵敏度之上，因此如果采用滤波的方法滤除发动机脉冲信号，那么滤除的信号太多将导致干扰设备不能工作。

测试发现：发动机产生的脉冲信号是有规律的，不同型号的发动机产生的脉冲信号特征是不一样的。根据发动机信号的特征，干扰设备在信号处理中可以通过信号分选的方法去掉发动机信号，以保证干扰设备不受影响[8]。

2.3.3 机载天线的电磁兼容

正在使用、即将投入使用和处于论证研制阶段的各种军民用无人机，大量的天线密集分布于有限的机体内，工作于相互重叠的频段，相互之间的耦合干扰问题更加突出，载机电磁环境更加恶劣。分析天线电磁兼容的本质就是研究天线系统及其载体的电磁辐射和散射问题，一般通过计算电磁学就可以给出足够精确的数值解。

1. 天线电磁兼容的含义

天线电磁兼容是指某天线在共同的电磁环境中，自身性能不下降，同时又不影响其他天线性能的一种共存状态，即某一设备的天线既不会由于受到处于同一电磁环境中的天线布局、载体、邻近散射体和其他天线的影响而遭受不允许的性能降低，也不会使同一电磁环境中的其他天线遭受不允许的性能降低。

天线是任务载荷上的主要辐射源，复杂电磁环境中任务载荷的电磁效应大多与天线直接相关。可以说，解决天线的配置问题，对提升整个无人机平台的电磁兼容起决定性作用。对天线来讲，最能体现其电磁兼容的指标参数主要有三个，即方向图、隔离度和干扰功率。

（1）方向图

天线通过辐射或接收电磁能量来执行其功能，而天线的方向图是衡量天线传输有用信号效能的重要指标。当天线安装到复杂任务载荷上以后，由于任务载荷的遮挡，散射及辐射源的互耦影响，天线的方向图将会发生畸变。这意味着天线在某些方向上的信号传输功能将会受到影响，因此方向图在电磁兼容分析中是一个必须考虑的参数。

（2）隔离度

隔离度（耦合度）是在进行天线电磁兼容分析时常用到的一个十分重要的参数。天线端口的隔离度是衡量接收天线对发射天线功率响应程度的重要指标，隔离度越高，接收天线对发射天线功率的响应越小，反之越大。因为接收功率中可能包含干扰功率，所以隔离度不但可以衡量接收天线对有用功率的响应程度，还可以衡量对干扰功率的响应程度。在实际工程中，可以通过天线间隔离度的大小来间接评估收发间干扰的严重程度。

一对收发天线间的隔离度定义为：

$$INS = 10 \lg \frac{P_{in}}{P_{out}} \tag{2-1}$$

式中，P_{in} 为发射天线的输入功率；P_{out} 为接收天线的输出功率。

通常无人机的电子战天线由两副相同的天线构成，一副用于侦察，另一副用于干扰，工作频率相同。图 2-12 所示为布置在某无人机上的一对平面型不对称振子之间的隔离度随频率变化的曲线。图中虚线对应于两副天线分别安装在左、右尾翼，且互相平行的情形；实线对应于两副天线分别安装在右尾翼和左侧翼，且互相垂直的情形。从图中可以看出，前者对应的隔离度为−54～−32 dB，后者对应的隔离度为−96～−84 dB，后者收发天线之间极化严重失配导致后者比前者的隔离度高 42～52 dB。从图 2-12 所示实线可以看出，当频率较低时天线电尺寸较小，辐射和接收效率也较低，因此隔离度较高；随着频率升高，隔离度降低，到天线长度等于一个波长对应的频率附近时，隔离度最低；随着频率继续升高，天线间的电距离加大，隔离度又开始升高。

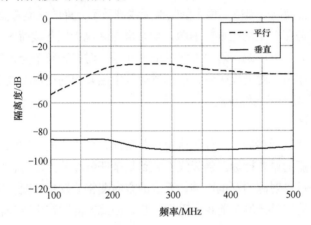

图 2-12　机载天线间的影响

对于多天线间的隔离度可以通过多端口微波网络的方法来确定。以 N 副天线为例，可将天线系统、装载平台和辐射空间等效为一个 N 端口的微波网络，每副天线对应网络的一个端口，天线馈线对应端口传输线，这样天线之间的隔离度就转化为相应的天线馈电参考面之间的隔离度。根据微波网络理论，各参考面上的归一化入射波$[a]$与归一化出射波$[b]$之间的关系为：

$$[b]=[S][a] \qquad (2-2)$$

式中，$[a]=\begin{bmatrix} a_1 \\ a_2 \\ ... \\ a_N \end{bmatrix}$，$[b]=\begin{bmatrix} b_1 \\ b_2 \\ ... \\ b_N \end{bmatrix}$，$[S]=\begin{bmatrix} S_{11} & S_{12} & ... & S_{1N} \\ S_{21} & S_{22} & ... & S_{2N} \\ ... & ... & ... & ... \\ S_{N1} & S_{N2} & ... & S_{NN} \end{bmatrix}$ 为散射矩阵，S_{ii}（$i=1,2,\cdots,N$）的物理意义是，除第 i 端口接能源外，其余各端口都接匹配负载的条件下，第 i 端口的电压反射系数。S_{ij} ($i\neq j$)的物理意义是，在除第 j 端口接能源外，其余各端口都接匹配负载的条件下，从第 j 端口到第 i 端口的电压传输系数。于是 i、j 两端

口之间的隔离度可以表示为：

$$INS = 20\lg\left|S_{ji}\right| \quad\quad （2-3）$$

（3）干扰功率

收发系统对信息的判断与解读由接收机来完成，接收机的硬件系统对电磁能量有一个响应的最低阈值，即灵敏度。当干扰信号进入接收天线端口，如果干扰能量的强度超过灵敏度一定的范围，将会对接收机的工作性能产生严重的影响。因此，知道了干扰耦合功率的大小将有助于更精确地判断接收机的被干扰程度。根据隔离度的定义，不难得到接收天线接收到的干扰功率 P_r 为：

$$P_r = P_t \cdot G_t \cdot G_r \cdot L_{tr} \quad\quad （2-4）$$

式中，P_t 为发射天线的发射功率；G_t 为发射天线在接收天线方向处的增益；G_r 为接收天线在发射天线方向处的增益；L_{tr} 为收发之间的总损耗因子，包括自由空间传播损耗、传输媒质的衰减损耗和天线的极化失配损耗等。

2. 天线电磁兼容设计的基本内容

完整的天线设计通常包括馈电结构、辐射单元的设计和在所处环境中的调试。因此，天线电磁兼容设计可从以下三个方面进行考虑。

（1）第一级为馈电级

第一级从最简单的一段传输线（同轴线、波导、微带线等）到一般的平衡器、馈电网络，电磁兼容技术已相对成熟。

（2）第二级为孤立天线

这一级别的考虑相对较容易，其主要目标是降低辐射方向图的交叉极化和旁瓣电平，对于多端口天线还要提高端口间的隔离度。

（3）第三级为天线与环境系统

天线所处的电磁环境相当复杂，既包括安装平台，平台上的其他天线、遮挡物以及金属物，还包括邻近载体、邻近散射体和敌方恶意电磁辐射等形成的电磁环境。这种天线与环境系统间的电磁兼容必须考虑，该级别的电磁兼容也是设计的重点和难点。

3. 天线布局优化的目标

天线布局设计是天线电磁兼容的基本内容。"布局"二字把天线自身的设计、安装载体与相关电磁环境这三者联系起来了。天线布局设计首先要对天线自身的电参数进行仿真与设计，其性能指标以能否满足应用要求为先决条件，但这往往还不够，因为常常会遇到诸如这样的情况：就单副天线而言，其各项性能指标均合格，然而一旦配置到载体上，其主要电参数，如输入阻抗、方向图等将有不同程度的恶化，此时必须对天线设计进行有效的修改，有时甚至需要重新进行方案论证与选择。如果天线自身已无改进的余地，那么必须对载体局部进行改动甚至重新设计。布局设计是天线系统研制的难点和关键技术，也是其电磁兼容的最终体现。布局设计一旦实施，各种天线性能指标和电磁兼容就基本确定了。

在机载天线布局所关心的众多参数中，天线之间的隔离度和天线方向图是两项最主要的技术参数。机载天线布局还应该重视的一个环节是天线与发射（接收）机之间的阻抗匹配问题，如果发射机和发射天线之间的阻抗严重失配，则发射机输出的功率大部分会被反射，轻者造成机内电磁能量积存，对其他设备产生严重干扰；严重时会造成发射机烧毁。当天线在机体的不同位置，特别是附近有多副天线时，从发射天线输入端口看进去的输入阻抗是不同的，这一输入阻抗相当于发射机的负载。所以天线布局在提高天线隔离度的同时，还要保证天线的电压驻波比较小。

在进行机载天线布局时，天线的几何结构参数是固定的，只有几何位置参数可以看作是自变量，而隔离度和方向图实际上就成为随天线几何位置参数变化的因变量。为此，对于一个多天线系统进行电磁兼容设计时，天线布局优化的目标是：在保证发射网络阻抗匹配的情况下，降低整个天线系统的方向图失真度，提高整个天线系统的隔离度，而不是只保证某一天线的方向图失真最小，或某对天线的隔离度达到最大。这是一个多目标优化问题，先进的智能优化算法可以给出令人满意的解。

4. 电子战无人机天线系统的电磁兼容

电子战无人机的天线包括定位导航天线（如 GPS/GLONASS 的接收天线）、无线电测控设备天线和电子战设备的接收、发射天线。各设备间天线的电磁兼容设计要从天线布局、方向图设计、隔离措施、辅助措施等几方面考虑。

（1）天线布局

各天线应尽量装在空间有自然隔离的位置，尤其是接收天线应该装在其覆盖空域内无金属或其他遮挡物并尽量远离发射天线和辐射源的地方。为了减小电子战设备对机载雷达的干扰，电子战设备天线与邻频或同频机载雷达天线应布置在不同高度上。卫星通信天线应避免受到机载雷达天线的照射。敌我识别天线则应布置在载机平台的最高位置。

（2）方向图设计

在进行方向图设计时应采取措施，控制干扰设备、测控设备的定向天线的辐射方向图，尽量降低副瓣电平，在不需要的波束覆盖范围内，将天线辐射出的能量降至最小。

（3）隔离措施

采用空间隔离、极化隔离和其他隔离措施，增加收发天线之间的隔离度。机载各无线电收/发设备的工作频率应尽量错开，以减少同频干扰。考虑到与通信/雷达系统的兼容性，主要频率的谐波不要落在其他通信/雷达系统的工作频段内。

（4）辅助措施

辅助措施包括在某些部位喷上吸波材料、铺设微波吸收材料、附加宽带隔离环等。

2.4　升空增益

电子战无人机通常工作在超短波和微波波段，由于频率较高，电波沿地面传播时的衰减很大，遇到障碍时的绕射能力很弱，因此不能利用地波传播方式；在通常情况下，高空电离层不能将该频段电波反射回地面（穿出），因而也不能利用天波传播方式，所以这一波段的电波普遍采用直接对视的视距传播方式。鉴于电子战无人机的作战对象通常是部署于地面的通信/雷达台站，本节主要研究地面对视距传播的影响。在此基础上，进一步探讨升空增益的定义、物理意义和理论计算。

2.4.1　地面对视距传播的影响

地面对电波传播的影响，主要表现在以下两个方面：地面的电特性和地球表面几何结构（包括地形起伏、植物和人造结构等）。地面的电特性对电波传播有很大的影响。但在视距传播中，天线都是架高的，可以完全忽略地波成分，地质情况仅影响地面反射波的振幅和相位，因此相对而言，地球表面几何结构的影响是主要的。下面主要讨论视线距离、地面反射、地面障碍物等对视距传播的影响。

1. 视线距离的影响

如图 2-13 所示，在给定的发射天线和接收天线高度 H_1、H_2 的情况下，由于地球是球形，凸起的地表面会挡住直射线，当收发两点 B、A 之间的直视线与地球表面相切于点 C 时，存在着一个极限距离。在工程中通常把由 H_1、H_2 限定的极限地面距离 $\overline{A'B'} = d_0$ 称为视线距离。当 H_1、H_2 远小于地球半径 R 时，d_0 也就为 B、A 之间的距离 r_0，而实际问题大多如此。

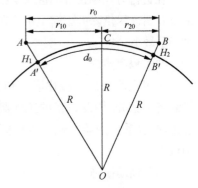

图 2-13　视线距离

根据几何关系，容易求出视线距离 r_0 为：

$$r_0 \approx \sqrt{2R}\left(\sqrt{H_1} + \sqrt{H_2}\right) \qquad (2\text{-}5)$$

若将地球半径 R=6370 km 代入式（2-5），天线架高 H_1 与 H_2 的单位为米，则

$$r_0 \approx 3.57\left(\sqrt{H_1} + \sqrt{H_2}\right) \qquad (2\text{-}6)$$

可见，视线距离与天线架设高度有关，天线架设越高，视线距离越远。在实际工作中，应尽量利用地形、地物把天线适当架高。

当考虑大气不均匀性对电波传播轨迹的影响时，实际的视线距离与式（2-6）给出的数值有一定差别。在标准大气折射情况下，视线距离增加了约 15.4%，即

$$r_0 \approx 4.12\left(\sqrt{H_1} + \sqrt{H_2}\right) \qquad (2\text{-}7)$$

在收、发天线架高一定的条件下，实际通信距离 d 与 r_0 相比，有以下三种情况。

① $d < 0.7r_0$ 时，接收点处于亮区。

② $d > 1.2r_0$ 时，接收点处于阴影区。

③ $0.7r_0 < d < 1.2r_0$ 时，接收点处于半阴影区。

本书所讨论的视距传播中的场强计算只适用与亮区情况。实际的视距传播工程应满足亮区条件，否则地面绕射损失将会加大电波传播的总损耗。

2. 地面反射的影响

在视距传播方式中，收、发两点之间除了有直射波外，还经常存在着经地面反射后到达接收点的反射波。因此，有必要研究地面反射对传播的影响。

（1）平面地反射

当收发距离较近时，可以不考虑地球曲率的影响，而把地面看成平面。如

图 2-14 所示，设发射天线 A 的架高为 H_1，接收点 B 的高度为 H_2；直接波的传播路径为 r_1；地面反射波的传播路径为 r_2，与地面之间的投射角为 Δ；收发两点间的水平距离为 d。

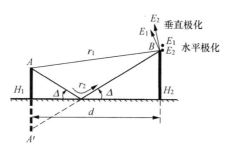

图 2-14　平面地上的视距传播

接收点 B 的场强应为直接波（direct wave）与地面反射波（ground reflected wave）的叠加。在传播路径远大于天线架高的情况下，两路波在接收点 B 处的场强视为相同极化。在实际问题中，如果沿 r_1 路径在接收点 B 处产生的场强振幅为 E_1，沿 r_2 路径在接收点 B 处产生的场强振幅为 E_2，在忽略方向系数和强度上的差异后，接收点 B 处的总场强为：

$$E = E_1 + E_2 = E_1 \left(1 + \Gamma \mathrm{e}^{-jk\Delta r} \right) \tag{2-8}$$

式中，$k = 2\pi/\lambda$，λ 为波长；Γ 为地面的反射系数，与电波的投射角、极化、波长以及地面的电参数有关，一般可表示为：$\Gamma = |\Gamma| \mathrm{e}^{-j\varphi}$；$\Delta r$ 为两条路径之间的路程差，可以表示为：

$$\Delta r = r_2 - r_1 = \sqrt{\left(H_2 + H_1 \right)^2 + d^2} - \sqrt{\left(H_2 - H_1 \right)^2 + d^2} \approx \frac{2H_1 H_2}{d} \tag{2-9}$$

图 2-15 和图 2-16 所示分别计算了海水和陆地的反射系数（图中 V 代表垂直极化，H 代表水平极化）。由图 2-15 和图 2-16 所示的计算曲线可以看出，水平极化波反射系数的模在低投射角约为 1，相角几乎可以看作 180° 常量，也就是说，对于水平极化波来讲，实际地面的反射比较接近于理想导电地，特别是在波长较长或投射角较小的区域近似程度更高。因此在估计地面反射的影响时，可粗略地将实际地面等效为理想导电地。但是对于垂直极化波情况就比较复杂。垂直极化波反射系数的模存在着一个最小值，对应此值的投射角称为布儒斯特角（Brewster），记作 Δ_B，在该角度两侧，反射系数相角发生 180° 跳变。尽管垂直极化波的反射系数随投射角的变化起伏较大，但在很低投射角时，仍然可以将其视为 -1。

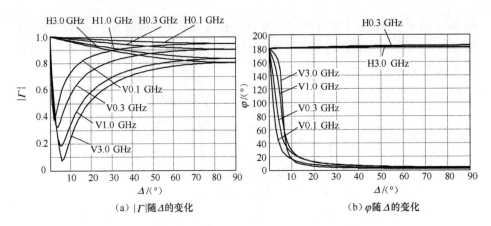

图 2-15 海水的反射系数 $\Gamma=|\Gamma|\mathrm{e}^{-\mathrm{j}\varphi}(\varepsilon_r=80,\ \sigma=4\,\mathrm{S/m})$

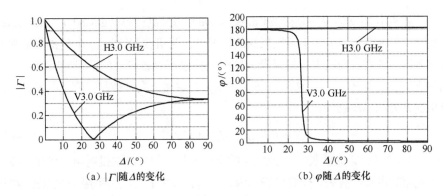

图 2-16 干土的反射系数 $\Gamma=|\Gamma|\mathrm{e}^{-\mathrm{j}\varphi}(\varepsilon_r=4,\ \sigma=0.001\,\mathrm{S/m})$

当 Δ 很小时，将式（2-9）代入式（2-8）中，则合成场可以简化为：

$$|E|=|E_1+E_2|=|E_1(1-\mathrm{e}^{-\mathrm{j}k\Delta r})|=2\left|E_1\sin\left(\frac{k\Delta r}{2}\right)\right|=2\left|E_1\sin\left(\frac{2\pi H_1 H_2}{\lambda d}\right)\right| \quad (2\text{-}10)$$

当 $\dfrac{2\pi H_1 H_2}{\lambda d}\leqslant\dfrac{\pi}{9}$ 时，式（2-10）进一步简化，得到工程计算中常用的维建斯基反射公式：

$$E(\mathrm{mV/m})=\frac{2.18}{\lambda(\mathrm{m})d^2(\mathrm{km})}H_1(\mathrm{m})H_2(\mathrm{m})\sqrt{P_r(\mathrm{kW})D} \quad (2\text{-}11)$$

综合以上分析，式（2-8）和式（2-10）均反映了直接波与地面反射波的干涉情况，由于这两束波之间存在着相位差，而相位差又与天线的架高、电波波长以及传播距离有关，所以波的干涉体现在随着上述三个参量的变化干涉。图 2-17 所

示为以 E/E_1 为纵坐标计算的垂直极化波在海平面上的干涉效应，在实际的视距传播分析中，应该考虑到这种效应。

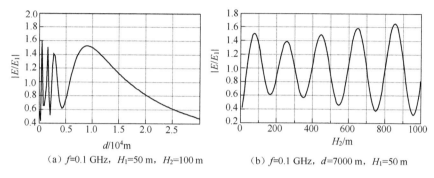

(a) f=0.1 GHz，H_1=50 m，H_2=100 m　　(b) f=0.1 GHz，d=7000 m，H_1=50 m

图 2-17　垂直极化波在海平面上的干涉效应（$\varepsilon_r = 80$，$\sigma = 4\,\mathrm{S/m}$）

（2）球面地反射

当收发距离较大时，地球曲率的影响就必须考虑，这些影响主要有两个方面：一方面，球面地上直射波和地面反射波的路程差与平面地情形不同；另一方面，电波在球面地上反射时有扩散作用，因此球面地上反射波场强要小于平面地情形。

① 线的等效高度。图 2-18 所示为球面地上直射波与反射波的传播路径。显然，若要直接利用式（2-11）计算球面地上某点接收场强时，必须对天线高度做适当修正。

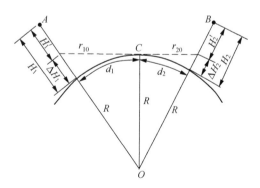

图 2-18　天线的等效高度

如图 2-18 所示，过反射点 C 作地球的切平面，同时由 A、B 向各自所对应的地球切平面作垂线，所得的 H_1'、H_2' 就被称为天线和观察点的等效高度或折合高度。显然，若以天线的等效高度代替实际高度，则天线在切平面上的情况就与球面上的反射等效。根据几何关系，求出等效高度：

$$H_1' \approx H_1 - \Delta H_1 = H_1 - \frac{d_1^2}{2R} \qquad (2\text{-}12)$$

$$H_2' \approx H_2 - \Delta H_2 = H_2 - \frac{d_2^2}{2R} \qquad (2\text{-}13)$$

在视距传播的有关计算中，若将天线的实际高度置换成等效高度就是对球面地条件下的一个修正。

② 球面地的扩散因子。如图 2-19 所示，电波经球面地反射后的反射波场强比在平面地上反射时要小，这是因为球面地的反射有扩散作用，所以球面地的反射系数要小于相同地质的平面地的反射系数，扩散因子就是描述这种扩散程度的一个物理量。如果平面地反射时的场强为 E_r，球面地反射时的场强为 E_{dr}，入射波场强为 E_i，$|\Gamma|$ 为平面地反射系数的模值，则定义球面地的扩散因子 D_f 为：

$$D_f = \frac{E_{dr}}{E_r} = \frac{E_{dr}}{|\Gamma| E_i} < 1 \qquad (2\text{-}14)$$

在引进扩散因子之后，将视距传播的有关计算中的反射系数 Γ 替换成 $D_f \Gamma$ 就完成了球面地条件下的另一个修正。

③ 对地面平坦程度的要前面的讨论都假设地面是光滑的，实际上除了平静的水面和经过平整的地面以外，一般地面都是起伏不平的。所谓"平坦"地面，只是指那些起伏不超过允许程度的地面而言的。

从地面起伏情况对电波传播的影响程度来看，波长与地面起伏高度之比具有决定性的意义。例如，一个几百米高的山峰，或者几十层高的大楼，对超长波来说可以认为是"平坦"的。但对于分米波特别是厘米波来说，即使起伏高度只有几厘米的草地也会产生很大影响。为此，需要规定一个可将起伏地面视为光滑的标准。

如图 2-20 所示，假设地面的起伏高度为 Δh，对于投射角为 Δ 的入射波，在凸出部分（c 处）反射的电波 a 与原平面地（c'处）反射的电波 b 之间具有路程差，由此引起相位差，为了能近似地将反射波视为平面波，即仍有足够强的定向反射，通常规定该相位差不超过 $\frac{\pi}{2}$，由此得到瑞利准则或瑞利判据为：

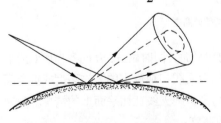

图 2-19　球面地的扩散效应

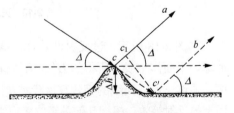

图 2-20　不平坦地面的反射

$$\Delta h < \frac{\lambda}{8 \sin \Delta} \tag{2-15}$$

式（2-15）指出了在一定波长和投射角条件下，能把地面看作平坦镜面所能允许的最大起伏高度。表 2-1 所示为不同频率的电波以不同角度投射时，可视为光滑地面所允许的不平坦高度的大小。计算结果表明波长越短或投射角越大，越难将地面看作是光滑的，地面不平的影响也就越大。

表 2-1　Δh 的实际计算数据

投射角 Δ 波长 λ	Δh		
	$\Delta = 10°$	$\Delta = 20°$	$\Delta = 30°$
10 m	7.2 m	2.5 m	1.45 m
1 m	0.72 m	0.25 m	0.145 m
10 cm	7.2 cm	2.5 cm	1.45 cm
1 cm	0.72 cm	0.25 cm	0.145 cm

那些不满足瑞利准则要求的地面，对电波传播有什么影响呢？主要是粗糙不平的地面对电波的反射不再是几何光学的镜面反射，而是向各个方向的"漫反射"（反射线分布在各个方向且与入射角无关）。漫反射使反射波能量发散到各个方向，其作用相当于反射系数下降。地面越粗糙，漫反射越严重，反射系数就越小。如果地面非常粗糙，则可以忽略反射波。

④ 地面的有效反射区。前面的讨论中均采用射线理论，假定电波是"点"反射。而实际上根据惠更斯-菲涅尔原理，参与反射的应是一个区域，这个区域便是有效反射区。有效反射区的范围可以通过近似地采用镜像法及电波传播的菲涅尔区来决定。

如图 2-21 所示，反射波射线由天线的镜像点 A' 发出，反射波的主要空间通道是以 A' 和 B 为焦点的第一菲涅尔椭球，这个椭球与地平面相交的区域为一个椭圆，一般椭圆的中心 C 并不与几何光学反射点 D 重合，该椭圆限定的地面就是通常说的地面的有效反射区。若有效反射区内地面是平坦的，即使是有效反射区外的地凹凸不平，不能认为"平坦"，该反射面仍可看作满足瑞利准则。反过来，即使有效反射区外的地面光滑，而内部不满足瑞利准则，反射区也不能看成平坦。如果想利用反射波，可对该区域进行人工修整以达到"平坦"要求。

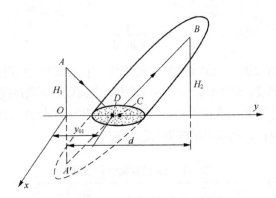

图 2-21　地面上的有效反射区

3. 地面障碍物的影响

电波在传播的途径中经常会遇到高山峻岭的阻挡，因此必须考虑障碍物对电波传播的影响，常把天线安装在峭壁和山岗附近。由于地形是多种多样的，我们只能对一些较为典型的地面情况进行简单讨论。

（1）传播余隙

地球表面分布有山岗、丘陵、凹地、建筑物等，所以地面形状与光滑球面地有很大的区别。即使地球球面凸起高度对电波传播不起阻挡作用，地面上的山地丘陵等也会有一定的影响。因此，必须合理地选择"传播余隙"这个重要参数。

传播余隙是指收、发两天线的连线与地形障碍物最高点之间的垂直距离，常以符号 H_c 表示，如图 2-22 所示。

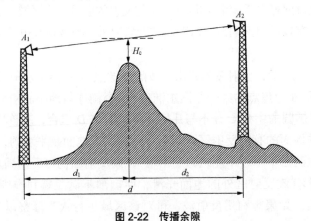

图 2-22　传播余隙

由前述菲涅尔区的概念可知，为保证两天线之间的传播为自由空间值，至少要使传播余隙等于或大于第一菲涅尔区半径 F_1，即

$$H_c \geqslant F_1 = \sqrt{\frac{\lambda d_1 d_2}{d}} \tag{2-16}$$

式中，λ 为电波波长。

图 2-23 所示为三种传播余隙的情况。显然图 2-23（c）所示的选择比较合理，其接收点场强有可能得到自由空间传播时的信号强度，而图 2-23（a）、（b）所示的情况都不能保证这一点。因此在选择干扰阵地时不能仅仅满足障碍物没有挡住直射波射线，还应考虑障碍物是否已进入第一菲涅尔区，即要考虑传播余隙。

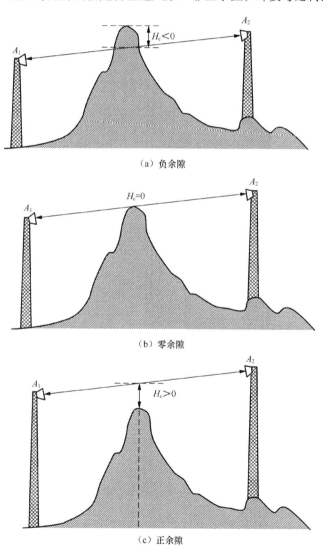

（a）负余隙

（b）零余隙

（c）正余隙

图 2-23　三种不同的传播余隙

（2）楔形山脊的绕射

地面障碍物的情况不一，形状各异，为了定性地说明问题，通常讨论一种较为理想的情况——无线电波对楔形（或称刃形）障碍物的绕射问题。如图 2-24 所示，在天线 A_1、A_2 之间有楔形障碍物，两天线连线与障碍物顶点之间的距离为 H_c。根据惠更斯-菲涅尔原理，接收点场强为：

$$E = E_0 A \qquad\qquad (2\text{-}17)$$

式中，E_0 为电波在自由空间传播时接收点的场强；A 为绕射衰减因子，其值可由图 2-25 所示求出。

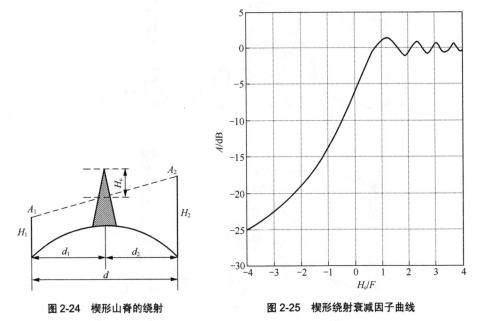

图 2-24　楔形山脊的绕射　　　　图 2-25　楔形绕射衰减因子曲线

分析图 2-25 所示可以看出，当电波通过楔形障碍物时，接收点场强具有以下特点。

① 接收点场强与障碍物的高度有关。当 $H_c<0$ 时，$A<0$，说明 $E<E_0$，且场强随障碍物的增高而减小。障碍物越高，遮蔽收发天线间电波传播的空中通道——菲涅尔区的面积就越大，因而接收点场强就越小。

② 当 $H_c=0$ 时，$A=-6\ \text{dB}$，说明 $E=E_0/2$。此时射线刚好从楔形顶部通过，但菲涅尔区的一半面积被遮蔽，因而接收点场强比自由空间场强低 6 dB。

③ 当 $H_c>0$ 时，各菲涅尔区被遮蔽的部分不到一半，因而 $E>E_0/2$。随着 H_c 的继续加大，各菲涅尔区被遮蔽的面积越来越小，楔形障碍物对电波传播的影响逐渐

减小。根据惠更斯-菲涅尔原理，接收点场强将围绕 E_0 上下波动，并逐渐趋于 E_0。

（3）障碍增益

在视距传播中，当传播余隙过小时，障碍物可能会把电波射线挡住，造成严重的传播损耗，甚至使通信中断。但是有时也会遇到一种有趣的现象：在传播路径中有高山屏障时，山后接收点场强值大于自由空间传播时的场强值，甚至超过 10 dB，这种现象称为"障碍增益"。

如果障碍物挡住了收发两点间的视线，但范围较窄，且山脊两边比较开阔平坦，如图 2-26 所示。电波由点 T 发射后，在大气中传播到山顶 C，沿山顶绕射到达接收点 R。另外，由于收发天线的高度都比波长大得多，而且它们前方都有平坦的地面，因而存在较强的地面反射波。这样 T 到 R 的传播路径还有三条：$TACR$、$TACBR$ 和 $TCBR$，接收点的场强是四个波干涉叠加的结果。如果四条射线到达接收点的相位相同，那么接收点的场强值就等于四个波的场强值之和。

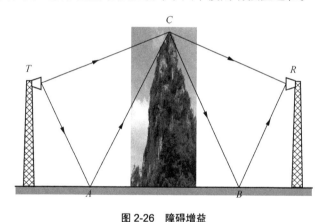

图 2-26　障碍增益

显然，障碍增益对电波传播是很有利的。在实际电路中只有经过精细的线路勘测，选择合适的天线高度才可能获得稳定的障碍增益。

4. 在城市中传播的影响

建筑物对电波既有吸收作用，又有反射作用。各种建筑物对电波的吸收和反射作用各异，建筑物的分布又不一定，再加上城区中还有许多移动车辆也会随时改变电波传播的情况，这样就使接收点场强的大小除与建筑物的位置有关外还随时间而改变，这更增加了理论计算上的困难。因此我们仅能用一些经验公式来近似地估计接收点场强。

当天线高度比周围建筑物低时，由经验证明，在波长 3～10 m 的范围内，可用光滑地面传播时的维建斯基反射公式再乘以适当的修正因子 A，即可求出接收点场强。一般 $A=0.25 \sim 0.4$，天线的架高从地面算起。

当收、发天线的位置高于城区屋顶的平均高度，且两天线间无障碍物时，仍可应用维建斯基反射公式计算接收点场强。天线的架高应根据传播路径中反射区的高度而定，如果反射区是屋顶，那么天线高度应从这些屋顶的平均高度算起；如果反射区是公园、湖泊等，那么天线高度应从地面算起。

实验指出，由于建筑物对电波的吸收作用而产生的损耗，将随着频率的提高、建筑物的增大而变大。若建筑物阻挡了收发天线之间的视线，则损耗尤其严重。

5. 在森林区传播的影响

森林对电波有较大的吸收作用。实验证明，吸收的大小与电波的频率、极化，森林的密度、面积，天线与森林的相对位置等有关。当电波频率越高，天线与森林间的距离越近，则吸收损耗越大。垂直极化波比水平极化波的吸收损耗大。因此，在视距传播中，天线最好远离森林区，或者设法架高使天线露出森林，以减小吸收损耗。对于超短波，如果在传播方向上仅有稀疏的树木并与天线保持足够的距离（一般要求几十个波长），则林区的吸收损耗可以忽略不计。

2.4.2 升空增益计算方法

1. 定义

升空增益是指当发射设备升至一定高度后，发射设备至接收点电波传播的路径损耗与该设备在地面投影点至接收点电波传播的路径损耗之比值，通常用分贝（dB）表示。

当发射设备升至一定高度后，发射设备至接收点（距离为 d）电波（波长为 λ）传播的路径损耗可近似为由自由空间的传播损耗：

$$L_0 = 20\lg\frac{4\pi d}{\lambda} \tag{2-18}$$

地面投影点到接收点的路径损耗可参照国际电信联盟 2007 年发布的建议书《设计地面视距系统所需的传播数据和预测方法》给出。

2. 物理意义和理论计算

在地面视距路径上的传播损耗相对于自由空间传播损耗是以下不同组成部分

的总和。

① 由大气气体引起的衰减。

② 由障碍物或路径的部分障碍物引起的衍射衰落。

③ 由多径、波束扩展或闪烁引起的衰落。

④ 由到达/发射角的变化引起的衰减。

⑤ 由降雨引起的衰减。

⑥ 由沙尘暴引起的衰减。

作为频率、路径长度和地理位置的函数，这些组成部分各有其特点。这些因素导致信号的传播损耗比自由空间的传播损耗要大得多。

考查实际电波传播环境，地—地视距传播和空—地视距传播的传播损耗的主要差异在于②、③、④。这三个因素正是导致升空增益的根本原因。

为了便于理解升空增益的物理意义，考虑地—地视距传播的最简单的理论模型是地面反射模型，在此模型下，根据维建斯基反射公式，信号的传播损耗与传播距离的四次方成正比，而不是自由空间模型的二次方。

综上所述，天线升空使电波传播的路径发生了根本的变化，传播过程中的物理效应也随之改变，增加了视线距离，克服了障碍物的遮挡，消除或削弱了地面反射、障碍衍射、波束扩展等引起的衰落，大大减小了传播的路径损耗，获得"升空增益"。

| 参考文献 |

[1]　祝小平. 无人机设计手册(上册)[M]. 北京: 国防工业出版社, 2007.

[2]　祝小平. 无人机设计手册(下册)[M]. 北京: 国防工业出版社, 2007.

[3]　付长青, 曹兵, 李睿坤. 无人机系统设计[M]. 北京: 清华大学出版社, 2019.

[4]　宋铮, 张建华, 黄冶. 天线与电波传播[M]. 西安: 西安电子科技大学出版社, 2003.

[5]　田民波. 图解航空技术[M]. 北京: 化学工业出版社, 2019.

[6]　马静囡. 无人机系统导论[M]. 西安: 西安电子科技大学出版社, 2018.

[7]　穆罕默德·萨德拉伊. 无人机基本原理与系统设计[M].郎为民, 周彦, 等, 译. 北京: 人民邮电出版社, 2018.

[8]　张华, 等. 航天器电磁兼容性技术[M]. 北京: 北京理工大学出版社, 2018.

第 3 章
机载通信对抗任务载荷原理

机载通信对抗任务载荷是电子战无人机任务载荷的重要组成部分，担负着通信信号搜索、通信信号分析、通信信号测向、通信干扰等任务。本章首先介绍机载通信对抗任务载荷的组成，然后展开介绍其在各个工作任务阶段的工作原理或工作方式。

| 3.1 机载通信对抗任务载荷的组成 |

3.1.1 基本结构和工作流程

1. 基本结构

目前，机载通信对抗任务载荷中的通信对抗侦察测向接收机已基本上采用数字化接收机的设计方案，故本章以采用数字化接收机的机载通信对抗任务载荷为例介绍机载通信对抗任务载荷的基本结构，如图 3-1 所示。

典型机载通信对抗任务载荷主要包括侦察/测向天线单元、侦察/测向接收信道单元、模数转换单元、信号处理单元、干扰信号激励单元和干扰发射单元六大组成部分。其中，模数转换单元由一组或者多组模数转换器（analog-to-digital converter，ADC）构成，信号处理单元包括数据预处理、全景搜索处理、目标分析测量和测向定位处理四个部分，干扰发射单元包括射频变换器、干扰发射机和干扰天线三个部分。

因为机载通信对抗任务载荷设计依赖于无人机的具体应用场合，故图 3-1 所示的结构并不是机载通信对抗任务载荷的唯一结构。例如，若该通信对抗无人机系统仅用于电子对抗侦察/测向，则该任务载荷就没有射频变换器、干扰发射机以及干扰天线，若该通信对抗无人机系统仅应用于电子对抗侦察和干扰，则该任务载荷的侦察/测向部分就可以是一部较为简单的引导接收设备。

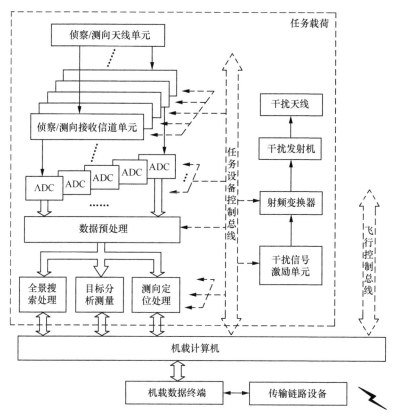

图 3-1　机载通信对抗任务载荷的基本结构

2. 工作流程

相对于地基通信对抗设备，机上任务载荷的重量和体积有限，目前机载通信对抗任务载荷设备中信号处理内容要少一些。例如，网络层的协议分析等一些较为复杂处理任务一般放在地面进行。机载通信对抗任务载荷的工作流程可用图 3-2 所示描述。

天线接收到信号后，首先进行下变频处理，将信号由射频变换到一中频，降低信号频率后进行模数转换，后续的信号处理采用数字形式实现，通过数字滤波滤除带外噪声，再进行下变频到二中频，然后完成快速傅里叶变换（fast Fourier transform，FFT）和信号检测、目标信号参数测量分析、调制样式分析识别和目标方位角位置测量，在进行目标信号参数测量分析和调制样式分析识别的基础上，实现信号盲解调，上述处理的结果可以用于干扰引导/去干扰设备，也可以和无人机的遥测信号合并处理后一起传输到地面终端进行进一步的网络协议分析。

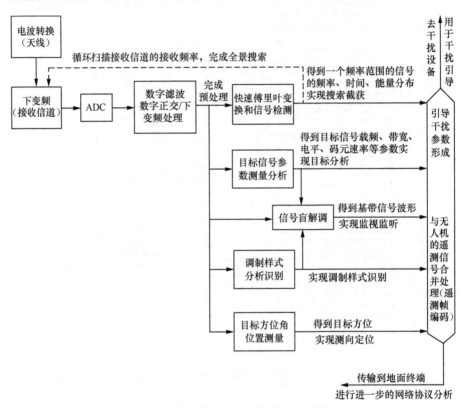

图 3-2　机载通信对抗任务载荷的工作流程

3.1.2　侦察/测向天线单元

侦察/测向天线单元一般可以进一步分为天线共用器、侦察天线模块、测向天线模块和收发隔离器等，各天线模块包括天线元（振子）、天线宽带匹配器、射频低噪声宽带放大器和天线开关矩阵等。天线开关矩阵适用于分波段接收情况，多个侦察/测向天线在不同的频段工作一般都需要用天线开关矩阵来切换，另外在天线元数量大于接收信道数量的情况下也需要通过天线开关矩阵切换来选择不同的天线元。

机载天线有许多种类型，包括喇叭天线、对称极子天线、单极天线和相控阵天线等。由于无人机结构对天线布局及天线尺寸存在诸多限制，故很多异型天线大多是在上述基本类型天线的基础上变形而来的。通常无人机上需要配备多个天线来完成与电子战相关联的任务，具体所用的天线取决于不同的应用场合，如一些具有高增益的天线可扩展作战范围。

3.1.3　侦察/测向接收信道单元

根据实际使用要求的不同，侦察/测向接收信道单元按照接收方式的不同可以分为窄带单信道单元、窄带多信道单元、宽带单信道单元和宽带多信道单元。

① 窄带单信道单元多应用于定频单目标监视分析、振幅法测向体制的测向、干扰引导等。

② 窄带多信道单元多应用于相位干涉仪/空间谱估计测向体制的定频单目标及多目标测向。

③ 宽带单信道单元多应用于全景搜索、跳频单目标监视分析、振幅法测向体制的测向、干扰引导等。

④ 宽带多信道单元多应用于全景搜索、相位干涉仪/空间谱估计测向体制的跳频单目标/多目标测向。

需要注意的是，采用高速宽带数字化技术的数字宽带信道接收机通过数字滤波等处理方法可以实现窄带接收机的所有功能，再考虑到无人机对任务载荷设备体积和重量的限制，因此机载通信对抗任务载荷中侦察/测向接收信道单元基本采用宽带多信道单元的方案，以实现全景搜索、监测分析以及测向定位的综合功能。下面介绍宽带多信道单元的基本原理。

在实际应用中为了实现快速的全景搜索，需要多个接收信道单元在相邻的信道并行工作，以实现瞬时覆盖更宽的频带范围。例如，短波波段瞬时带宽一般为 500 kHz，而一个四信道相邻并行工作的接收机可以达到 2 000 kHz 的瞬时频率覆盖；超短波波段瞬时带宽一般为 20 MHz，而一个五信道相邻并行工作的接收机可以达到 100 MHz 的瞬时频率覆盖。在实际工作中，接收信道还要兼容窄带工作模式，这就要求在二中频模块具备窄带选通的功能。以五信道为例，宽/窄带多信道单元一般是由射频前端（输入保护、亚倍频滤波器组、数控衰减、射频低噪声放大）模块、本振、一中频模块和二中频模块构成，如图 3-3 所示。

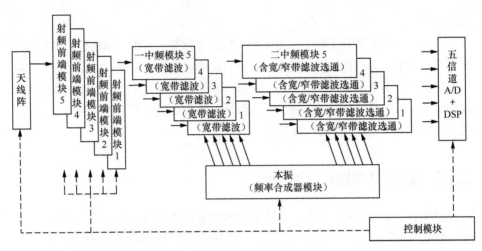

图 3-3　宽/窄带多信道（五信道）单元原理框图

多信道接收还可以用于测向。沃森-瓦特比幅法测向、干涉仪测向和空间谱估计测向等测向方法均需要通过多信道接收单元接收多路信号实现测向功能。相对于多信道并行侦察来说，多信道接收单元用于测向时，需要在每个信道上增加校正信号产生模块，其作用是校正各个接收信道之间的幅度和相位特性在不同频点和不同时刻上的一致性，以满足各信道幅度和相位特性的一致性要求。实际应用时，通常是宽带并行侦察和测向合为一体，通过加载相应的应用软件，实现侦察和测向的功能，最终组成一个集搜索、分析、识别和测向于一体的机载通信对抗侦察和测向载荷。

3.1.4　模数转换单元

早期的接收信道单元全部由模拟电路组成，现阶段大多数采用数字化接收信道，模数转换单元在二中频模块上由多组高精度模数转换器构成，其功能是完成模拟信号的数字化，后面的信号处理主要通过数字信号处理器（digital signal processor，DSP）实现。短波数字化接收机也有从一中频（一般是 41.4 MHz）模块开始进行数字化变换处理，包括基于模数转换器与数字信号处理器的数字频谱分析以及数字解调等。超短波数字化接收机通常是从二中频（一般是 70 MHz）模块开始进行数字化变换处理，也是包括基于模数转换器与数字信号处理器的数字频谱分析以及数字解调等。真正意义上的数字化接收机应该从射频前端开始采用高速、高精度模数转换器进行数字化变换，然后进行数字滤波、数字抽样、数字解调及其他数字分析与处理，这种数字化接收机目前正处于研制阶段。

应用于数字化接收机的模数转换处理，大多采用满足带通型奈奎斯特采样定理条件的欠采样（采样率小于奈奎斯特频率）方式。带通型奈奎斯特采样定理可描述如下[1]。

设一个带通信号 $x(t)$ 的频带限制在 (f_L, f_H) 内，如果其采样速率 f_s 满足：

$$f_s = \frac{2(f_L + f_H)}{2n+1} \tag{3-1}$$

式中，n 取能满足 $f_s \geq 2(f_H - f_L)$ 的最大非负整数（$0,1,2,\cdots$），则用 f_s 进行等间隔采样所得的信号采样值能够准确地确定原信号 $x(t)$。

式（3-1）用带通信号的中心频率也可表示为：

$$f_s = \frac{4f_0}{2n+1} \tag{3-2}$$

式中，$f_0 = \frac{f_L + f_H}{2}$，$n$ 取能满足 $f_s \geq 2B$（$B = f_H - f_L$ 为频带宽带，一般取接收信道的中频带宽）的最大非负整数。

3.1.5　信号处理单元

当前，机载通信对抗任务载荷中的信号处理通常以数字化形式实现，由模数转换单元将接收信道输出的中频模拟信号转换成数字信号后，送给后端信号处理单元进行处理，信号处理单元根据载荷系统所需完成的任务具有多种功能形式。典型的功能包括：特定频段信号快速搜索、特定频率信号能量检测、目标信号参数估计、目标信号特征分析、目标信号调制识别以及目标信号源位置方向测量等。本章的后续部分将对有关信号处理的内容做更详细的讨论。

3.1.6　干扰信号激励单元

干扰信号激励单元的作用是在侦察设备的引导下产生指定频率、指定干扰样式、指定干扰带宽的干扰信号，干扰信号激励单元既可以在基带上进行波形合成，也可以在中频上进行波形合成。其本质上是一个由任意波形（时域表述）、任意频谱结构（频域表述）的信号形成的电路，可根据干扰目标生成最佳干扰样式的干扰信号。干扰信号激励单元既可以采用模拟电路实现也可以采用数字波形合成技术产生。目前，机载通信对抗任务载荷大多采用数字波形合成技术，可以生成任意样式的干扰信号。

采用数字波形合成技术的干扰信号激励单元为数字化干扰激励单元，其基本组成包括数字信号处理器、静态随机访问存储器（static random access memory，SRAM）和数模转换器（digital-to-analog converter，DAC）。数字化干扰激励单元的基本工作过程如下：数字信号处理器或系统控制单元的主处理计算机按照一定的算法模型和规则（根据侦察引导所确定的信号样式、信号频率、信号带宽等，确定对应的最佳干扰样式与干扰参数的生成算法模型与准则）实时地产生所预期的离散干扰数据，并通过高速数据接口将所产生的离散干扰数据写入干扰激励器电路板上的静态随机访问存储器。在电路板上高速时钟的驱动下，从静态随机访问存储器中将前面存入的离散干扰数据高速读出，通过数模转换器转换后形成所预期的或满足最佳干扰样式与最佳干扰参数的模拟信号时域波形。

3.1.7　干扰发射单元

干扰发射单元对干扰信号激励单元产生的基带干扰信号进行上变频和功率放大，再通过干扰天线发射干扰信号，其主要组成部分包括射频变换器、干扰发射机和干扰天线。

射频变换器完成基带干扰信号的上变频功能。当干扰信号激励单元的输出为基带波形情形时，干扰信号的调制也在射频变换器中进行，在此种情形下，大多采用数字正交调制的设计方案，可实现任意调制样式的干扰信号波形。根据侦察引导所确定的干扰目标信号频率确定上变频输出频率。

干扰发射机的主要部件是功率放大器和滤波器。功率放大器将来自射频变换器的已调信号放大，转换成较强的信号并通过干扰天线发射传输。由于目前的功率放大器输出中均含有其他杂散频率成分，故一般需在放大器输出端设置滤波器以避免对己方接收机的自相干扰。

| 3.2　通信信号搜索 |

3.2.1　频率搜索原理

机载通信对抗任务载荷中的频率搜索接收机通常利用超外差接收的形式实

现，按照频率搜索的瞬时带宽不同，频率搜索接收机的搜索方式可以分为宽带搜索和窄带搜索。宽带搜索是指在接收机的瞬时带宽同时存在多个不同频率的通信信号，或者接收机的瞬时带宽远大于信号带宽；窄带搜索是指在接收机的瞬时带宽内只存在一个信号[2]。

无论是宽带搜索接收机还是窄带搜索接收机，其基本原理是一样的，都是通过调整预选器和本振频率实现一定带宽范围内的信号搜索。频率搜索接收机的原理如图 3-4 所示。

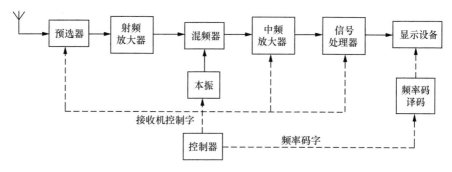

图 3-4　频率搜索接收机的原理

预选器从密集的信号环境中选出其频带内的通信信号，通过射频放大器对接收到的信号进行功率放大以及混频器混频后转换为中频频率，再经过中频放大器滤波后送给信号处理器进行信号分析处理。频率搜索通过同时调谐预选器的中心频率和本振频率实现，在搜索过程中，需要始终保持进入预选器的信号频率 f_R 与本振频率 f_L 的频差正好为中频频率 f_I。

3.2.2　频率搜索方式

频率搜索方式有连续搜索和步进搜索两种，连续搜索属于模拟搜索方式，目前机载通信对抗任务载荷基本上都是采用步进搜索，本振采用频率合成器实现，具有频率稳定度高、搜索方式灵活等优点。步进搜索又分为两种：一种是等间隔搜索，另一种是灵巧式搜索，其搜索频率与搜索时间的关系如图 3-5 所示。

在图 3-5 中，f_1 和 f_2 分别为频率搜索的起始频率和终止频率，$|f_2 - f_1|$ 是频率搜索带宽；T_f 是频率搜索周期；ΔT 是频率搜索时的接收时间，即搜索接收机在一个接收频率点上停留的时间；Δf_i 为搜索频率步进间隔，若所有的 Δf_i 相等，就是等间隔搜索［见图 3-5（a）］，灵巧式搜索中的各个 Δf_i 不相等［见图 3-5（b）］。

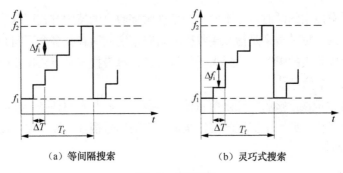

图 3-5　步进搜索

在步进搜索工作方式下，在接收时间 ΔT 内，信号处理单元需要完成以下计算。

① 计算接收信号的射频频率范围。

② 当接收信道的瞬时带宽大于两个信道带宽时（此时属于宽带搜索），需要对接收的信号进行分选，并计算每个信号的射频频率和电平值。

③ 显示频率范围内所有信号频率和相对电平。

3.2.3　频率搜索时间和速度

1. 频率搜索时间

频率搜索时间是指搜索完给定频率范围所需的时间。它与频率搜索带宽 $|f_2 - f_1|$、频率步进间隔 Δf_i、本振换频时间 T_{lr}，搜索驻留时间 T_{st} 等因素有关，这里， $\Delta T = T_{lr} + T_{st}$。

对于宽带搜索接收机来说，频率步进间隔通常按照二分之一的准则选择，即频率步进间隔为搜索带宽 B_I（信道中频带宽）的二分之一。按照这个准则，频率步进搜索过程中的本振频率点数 N_{wb} 为（以等间隔搜索考虑）：

$$N_{wb} = \frac{2|f_2 - f_1|}{B_I} \qquad (3\text{-}3)$$

宽带接收机一次完成多个通信信道的搜索，它的频率搜索时间 T_{fwb} 为：

$$T_{fwb} = N_{wb} \times \Delta T = N_{wb}(T_{lr} + T_{st}) \qquad (3\text{-}4)$$

对于窄带搜索接收机来说，频率步进间隔可以为通信信号的最小信道间隔 Δf 。相应的频率步进搜索过程中的本振频率点数 N_{nb} 为：

$$N_{nb} = \frac{|f_2 - f_1|}{\Delta f} \qquad (3\text{-}5)$$

窄带搜索接收机一次完成单个通信信道的搜索，它的频率搜索时间 T_{fnb} 为：

$$T_{fnb} = N_{nb}(T_{lr} + T_{st})　　　　（3-6）$$

例如，设超短波通信电台的频率范围为 30～90 MHz，信道间隔为 25 kHz，本振换频时间为 100 μs，搜索驻留时间为 1 000 μs。如果利用窄带频率搜索接收机，那么本振频率点数 N_{nb} 为：

$$N_{nb} = \frac{(90-30)\times10^6}{25\times10^3} = 2\,400$$

频率搜索时间 $T_{fnb} = 2\,400\times(100+1\,000) = 2\,640\,000(\mu s) = 2\,640(ms)$

可见频率搜索时间是比较长的。为了减小频率搜索时间，可采取以下四种可能的途径。

① 通过采用并行多信道搜索方式，减小频率搜索范围。它可以减小搜索时间，但是也会使设备数量和成本增加。

② 采用宽带搜索方式，减小频率步进搜索过程中的本振频率点数。

③ 采用换频时间短的高速频率合成本振。

④ 减小搜索驻留时间。搜索驻留时间主要取决于频率测量和信号分析时间。在搜索驻留时间内，信号处理器需要完成给定的频率测量、信号参数分析等任务。为了减小搜索驻留时间，需要采用高速、高性能的信号处理器。

2. 频率搜索速度

频率搜索速度可以分为频率慢速可靠搜索、频率快速可靠搜索和概率搜索三种。

（1）频率慢速可靠搜索

实现频率慢速可靠搜索的基本条件是：在频率搜索周期内，目标信号始终存在，同时搜索接收机的搜索驻留时间大于信号处理时间。

设目标信号的停留时间为 T_{sd}，频率搜索周期为 T_f，搜索驻留时间为 T_{st}，信号处理时间为 T_{sp}，则频率慢速可靠搜索的基本条件可以表示为：

$$\begin{cases} T_f \leqslant T_{sd} \\ T_{st} \geqslant T_{sp} \end{cases}　　　　（3-7）$$

上述可靠搜索条件对于在频率搜索过程中始终存在的通信信号是容易满足的。

（2）频率快速可靠搜索

实现频率快速可靠搜索的基本条件是：搜索接收机的频率搜索周期不大于目标信号的停留时间，即满足：

$$T_f \leqslant T_{sd} \tag{3-8}$$

此时要求的频率搜索速度为：

$$V_f \geqslant \frac{|f_2 - f_1|}{T_{sd}} \tag{3-9}$$

对于给定的搜索接收机，它能够实现的最高频率搜索速度与本振换频时间 T_{lr} 和接收机的信号建立时间 T_{rs} 有关，即

$$V_f \leqslant \frac{|f_2 - f_1|}{T_{lr} + T_{rs}} \tag{3-10}$$

而接收机的建立时间是它的带宽 B_I 的倒数。

通信信号的停留时间按照不同的侦察截获要求，可以选取不同的参数。例如，对于常规数字调制信号，它可以是码元宽度；对于直接序列扩频信号，它可以是伪码周期；对于跳频信号，它可以是跳频信号驻留时间；对于 LINK 数据链信号，它可以是帧长度等。

频率快速可靠搜索要求的搜索速度可能很高，如工作频带为 225～400 MHz 的 LINK11 信号，它的帧长度为 13.33 ms，它要求的频率搜索速度满足：

$$V_f \geqslant \frac{(400 - 225) \times 10^6}{13.33 \times 10^{-3}} = 13.128(\text{GHz/s}) \tag{3-11}$$

可见，频率快速可靠搜索的速度极高，当不满足频率快速和频率慢速可靠搜索条件时，频率搜索就为概率搜索。

|3.3 通信信号分析|

机载通信对抗任务载荷首先在复杂多变的信号环境中分选出各个通信信号，然后分析各个通信信号的基本参数、识别调制类型，从而对信号进行解调或者引导干扰激励单元产生基带干扰信号。

3.3.1 参数测量

通信信号的调制样式种类较多，不同调制样式的信号有不同的调制参数。各类调制信号都具有的参数有载频、带宽和功率。除此之外，模拟调幅（AM）信号

有调幅度，模拟调频（FM）信号有最大频偏，数字调制信号有码元速率等基本参数。

1. 载频测量

载频测量方法可以从时域和频域两个方面来考虑，常用的测量方法有一阶差分法和快速傅里叶变换法。

（1）一阶差分法测频

模拟信号的瞬时频率 $f(t)$ 与瞬时相位 $\varphi(t)$ 的关系为：

$$f(t) = \frac{\mathrm{d}\varphi(t)}{\mathrm{d}t} \qquad （3\text{-}12）$$

则在数字域瞬时频率 $f(n)$ 与瞬时相位 $\varphi(n)$ 序列的关系为：

$$f(n) = \frac{\varphi(n) - \varphi(n-1)}{2\pi T} \qquad （3\text{-}13）$$

式中，T 为采样时间间隔；n 为正整数。实际中，由于瞬时相位被限定在 $[-\pi, \pi]$，因此会造成相位模糊，可以用下面的式子来解模糊，设

$$C(n) = \begin{cases} C(n-1) + 2\pi, & 若 \varphi(n) - \varphi(n+1) > \pi \\ C(n-1) - 2\pi, & 若 \varphi(n) - \varphi(n+1) < -\pi \\ c(n), & 其他 \end{cases} \qquad （3\text{-}14）$$

则解模糊后相位为 $\phi(n) = \varphi(n) + C(n)$，其一阶段差分为 $\Delta\phi(n) = \phi(n) - \phi(n-1)$。

信号的瞬时频率为：

$$f(n) = \frac{\Delta\phi(n)}{2\pi T} \qquad （3\text{-}15）$$

一阶差分法的特点是运算量小、处理速度快、简单，特别适合于实时处理系统，但是它对噪声比较敏感，只适用于信噪比较高的场合。

（2）快速傅里叶变换法测频

设采样点数为 N，采样频率为 f_s，快速傅里叶变换法的测频精度为：

$$\delta f = \frac{f_s}{N} \qquad （3\text{-}16）$$

则最大测频误差为 $\dfrac{\delta f}{2}$。如果测频误差在 $\left[-\dfrac{\delta f}{2}, \dfrac{\delta f}{2}\right]$ 内均匀分布，则测频精度为：

$$\delta f_1 = \left[\frac{1}{\delta f}\int_{-\delta f/2}^{\delta f/2} x^2 \mathrm{d}x\right]^{1/2} = \frac{\delta f}{2\sqrt{3}} \qquad （3\text{-}17）$$

对信号的采样序列 $x(n)$ 进行离散傅里叶变换（discrete Fourier transform，DFT），得到其频谱序列为：

$$X(k) = DFT\{x(n)\} \tag{3-18}$$

对于频谱对称的信号，其中心频率 $\hat{f}_0$ 作为载频：

$$\hat{f}_0 = \frac{\sum_{k=1}^{N/2} k|X(k)|^2}{\sum_{k=1}^{N/2}|X(k)|^2} \tag{3-19}$$

2. 带宽测量

信号带宽通常定义为 3 dB 带宽，即以中心频率的信号功率作为参考点，当信号功率下降 3 dB 时的带宽。

对信号的采样序列 $x(n)$ 进行离散傅里叶变换，得到它的频谱序列 $X(k)$，然后计算其中心频率 $f_0(k = k_0)$ 对应的功率，即：

$$P(k_0) = |X(k)|^2\Big|_{k=k_0} \tag{3-20}$$

计算−3 dB 功率的搜索门限 $P_{VT} = P_{-3dB} = \frac{1}{2}P(k_0)$，然后对功率谱进行搜索：

$$\begin{cases} k_{max} = \max_{k>k_0}\left\{|X(k)|^2\right\}\Big|_{|X(k)|^2 \geqslant P_{VT}} \\ k_{min} = \min_{k<k_0}\left\{|X(k)|^2\right\}\Big|_{|X(k)|^2 \geqslant P_{VT}} \end{cases} \tag{3-21}$$

计算其频差，得到信号带宽：

$$B = (k_{max} - k_{min})\delta f = (k_{max} - k_{min})\frac{f_s}{N} \tag{3-22}$$

带宽估计也可以采用下面方法实现：

$$B = \frac{\sum_{k=1}^{N_s/2} |k - f_0||X(k)|^2}{\sum_{k=1}^{N_s/2}|X(k)|^2} \tag{3-23}$$

这种测量方法实时性好，测量精度与 δf 有关，δf 越小，测量精度越高。

3. 功率测量

计算信号宽带内的功率作为信号相对功率。相对功率可以用线性刻度或者对数刻度两种方式表示。

信号的相对功率为：

$$P = \frac{1}{\left| k_{max} - k_{min} \right|} \sum_{k=k_{min}}^{k_{max}} \left| X(k) \right|^2 \tag{3-24}$$

以对数形式表示为：

$$P_{dB} = 10\lg(P) \tag{3-25}$$

接收机输入功率与天线增益 G_A、接收机灵敏度 P_{rmin}、系统增益 G_s、系统处理的变换因子 G_{PR} 等因素有关。如果需要将信号相对功率转换为接收机的输入功率，则接收机输入功率与相对功率的关系为：

$$P_s = P_{dB} - G_A - G_s - G_{PR} - P_{rmin} \tag{3-26}$$

4. 模拟调幅（AM）信号调幅度测量

调幅度是衡量模拟调幅（AM）信号的调制深度的参数，模拟调幅信号表示为：

$$x(t) = A\left(1 + m_a m(t)\right)\cos(\omega_0 t + \varphi_0) \tag{3-27}$$

式中，A 是信号振幅；m_a 是调幅度，$0 \leqslant m_a \leqslant 1$；$m(t)$ 是调制信号，$\left| m(t) \right| \leqslant 1$。调幅信号的波形如图 3-6 所示。

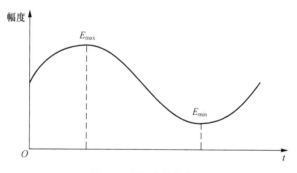

图 3-6　调幅信号的波形

在图 3-6 中，E_{max} 和 E_{min} 分别是信号包络的最大值和最小值，调幅度 m_a 为：

$$m_a = \frac{E_{max} - E_{min}}{E_{max} + E_{min}} = \frac{1 - \dfrac{E_{min}}{E_{max}}}{1 + \dfrac{E_{min}}{E_{max}}} \tag{3-28}$$

5. 模拟调频（FM）信号最大频偏测量

模拟调频信号 $x(t)$ 表示为：

$$x(t) = A\cos\left(2\pi f_c t + 2\pi\Delta f \int_{-\infty}^{t} m(\tau)\mathrm{d}\tau\right) \tag{3-29}$$

式中，A 是信号振幅；f_c 是载波频率；Δf 是最大频偏；$m(t)$ 是调制信号，$|m(t)| \leqslant 1$；$\int_{-\infty}^{t} m(\tau)\mathrm{d}\tau$ 是调制信号的积分。瞬时频率 $f(t)$ 为：

$$f(t) = f_c + \Delta f m(t) \tag{3-30}$$

最大频偏 Δf 为：

$$\Delta f = \frac{f_{max} - f_{min}}{f_{max} + f_{min}} f_c \tag{3-31}$$

式中，$f_{min} = f_c - \Delta f$，$f_{max} = f_c + \Delta f$。

6. 瞬时特征提取

实函数 $f(t)$ 的 Hilbert 变换定义为：

$$H\{f(t)\} = \frac{1}{\pi} \int_{-\infty}^{+\infty} \frac{f(\tau)}{t-\tau}\mathrm{d}\tau \tag{3-32}$$

式中，$H\{\cdot\}$ 表示 Hilbert 变换，因此 Hilbert 变换相当于使信号通过冲激响应为 $1/(\pi t)$ 的线性网络。

对于窄带信号 $u(t) = a(t)\cos\theta(t)$，令 $v(t) = a(t)\sin\theta(t)$，将它们组成复信号：

$$z(t) = a(t)\cos\theta(t) + ja(t)\sin\theta(t) = a(t)\exp\left(j\theta(t)\right) \tag{3-33}$$

瞬时包络：

$$a(t) = \sqrt{u^2(t) + v^2(t)} \tag{3-34}$$

瞬时相位：

$$\theta(t) = \arctan\frac{\mathrm{Im}[z(t)]}{\mathrm{Re}[z(t)]} = \arctan\left[\frac{v(t)}{u(t)}\right] \tag{3-35}$$

瞬时角频率：

$$\omega(t) = \frac{\mathrm{d}\theta(t)}{\mathrm{d}t} = \frac{v'(t)u(t) - u'(t)v(t)}{u^2(t) + v^2(t)} \tag{3-36}$$

因共轭信号 $v(t)$ 是实部 $u(t)$ 的正交分量，所以：

$$v(t) = H\{u(t)\} = \frac{1}{\pi} \int_{-\infty}^{+\infty} \frac{u(\tau)}{t-\tau}\mathrm{d}\tau \tag{3-37}$$

7. 数字调制信号码元速率测量

码元速率是数字调制信号的另一个重要参数，对侦察接收机来说，码元速率通常是未知的，只能从射频信号或中频信号中分析获取。

延迟相乘法适用于相位调制类信号，如二相相移键控（BPSK）、四相相移键控（QPSK）等的码元速率估计，其估计原理如图 3-7 所示。

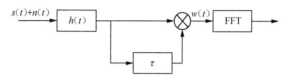

图 3-7　延迟相乘法码元速率估计原理

$s(t)$ 为下变频后的零中频基带信号，幅度为 $\pm a$，$n(t)$ 为高斯自噪声。$w(t) = 1 - s(t)s(t-\tau)$ 只会在时间间隔等于 τ 的地方才会等于 $2a$，而在其他地方都等于零，其频谱在码元速率的整数倍位置有离散谱线，如图 3-8 所示。

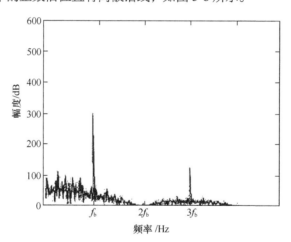

图 3-8　延迟相乘后的频谱

从图 3-8 所示可以看出，延迟相乘后的频谱在码元速率 f_b 及其整数倍处有离散的谱线，因此可以通过寻找频谱中的离散谱线测量码元速率。

上述分析是在基带上进行的，对于频带信号也是适用的。设带通信号 $x(t)$ 为：

$$x(t) = s(t)\cos(\omega_0 t) \qquad （3-38）$$

式中，$s(t)$ 为基带信号；ω_0 为载波角频率。经过滤波和延迟相乘后，得到：

$$y(t) = x(t)x(t-\tau)$$
$$= \frac{1}{2}s(t)s(t-\tau)\cos(\omega_0 t) + \frac{1}{2}s(t)s(t-\tau)\cos(2\omega_0 t + \omega_0 \tau) \qquad (3\text{-}39)$$

式（3-39）中包含了因子 $s(t)s(t-\tau)$，因此，对 $y(t)$ 进行快速傅里叶变换分析，可以实现码元速率检测。

3.3.2　调制识别

1. 常用通信信号的瞬时特征

实信号 $x(t)$ 可以表示为解析信号：

$$z(t) = x(t) + \mathrm{j}\hat{x}(t) \qquad (3\text{-}40)$$

式中，$\hat{x}(t)$ 是实信号 $x(t)$ 的正交变换（通常采用 Hilbert 变换实现）。解析信号的瞬时幅度 $a(t)$、瞬时相位 $\phi(t)$ 和瞬时频率 $f(t)$ 分别为：

$$a(t) = \sqrt{x^2(t) + \hat{x}^2(t)} \qquad (3\text{-}41)$$

$$\phi(t) = \begin{cases} \arctan\left[\dfrac{\hat{x}(t)}{x(t)}\right], & x(t) > 0, \hat{x}(t) > 0 \\[2mm] \pi - \arctan\left[\dfrac{\hat{x}(t)}{x(t)}\right], & x(t) < 0, \hat{x}(t) > 0 \\[2mm] \dfrac{\pi}{2}, & x(t) = 0, \hat{x}(t) > 0 \\[2mm] \pi + \arctan\left[\dfrac{\hat{x}(t)}{x(t)}\right], & x(t) < 0, \hat{x}(t) < 0 \\[2mm] \dfrac{3\pi}{2}, & x(t) = 0, \hat{x}(t) < 0 \\[2mm] 2\pi - \arctan\left[\dfrac{\hat{x}(t)}{x(t)}\right], & x(t) > 0, \hat{x}(t) < 0 \end{cases} \qquad (3\text{-}42)$$

$$f(t) = \frac{1}{2\pi}\frac{\mathrm{d}\phi(t)}{\mathrm{d}t} \qquad (3\text{-}43)$$

（1）调幅（AM）信号的瞬时特征

调幅信号表示为：

$$s(t) = \left[1 + m_{\mathrm{a}}x(t)\right]\cos(2\pi f_c t) \qquad (3\text{-}44)$$

式中，m_a 是调幅度；$x(t)$ 是调制（基带）信号；f_c 是载波频率。调幅信号傅里叶变换为：

$$S(f) = \frac{1}{2}\left[\delta(f - f_c) + \delta(f + f_c)\right] + \frac{m_a}{2}\left[X(f - f_c) + X(f + f_c)\right] \quad （3\text{-}45）$$

调幅信号的解析表达式为：

$$z(t) = \left[1 + m_a x(t)\right]\exp(\mathrm{j}2\pi f_c t) \quad （3\text{-}46）$$

其瞬时幅度 $a(t)$ 和瞬时相位 $\varphi(t)$ 分别为：

$$\begin{cases} a(t) = \left|1 + m_a x(t)\right| \\ \varphi(t) = 2\pi f_c t \end{cases} \quad （3\text{-}47）$$

（2）双边带调制（DSB）信号的瞬时特征

双边带调制信号表示为：

$$s(t) = x(t)\cos(2\pi f_c t) \quad （3\text{-}48）$$

式中，$x(t)$ 是调制信号，其傅里叶变换为：

$$S(f) = \frac{1}{2}\left[X(f - f_c) + X(f + f_c)\right] \quad （3\text{-}49）$$

双边带调制信号的解析表达式为：

$$z(t) = x(t)\exp(\mathrm{j}2\pi f_c t) \quad （3\text{-}50）$$

其瞬时幅度 $a(t)$、瞬时相位 $\varphi(t)$ 分别为：

$$\begin{cases} a(t) = \left|x(t)\right| \\ \varphi(t) = \begin{cases} 2\pi f_c t, & x(t) > 0 \\ 2\pi f_c t + \pi, & x(t) < 0 \end{cases} \end{cases} \quad （3\text{-}51）$$

（3）调频（FM）信号瞬时特征

调频信号表示式为：

$$s(t) = \cos\left[2\pi f_c t + K_f \int_{-\infty}^{t} x(\tau)\mathrm{d}\tau\right] \quad （3\text{-}52）$$

式中，K_f 是频偏系数；f_c 是载波频率。调频信号傅里叶变换为：

$$S(f) = \frac{1}{2}\left[G(f - f_c) + G(f + f_c)\right] \quad （3\text{-}53）$$

式中，$G(f)$ 是 $\exp\left[\mathrm{j}K_f \int_{-\infty}^{t} x(\tau)\mathrm{d}\tau\right]$ 项的傅里叶变换。当调制信号是单频正弦波（频率为 f_x）时有：

$$G(f) = \sum_{n=-\infty}^{+\infty} J_n(\beta)\delta(f - nf_x) \qquad （3-54）$$

式中，$J_n(\beta)$ 是第 n 阶贝塞尔函数。

调频信号的希尔波特变换为：

$$s(t) = \sum_{n=-\infty}^{+\infty} J_n(\beta)\sin\left[2\pi(f_c + nf_x)t\right] \qquad （3-55）$$

其幅度 $a(t)$ 和相位 $\varphi(t)$ 分别为：

$$\begin{cases} a(t) = 1 \\ \varphi(t) = \arctan\left[\dfrac{\sum\limits_{n=-\infty}^{+\infty} J_n(\beta)\sin\left[2\pi(f_c + nf_x)t\right]}{\sum\limits_{n=-\infty}^{+\infty} J_n(\beta)\cos\left[2\pi(f_c + nf_x)t\right]}\right] \end{cases} \qquad （3-56）$$

（4）幅移键控（ASK）信号的瞬时特征

二进制幅移键控（2ASK）信号表示为：

$$s(t) = m(t)\cos(2\pi f_c t) \qquad （3-57）$$

式中，$m(t)$ 取值是 0 和 1；f_c 是载波频率。其功率谱密度为：

$$G(f) = \frac{A^2}{16}\left[\delta(f - f_c) + \delta(f + f_c)\right] + \frac{A^2}{16}\left[\frac{\sin^2 \pi T_b(f - f_c)}{\pi^2 T_b(f - f_c)^2} + \frac{\sin^2 \pi T_b(f + f_c)}{\pi^2 T_b(f + f_c)^2}\right] \qquad （3-58）$$

式中，T_b 为码元宽度。

二进制幅移键控信号的谱中包含边带分量和载波分量，其复包络为 $m(t)$，瞬时幅度 $a(t)$ 和瞬时相位 $\varphi(t)$ 分别为：

$$\begin{cases} a(t) = |m(t)| \\ \varphi(t) = 0 \end{cases} \qquad （3-59）$$

（5）相移键控（PSK）信号瞬时特征

二相相移键控（BPSK）信号表示为：

$$s(t) = \cos\left[2\pi f_c t + D_p m(t)\right] \qquad （3-60）$$

式中，$m(t)$ 是双极性数字基带信号，其取值是 -1 和 +1；f_c 是载波频率；D_p 是相位调制因子。其功率谱密度为：

$$G(f) = \frac{A^2}{4}\left[\frac{\sin^2\left[\pi T_b(f - f_c)\right]}{\pi^2 T_b(f - f_c)^2} + \frac{\sin^2\left[\pi T_b(f + f_c)\right]}{\pi^2 T_b(f + f_c)^2}\right] \qquad （3-61）$$

式中，T_b 为码元宽度。

令 $D_p = \pi/2$，二相相移键控信号可以重新写为：

$$s(t) = -m(t)\sin(2\pi f_c t) \tag{3-62}$$

瞬时幅度 $a(t)$ 和瞬时相位 $\varphi(t)$ 分别为：

$$\begin{cases} a(t) = |m(t)| = 1 \\ \varphi(t) = \begin{cases} -\pi/2, & m(t) = -1 \\ \pi/2, & m(t) = 1 \end{cases} \end{cases} \tag{3-63}$$

理论上，二相相移键控信号的瞬时幅度是恒定的，实际中其瞬时幅度在码元转换时刻存在凹陷，这是由实际系统频带有限引起的[3]。

（6）频移键控（FSK）信号瞬时特征

二进制频移键控（2FSK）信号表示式为：

$$s(t) = \cos\left[2\pi f_c t + D_f \int_{-\infty}^{t} m(\tau)\mathrm{d}\tau\right] \tag{3-64}$$

式中，$m(t)$ 是双极性数字基带信号，其取值是-1 和+1；f_c 是载波频率；D_f 是频率调制因子。

其功率谱密度为：

$$\begin{aligned} G(f) = &\frac{A^2}{16}\left[\delta(f - f_1) + \delta(f + f_1)\right] + \frac{A^2}{16}\left\{\frac{\sin^2\left[\pi T_b(f - f_1)\right]}{\pi^2 T_b(f - f_1)^2} + \frac{\sin^2\left[\pi T_b(f + f_1)\right]}{\pi^2 T_b(f + f_1)^2}\right\} \\ &+ \frac{A^2}{16}\left[\delta(f - f_2) + \delta(f + f_2)\right] + \frac{A^2}{16}\left\{\frac{\sin^2\left[\pi T_b(f - f_2)\right]}{\pi^2 T_b(f - f_2)^2} + \frac{\sin^2\left[\pi T_b(f + f_2)\right]}{\pi^2 T_b(f + f_2)^2}\right\} \end{aligned} \tag{3-65}$$

式中，T_b 为码元宽度；f_1、f_2 分别为二进制频移键控信号的两个频率。

瞬时幅度 $a(t)$ 和瞬时相位 $\varphi(t)$ 分别为：

$$\begin{cases} a(t) = |m(t)| = 1 \\ \varphi(t) = D_f \int_{-\infty}^{t} m(\tau)\mathrm{d}\tau \end{cases} \tag{3-66}$$

2. 通信信号调制识别

调制识别是利用通信信号的某些特征参数确定信号的调制方式[4]，通信信号调制识别是机载通信对抗任务载荷的任务之一，通信信号解调和引导干扰都需要分析调制方式。调制识别包括三个过程：信号预处理、特征值提取和分类判决，如图 3-9 所示。

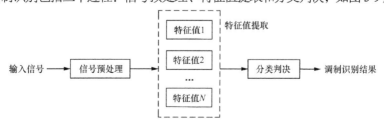

图 3-9 调制识别的三个过程

信号预处理：为后续处理提供合适的数据，一般包括信号分选、载频估计和正交分解等。

特征值提取：为了有效地实现分类识别，必须对原始输入信号进行处理，提取对调制识别有用的特征参数，得到最能反映分类差别的特征。

分类判决：依据提取的信号特征参数对信号进行分类，判断信号的调制方式。

（1）模拟调制信号的调制识别

模拟调制信号主要是调幅信号和调频信号，其中调幅信号还包括双边带、下边带、上边带、残留边带等方式[4]。调幅信号的调制信息体现在瞬时幅度中，而其中的下边带信号和上边带信号与双边带信号的差异体现在瞬时相位与瞬时频率中。调频信号是载波的瞬时频率随调制信号呈线性变化的一种调制方式，因此其调制信息集中体现在瞬时频率中[5]。不同模拟调制信号的瞬时参数存在差异，这就是分类和识别的基础。

① 模拟调制信号的特征参数。对调幅、双边带、下边带、上边带、残留边带和调频六种信号，选取四个基于瞬时特征的参数作为特征参数，分别是零中心归一化瞬时幅度的谱密度最大值 $\gamma_{\max}$（以下简称幅度谱峰值）、零中心非弱信号段瞬时相位非线性分量绝对值的标准偏差 σ_{ap}（以下简称绝对相位标准差）、零中心非弱信号段瞬时相位非线性分量的标准偏差 σ_{ap}（以下简称直接相位标准差）和谱对称性 P。

（a）幅度谱峰值。幅度谱峰值 $\gamma_{\max}$ 定义为：

$$\gamma_{\max} = \max \frac{\left| \mathrm{FFT}[a_{an}(i)]^2 \right|}{N_s} \tag{3-67}$$

式中，N_s 为取样点数；$a_{an}(i)$ 为零中心归一化瞬时幅度，由下式计算：

$$a_{an}(i) = a_n(i) - 1 \tag{3-68}$$

式中，$a_n(i) = \dfrac{a(i)}{m_a}$，而 $m_a = \dfrac{1}{N_s}\displaystyle\sum_{i=1}^{N_s} a(i)$ 为瞬时幅度 $a(i)$ 的平均值。

（b）绝对相位标准差。绝对相位标准差 σ_{ap} 定义为：

$$\sigma_{ap} = \sqrt{\frac{1}{c}\left[\sum_{a_n(i)>a_t} \phi_{NL}^2(i) \right] - \frac{1}{c}\left[\sum_{a_n(i)>a_t} \left| \phi_{NL}(i) \right| \right]^2} \tag{3-69}$$

式中，a_t 是判断弱信号段的判决门限电平；c 是在全部取样数据 N_s 中属于非弱信号值的个数；$\phi_{NL}(i)$ 是经零中心化处理后瞬时相位的非线性分量，按照下式计算：

$$\phi_{NL}(i) = \varphi(i) - \varphi_0 \tag{3-70}$$

式中，$\varphi_0 = \dfrac{1}{N_s} \displaystyle\sum_{i=1}^{N_s} \varphi(i)$；$\varphi(i)$ 是瞬时相位。

（c）直接相位标准差。直接相位标准差 σ_{dp} 定义为：

$$\sigma_{dp} = \sqrt{\frac{1}{c}\left[\sum_{a_n(i)>a_t} \phi_{NL}^2(i)\right] - \frac{1}{c}\left[\sum_{a_n(i)>a_t} \phi_{NL}(i)\right]^2} \qquad (3\text{-}71)$$

式中，各符号的意义与绝对相位标准差相同。

σ_{dp} 主要用来区分调幅信号和双边带信号，从这三个信号的瞬时特征图可以看出，调幅信号无直接相位信息，即 $\sigma_{dp} = 0$，而双边带信号含有直接相位信息，故 $\sigma_{dp} \neq 0$。

（d）谱对称性。谱对称性是对信号频谱对称性的度量，定义为：

$$P = \frac{P_L - P_U}{P_L + P_U} \qquad (3\text{-}72)$$

式中，P_L 是信号下边带的功率；P_U 是信号上边带的功率。

$$P_L = \sum_{i=1}^{f_{cn}} \left| S(i) \right|^2 \qquad (3\text{-}73)$$

$$P_U = \sum_{i=1}^{f_{cn}} \left| S(i + f_{cn} + 1) \right|^2 \qquad (3\text{-}74)$$

式中，$S(i) = \mathrm{FFT}\{s(n)\}$ 为信号 $s(t)$ 的傅里叶变换；$f_{cn} = \dfrac{f_c N_s}{f_s - 1}$。

② 模拟调制信号的分类判决。

（a）幅度谱峰值。幅度谱峰值 γ_{max} 是反映信号瞬时幅度变化的参数，用来区分恒包络信号和非恒包络信号，在实际应用中，不能以 $\gamma_{max} = 0$ 作为判别调频信号、双边带信号和调幅信号的分界，而需要设置一个合适的判决门限 $t(\gamma_{max})$

（b）绝对相位标准差。绝对相位标准差 σ_{dp} 是反映信号的绝对相位变化的参数，用来区分包含绝对相位信息的信号（调频-调幅）和不包含绝对相位信息的信号（双边带）。

（c）直接相位标准差。直接相位标准差 σ_{dp} 是反映信号的直接相位变化的参数，用来区分包含直接相位信息的信号（双边带、下边带、上边带、调频、调频-调幅）和不包含直接相位信息的信号（调幅和残留边带）。

（d）谱对称性。谱对称性是反映信号频谱关于载波频率分布的参数，用来区分残留边带和调幅信号，还可以区分单边带与双边带、调频信号。

根据决策树理论，利用树形分类器对模拟调制通信信号进行分类，其识别流程如图 3-10 所示。

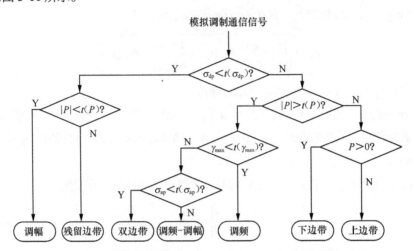

图 3-10　基于决策树理论的模拟调制信号识别流程

（2）数字调制信号的调制识别

数字调制信号主要有 2ASK、2FSK、BPSK、4FSK、QPSK、8PSK、MSK 及 16QAM 等，其瞬时频率、瞬时相位和瞬时幅度具有明显差异。可以利用瞬时参数构造分类特征，对这些数字调制信号进行分类识别[6]。

① 数字调制信号的特征参数。对 2ASK、2FSK、BPSK、4FSK、QPSK、8PSK、MSK 及 16QAM 等数字调制信号，选择以下 5 个特征参数：幅度均值 A；频率峰值 μ_{f42}；频率平方均值 μ_{f2}；零中心非弱信号段瞬时相位非线性分量绝对值的标准偏差 σ_{ap}（以下简称绝对相位标准差）；零中心归一化瞬时相位绝对值的标准偏差 σ_{ap2}（以下简称修正的绝对相位标准差）。

（a）幅度均值。幅度均值 A 是基于瞬时幅度的统计参数，其定义为：

$$A = \frac{1}{N_S} \sum_{i=1}^{N_S} |a(i) - 1| \tag{3-75}$$

式中，N_S 为取样点数；$a(i)$ 为信号的瞬时幅度。

（b）频率峰值。频率峰值 μ_{f42} 是基于瞬时频率的统计参数，其定义为：

$$\mu_{f42} = \frac{E\left[f^4(i)\right]}{\left(E\left[f^2(i)\right]\right)^2} \tag{3-76}$$

式中，$f(i)$ 是信号的瞬时频率；$E\{\cdot\}$ 是统计平均。

（c）频率平方均值。瞬时频率平方均值 μ_{f2} 定义为：

$$\mu_{f2} = \frac{1}{N_S} \sum_{i=1}^{N_S} f_n^2(i) \tag{3-77}$$

式中，$f_n(i)$ 是对瞬时频率 $f(i)$ 的修正。

（d）绝对相位标准差。绝对相位标准差 σ_{ap} 定义为：

$$\sigma_{ap} = \sqrt{\frac{1}{c}\left[\sum_{a_n(i)>a_t} \phi_{NL}^2(i)\right] - \frac{1}{c}\left[\sum_{a_n(i)>a_t} \left|\phi_{NL}(i)\right|\right]^2} \tag{3-78}$$

式中，a_t 是判断弱信号段的一个幅度判决门限电平；c 是在全部取样数据 N_S 中属于非弱信号值的个数；$\phi_{NL}(i)$ 是经零中心化处理后瞬时相位的非线性分量。

② 修正的绝对相位标准差。修正的绝对相位标准差 σ_{ap2} 是反映绝对相位变化的参数，QPSK 信号和 8PSK 信号的主要区别为：QPSK 的瞬时相位有 4 个值，8PSK 的瞬时相位有 8 个值。根据 σ_{ap} 可将 BPSK 与 QPSK 或 8PSK 区分的原理，对 QPSK 信号与 8PSK 信号的瞬时相位 $\varphi(i)$ 分别做如下修正：

$$\begin{cases} \varphi_1(i) = \varphi(i) - E(\varphi(i)) \\ \varphi_2(i) = |\varphi_1(i)| - E(|\varphi_1(i)|) \end{cases} \tag{3-79}$$

再计算修正的绝对相位标准差 σ_{ap2}：

$$\sigma_{ap2} = \sqrt{\frac{1}{N_S}\left[\sum_{i=1}^{N_S} \varphi_2^2(i)\right] - \left[\frac{1}{N_S}\sum_{i=1}^{N_S} |\varphi(i)|\right]^2} \tag{3-80}$$

③ 数字调制信号的分类判决。在构造数字调制信号的分类器之前，为了得到合理的分类器，现对各特征参数做进一步分析。

（a）幅度均值。幅度均值 A 主要用来区分恒包络和非恒包络信号，它可以区分 ASK、QAM 和 FSK、PSK 信号。

（b）频率峰值。频率峰值 μ_{f42} 可以区分频率调制信号和相位调制信号。频率调制信号和相位调制信号的非线性瞬时相位都是变化的，无法通过相位区分，只能通过频率的参数区分。频率调制信号有多个载波频率，所以频率峰值参数较大。

（c）频率平方均值。频率平方均值 μ_{f2} 主要用来区分 2FSK 信号和 4FSK 信号，2FSK 信号的频率平方均值小于 4FSK 信号的频率平方均值。

（d）绝对相位标准差参数。绝对相位标准差 σ_{ap} 主要用来区分是 BPSK 信号还是 QPSK 或 8PSK 信号。

④ 修正的绝对相位标准差。修正的绝对相位标准差 σ_{ap2} 主要用来区分是 QPSK 信号和 8PSK 信号。

基于决策树理论的数字调制信号的识别流程如图 3-11 所示。

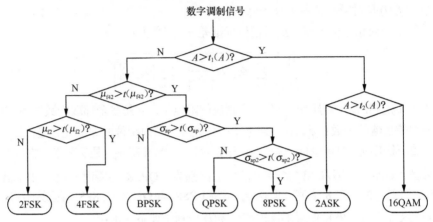

图 3-11　基于决策树理论的数字调制信号的识别流程

┃3.4　通信信号测向┃

确定目标辐射源的地理位置是电子战无人机作战任务的重要内容，定位与测向紧密相关，通过测向确定辐射源信号到达某一测量位置的方位线（lines of bearing，LOB），利用两个或更多个测量位置上测得的方位线进行交会得到的位置，就是目标位置。对于机载通信对抗任务载荷来说，测向的目的是为了进行干扰，一般测量出信号的方向即可，不需要对辐射源进行定位。

通信信号测向方法有振幅法测向、相位法测向和时差法测向等几种。对于无人机平台来说，用于设置天线阵列的空间有限，所以不能使用大规模天线阵列，并且测向的基线长度受限于飞机机身尺寸，基线长度较小，从而不采用时差法测向。因此，机载通信对抗任务载荷通常采用振幅法测向和相位法测向，振幅法测向有最大振幅法、最小振幅法和比幅法。由于最大振幅法测向和最小振幅法测向精度较低，故机载通信对抗任务载荷通常使用其中的比幅法测向。比幅法测向包括单脉冲比幅法测向和沃森-瓦特比幅法测向，机载通信对抗任务载荷使用的相位法测向通常有一维线阵干涉测向、三通道干涉测向和四单元干涉测向。

3.4.1　单脉冲比幅法测向

使用 N 个相同方向图的天线，均匀分布到 $360°$ 方向，通过比较相邻两副天线输出信号的幅度就能获得信号的方位线，典型的机载四通道单脉冲测向系统的组成如图 3-12 所示[7]。

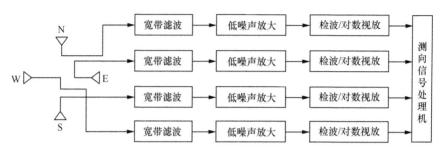

图 3-12　典型的机载四通道单脉冲测向系统的组成

N 个相同方向图的天线方位均匀分布在 $[0,2\pi]$ 内，相邻天线的张角为 $\theta_s = \dfrac{2\pi}{N}$，设各天线方向图函数为：

$$F(\theta - i\theta_s), \qquad i = 0,1,\cdots,N-1 \tag{3-81}$$

信号经过相应的幅度响应为 K_i（i=0,1,$\cdots$,N–1）的接收通道，输出信号的包络为：

$$s_i(t) = \lg[K_i F(\theta - i\theta_s) A(t)], \qquad i = 0,1,\cdots,N-1 \tag{3-82}$$

式中，$A(t)$ 是信号的包络。设天线方向图是对称的，则 $F(\theta) = F(-\theta)$，当信号到达方向位于两副天线之间，偏离两天线等信号轴的夹角为 φ 时，关系如图 3-13 所示。

对应通道输出的信号分别为：

$$\begin{cases} s_1(t) = K_1 F\left(\dfrac{\theta_s}{2} - \varphi\right) A(t) \\[3mm] s_2(t) = K_2 F\left(\dfrac{\theta_s}{2} + \varphi\right) A(t) \end{cases} \tag{3-83}$$

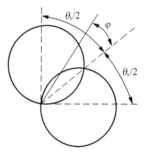

图 3-13　相邻天线方向图

将两个通道的输出信号相除，得到其输出电压比为：

$$R = \frac{s_1(t)}{s_2(t)} = \frac{K_1 F\left(\dfrac{\theta_s}{2} - \varphi\right)}{K_2 F\left(\dfrac{\theta_s}{2} + \varphi\right)} \tag{3-84}$$

还可以用分贝表示其对数电压比：

$$R_{dB} = 10 \lg \left[\frac{K_1 F\left(\dfrac{\theta_s}{2} - \varphi\right)}{K_2 F\left(\dfrac{\theta_s}{2} + \varphi\right)} \right] \tag{3-85}$$

当各通道幅度响应 K_i（$i=0,1,\cdots,N-1$）相同时，上式简化为：

$$R = \frac{F\left(\dfrac{\theta_s}{2} - \varphi\right)}{F\left(\dfrac{\theta_s}{2} + \varphi\right)} \tag{3-86}$$

式中，方向图函数 $F(\theta)$ 和天线张角 θ_s 是已知的，因此可以利用其计算到达方向角 φ。

当采用高斯方向图函数时，方向图为：

$$F(\theta) = e^{-1.386\,3 \frac{\theta^2}{\theta_r^2}} \tag{3-87}$$

式中，θ_r 是半功率波束宽度。设 $K_1 = K_2$，将式（3-87）代入式（3-85），得到：

$$R_{dB} = \frac{12\theta_s}{\theta_r^2} \varphi (\text{dB}) \tag{3-88}$$

或者

$$\varphi = \frac{\theta_r^2}{12\theta_s} R(\text{dB}) \tag{3-89}$$

单脉冲比幅测向法的优点是测向精度高，测向速度快，缺点是设备较为复杂。

3.4.2 沃森−瓦特比幅法测向

沃森-瓦特比幅法测向法在具体操作时，一般采用三信道，其组成如图 3-14 所示，天线位置与来波方向关系如图 3-15 所示。

如图 3-15 所示，平面波以方位角 φ、俯仰角 α 照射到正交的天线阵。设天线阵的中心点信号为：

$$e_0(t) = A(t) \cos(\omega_c t) \tag{3-90}$$

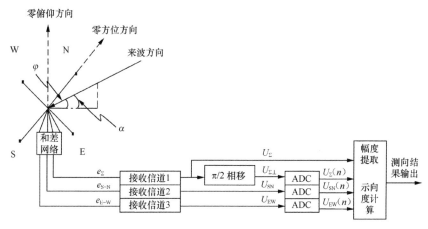

图 3-14　沃森-瓦特比幅法测向设备的组成

以正北方向为基准，在圆阵上均匀分布的
四副天线单元获得的电压为：

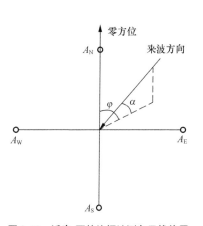

图 3-15　沃森-瓦特比幅法测向天线位置
与来波方向关系

$$\begin{cases} e_{\mathrm{N}}(t) = A(t)\cos\left(\omega_{\mathrm{c}}t + \dfrac{\pi d}{\lambda}\cos\varphi\cos\alpha\right) \\[2mm] e_{\mathrm{S}}(t) = A(t)\cos\left(\omega_{\mathrm{c}}t - \dfrac{\pi d}{\lambda}\cos\varphi\cos\alpha\right) \\[2mm] e_{\mathrm{W}}(t) = A(t)\cos\left(\omega_{\mathrm{c}}t + \dfrac{\pi d}{\lambda}\sin\varphi\cos\alpha\right) \\[2mm] e_{\mathrm{E}}(t) = A(t)\cos\left(\omega_{\mathrm{c}}t - \dfrac{\pi d}{\lambda}\sin\varphi\cos\alpha\right) \end{cases} \quad (3\text{-}91)$$

式中，φ 为来波入射方位角；α 为来波入射俯仰
角；d 为天线阵直径；λ 为信号波长；ω_{c} 为来波
信号角频率；$A(t)$ 为信号包络。天线阵的输出是两组天线的电压差，即：

$$\begin{cases} e_{\mathrm{S\text{-}N}}(t) = e_{\mathrm{S}}(t) - e_{\mathrm{N}}(t) = 2A(t)\sin\left(\dfrac{\pi d}{\lambda}\cos\varphi\cos\alpha\right)\sin\left(\omega_{\mathrm{c}}t\right) \\[2mm] e_{\mathrm{E\text{-}W}}(t) = e_{\mathrm{E}}(t) - e_{\mathrm{W}}(t) = 2A(t)\sin\left(\dfrac{\pi d}{\lambda}\sin\varphi\cos\alpha\right)\sin\left(\omega_{\mathrm{c}}t\right) \end{cases} \quad (3\text{-}92)$$

当 $d \ll \lambda$ 时，上式可简化为：

$$\begin{cases} e_{\mathrm{S\text{-}N}}(t) \approx 2A(t)\dfrac{\pi d}{\lambda}\cos\varphi\cos\alpha\sin\left(\omega_{\mathrm{c}}t\right) \\[2mm] e_{\mathrm{E\text{-}W}}(t) \approx 2A(t)\dfrac{\pi d}{\lambda}\sin\varphi\cos\alpha\sin\left(\omega_{\mathrm{c}}t\right) \end{cases} \quad (3\text{-}93)$$

天线阵输出的和信号为：

$$e_\Sigma(t) = e_N(t) + e_S(t) + e_E(t) + e_W(t)$$

$$= 2A(t)\left[\cos\left(\frac{\pi d}{\lambda}\cos\varphi\cos\alpha\right) + \cos\left(\frac{\pi d}{\lambda}\sin\varphi\cos\alpha\right)\right]\cos(\omega_c t) \quad (3\text{-}94)$$

$e_\Sigma(t)$ 信号经接收信道 1 变频到中频信号：

$$U_\Sigma(t) = 2A(t)\left[\cos\left(\frac{\pi d}{\lambda}\cos\varphi\cos\alpha\right) + \cos\left(\frac{\pi d}{\lambda}\sin\varphi\cos\alpha\right)\right]\cos(\omega_I t) \quad (3\text{-}95)$$

式中，ω_I 为接收信道的中频输出频率。

再经相移 90° 后变换成正交中频信号：

$$U_{\Sigma\perp}(t) = 2A(t)\left[\cos\left(\frac{\pi d}{\lambda}\cos\varphi\cos\alpha\right) + \cos\left(\frac{\pi d}{\lambda}\sin\varphi\cos\alpha\right)\right]\sin(\omega_I t) \quad (3\text{-}96)$$

$e_{S-N}(t)$、$e_{E-W}(t)$ 信号分别经接收信道 2 和接收信道 3 变频到中频后的信号：

$$\begin{cases} U_{SN}(t) \approx 2A(t)\dfrac{\pi d}{\lambda}\cos\varphi\cos\alpha\sin(\omega_I t) \\[2mm] U_{EW}(t) \approx 2A(t)\dfrac{\pi d}{\lambda}\sin\varphi\cos\alpha\sin(\omega_I t) \end{cases} \quad (3\text{-}97)$$

可采用下面方法提取来波方向，首先计算 $U_\Sigma(t) \times U_{SN}(t)$，得到：

$$V_{SN}(t) = U_\Sigma(t) \times U_{SN}(t)$$

$$\approx [2A(t)]^2\frac{1+\cos(2\omega_c t)}{2}\left[\cos\left(\frac{\pi d}{\lambda}\cos\varphi\cos\alpha\right) + \cos\left(\frac{\pi d}{\lambda}\sin\varphi\cos\alpha\right)\right] \times \quad (3\text{-}98)$$

$$\cos\varphi\cos\alpha$$

进行低通滤波得到：

$$W_{SN}(t) = \frac{[2A(t)]^2}{2}\left[\cos\left(\frac{\pi d}{\lambda}\cos\varphi\cos\alpha\right) + \cos\left(\frac{\pi d}{\lambda}\sin\varphi\cos\alpha\right)\right]\cos\varphi\cos\alpha \quad (3\text{-}99)$$

计算 $U_\Sigma(t) \times U_{EW}(t)$，得到：

$$V_{EW}(t) = U_\Sigma(t) \times U_{EW}(t)$$

$$\approx [2A(t)]^2\frac{1+\cos(2\omega_c t)}{2}\left[\cos\left(\frac{\pi d}{\lambda}\cos\varphi\cos\alpha\right) + \cos\left(\frac{\pi d}{\lambda}\sin\varphi\cos\alpha\right)\right] \times \quad (3\text{-}100)$$

$$\sin\varphi\cos\alpha$$

进行低通滤波得到：

$$W_{\text{EW}}(t) = \frac{\left[2A(t)\right]^2}{2} \left[\cos\left(\frac{\pi d}{\lambda}\cos\varphi\cos\alpha\right) + \cos\left(\frac{\pi d}{\lambda}\sin\varphi\cos\alpha\right)\right]\sin\varphi\cos\alpha \quad （3\text{-}101）$$

利用 $W_{\text{SN}}(t)$ 和 $W_{\text{EW}}(t)$ 求解方位角 φ：

$$\varphi = \arctan\left(\frac{W_{\text{EW}}(t)}{W_{\text{SN}}(t)}\right) \quad （3\text{-}102）$$

结合 $U_{\Sigma}(t)$、$U_{\Sigma\perp}(t)$ 可求解俯仰角 α：

$$\alpha = \arccos\left[\frac{\sqrt{\left(W_{\text{EW}}(t)\right)^2 + \left(W_{\text{SN}}(t)\right)^2}}{\dfrac{\pi d}{\lambda}A(t)\sqrt{\left(U_{\Sigma}(t)\right)^2 + \left(U_{\Sigma\perp}(t)\right)^2}}\right] \quad （3\text{-}103）$$

多信道沃森-瓦特比幅法测向的特点是测向时效高、速度快、测向准确、可测跳频信号，但是其设备较为复杂，且要求接收机通道幅度和相位特性一致。

3.4.3　一维线阵干涉测向

一维线阵干涉测向系统的组成如图 3-16 所示[8]。当平面电磁波以方向角 θ 入射到线阵时，各阵元接收到的信号为：

$$s_k(t) = s(t)F(\theta)\mathrm{e}^{\mathrm{i}\frac{2\pi}{\lambda}d_k\sin\theta}, k \in \mathbf{N}_N \quad （3\text{-}104）$$

式中，$\left\{d_k\right\}_{k=1}^{N-1}$ 为各天线阵元至阵元 0 的距离，也称为基线长度。

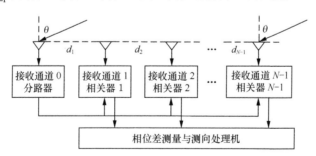

图 3-16　一维线阵干涉仪测向系统的组成

接收通道 0 的输出信号分别送入其他通道的相关器，每个相关器输出该阵元接收信号与阵元 0 接收信号的正交相位差 $\left\{I_k(t), Q_k(t)\right\}_{k=1}^{N-1}$：

$$\begin{cases} I_k(t) = \mathrm{Re}\left[cs_k(t)s_0^*(t)\right] = c(t,\theta)\cos\left[\dfrac{2\pi}{\lambda}d_k\sin\theta\right] \\[2mm] Q_k(t) = \mathrm{Im}\left[cs_k(t)s_0^*(t)\right] = c(t,\theta)\sin\left[\dfrac{2\pi}{\lambda}d_k\sin\theta\right] \\[2mm] c(t,\theta) = c\,|\,s(t)F(\theta)|^2 \end{cases} \quad (3\text{-}105)$$

该正交相位差送至相位差测量与测向处理机，首先测量各基线在 $[-\pi,\pi)$ 区间内有模糊的相位差 $\{\phi_k(t)\}_{k=1}^{N-1}$：

$$\phi_k(t) = \arctan\frac{Q_k(t)}{I_k(t)} + \begin{cases} 0, & I_k(t) \geqslant 0, k \in \mathbf{N}_N \\ \pi, & I_k(t) < 0, Q_k(t) \geqslant 0, k \in \mathbf{N}_N \\ -\pi, & I_k(t) < 0, Q_k(t) \leqslant 0, k \in \mathbf{N}_N \end{cases} \quad (3\text{-}106)$$

然后再利用长短基线相关器输出信号的相位关系，对 $\{\phi_k(t)\}_{k=1}^{N-1}$ 解模糊和相位校正，计算信号的到达方向角 θ。

假设最短基线长度 d_1 与单侧最大测向范围 $\theta_{\max}$ 满足：

$$\phi_1(t) = \frac{2\pi}{\lambda}d_1\sin\theta_{\max} \quad (3\text{-}107)$$

则相位差 ϕ_1 与方向角 θ 具有单调对应关系，可以通过下式唯一地求解信号的到达方向：

$$\theta = \arcsin\frac{\phi_1\lambda}{2\pi d_1} \quad (3\text{-}108)$$

由于长基线解模糊后的相位误差较小，可由短基线求得的无模糊相位逐级求解长基线的无模糊相位 $\{\hat{\phi}_k(t)\}_{k=1}^{N-1}$，并进行相位校正[9]：

$$\begin{cases} \hat{\phi}_{i+1} = \varphi_i + \phi_{i+1} + \begin{cases} 2\pi, & \phi_{i+1} + \varphi_i - n_i\phi_i \leqslant -\pi \\ -2\pi, & \phi_{i+1} + \varphi_i - n_i\phi_i \geqslant \pi, i \in \mathbf{N}_{N-1} \\ 0, & -\pi < \phi_{i+1} + \varphi_i - n_i\phi_i < \pi \end{cases} \\[4mm] \varphi_i = 2\pi \times \mathrm{int}\left(\dfrac{n_i\hat{\phi}_i}{2\pi}\right) \\[3mm] n_i = \dfrac{d_{i+1}}{d_i} \\[2mm] \hat{\phi}_1 = \phi_1 \end{cases} \quad (3\text{-}109)$$

解模糊后的相位 $\{\hat{\phi}_k\}_{k=1}^{N-1}$ 都与来波方向具有唯一对应的关系：

$$\hat{\phi}_k = \frac{2\pi}{\lambda} d_k \sin\theta \ \text{或} \ \sin\theta = \frac{\lambda \hat{\phi}_k}{2\pi d_k}, k \in \mathbf{N}_N \tag{3-110}$$

理论上任何一个相关器解模糊后的输出都可以计算测向结果，但在实际中，由于长基线相关器的输出精度高，故许多干涉仪测向系统只用最长基线的相关器输出[10]，测向结果为：

$$\theta = \arcsin\frac{\lambda \hat{\phi}_{N-1}}{2\pi d_{N-1}} \tag{3-111}$$

根据最优估计理论，要求估计量与实测值的误差平方最小，即

$$\min_\theta \sum_{k=1}^{N-1}\left(\frac{2\pi d_k}{\lambda}\sin\theta - \hat{\phi}_k\right)^2 \tag{3-112}$$

对上式中变量 θ 求导，并令其为零，可得到方向的最小二乘估计为：

$$\theta = \arcsin\frac{\lambda \sum_{k=1}^{N-1}\hat{\phi}_k}{2\pi \sum_{k=1}^{N-1} d_k} \tag{3-113}$$

对式（3-110）中的各参量求全微分，可得到它们对测向误差的影响：

$$\partial\theta = \frac{\lambda}{2\pi d_k \cos\theta}\left(\hat{\phi}_k \frac{\partial\lambda}{\lambda} - \frac{\hat{\phi}_k}{d_k}\partial d_k + \partial\hat{\phi}_k\right) \tag{3-114}$$

从式（3-114）可以看出，在基线方向误差发散，不能测向，d_k/λ 越大，误差越小。

如果放大后的上级相位误差与本级相位误差的和达到 π 以上，就会发生解模糊错误，而且会传递到下一级[10]。因此，各级的相位误差需满足：

$$\frac{d_{k+1}}{d_k}\left|\delta\phi_k\right| + \left|\delta\phi_{k+1}\right| < \pi, k \in \mathbf{N}_{N-1} \tag{3-115}$$

假设各级相关器的相邻基线比和最大相位误差都一致（$d_{k+1}/d_k = n$，$\delta\phi_{k\max} = \delta\phi_{\max}$，$\forall k$），则上式可简化为：

$$\left|\delta\phi_{\max}\right| < \frac{\pi}{n+1} \tag{3-116}$$

如果最短基线不满足上式，则需要通过其他基线进行解模糊处理。假设最短的两条基线分别为 d_1、d_2 且 $d_2 - d_1 = \Delta d$，如图 3-17 所示。

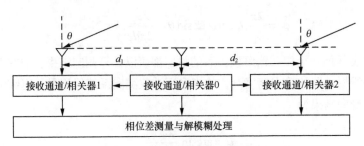

图 3-17　干涉仪最短基线有模糊测向

则接收机输出信号的无模糊理论相位值 $\hat{\phi}_1$、$\hat{\phi}_2$ 为：

$$\begin{cases} \hat{\phi}_1 = \dfrac{2\pi}{\lambda} d_1 \sin\theta = 2\pi k_1 + \phi_1 \\[2mm] \hat{\phi}_2 = \dfrac{2\pi}{\lambda} d_2 \sin\theta = \hat{\phi}_1 + \dfrac{2\pi\Delta d}{\lambda}\sin\theta = 2\pi k_2 + \phi_2 \\[2mm] \phi_1, \phi_2 \in [-\pi, \pi) \end{cases} \qquad （3\text{-}117）$$

式中，$\hat{\phi}_1$、$\hat{\phi}_2$ 是直接测量得到的余数。假设 $\Delta d < \lambda / 2$，$p = 1 + \Delta d / d$，解模糊处理后得到：

$$k_1 = \begin{cases} \dfrac{\phi_2 - p\phi_1}{2\pi(p-1)} \geqslant 0, & k_2 = k_1, \theta \geqslant 0, \quad \pi > \phi_2 - \phi_1 > 0 \\[3mm] \dfrac{2\pi + \phi_2 - p\phi_1}{2\pi(p-1)} \geqslant 0, & k_2 = k_1 + 1, \theta \geqslant 0, -\pi < \phi_2 - \phi_1 \\[3mm] \dfrac{\phi_2 - p\phi_1}{2\pi(p-1)} \leqslant 0, & k_2 = k_1, \theta \leqslant 0, \quad -\pi < \phi_2 - \phi_1 < 0 \\[3mm] \dfrac{\phi_2 - p\phi_1 - 2\pi}{2\pi(p-1)} \leqslant 0, & k_2 = k_1 - 1, \theta \leqslant 0, \phi_2 - \phi_1 > \pi \end{cases} \qquad （3\text{-}118）$$

$\hat{\phi}_1$、$\hat{\phi}_2$ 分别为：

$$\begin{cases} \hat{\phi}_1 = 2k_1\pi + \phi_1 \\[2mm] \hat{\phi}_2 = 2k_2\pi + \phi_2 \end{cases} \qquad （3\text{-}119）$$

式（3-119）不仅要解测量的数值模糊，同时还要解到达方向的模糊。根据式（3-117），正确解模糊的条件是：

$$\left| \frac{2\Delta d}{\lambda}\sin\theta_{\max} \right| < 1 \qquad （3\text{-}120）$$

利用两条最短基线解模糊后的其他长基线接收信道处理同无模糊测向的情况相同。

3.4.4　三通道干涉测向

三通道干涉测量由三副天线单元建立起三个基线，每个基线对应一个天线对，天线结构如图 3-18 所示，该天线结构的俯视图如图 3-19 所示，到达角（AOA）（包括方位角和俯仰角）与天线参数之间的关系如下。

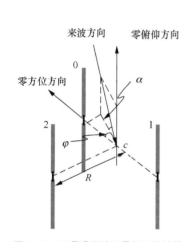

图 3-18　三通道干涉测量的天线结构

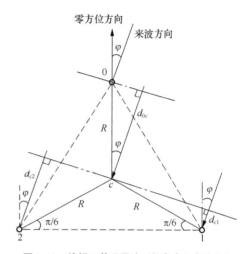

图 3-19　俯视三单元圆阵列的角度和来波方向

令 d_{0c} 为信号以方位角 φ 和俯仰角 α 穿过该天线阵的天线 0 和天线阵中心 c 之间行走的距离，其计算公式为：

$$d_{0c} = R\cos\alpha\cos\varphi \tag{3-121}$$

要求 $\cos\alpha$ 项反映垂直于天线平面的信号，如前所述。与该距离对应的相位差为：

$$\begin{aligned} \phi_{0c} &= 2\pi f\,\Delta t_{0c} \\ &= 2\pi\frac{c}{\lambda}\Delta t_{0c} \end{aligned} \tag{3-122}$$

式中，Δt_{0c} 为信号穿过该距离需要的时间；c 为光速。但 $d_{0c} = c\Delta t_{0c}$，因此：

$$\begin{aligned} \phi_{0c} &= 2\pi\frac{d_{0c}}{\lambda} \\ &= \frac{2\pi R}{\lambda}\cos\alpha\cos\varphi \end{aligned} \tag{3-123}$$

阵列中心和天线 2 之间的距离为：

$$d_{c2} = R \cos \alpha \cos \left(\frac{\pi}{3} - \varphi \right) \tag{3-124}$$

相位差为：

$$\phi_{c2} = \frac{2\pi R}{\lambda} \cos \alpha \cos \left(\frac{\pi}{3} - \varphi \right) \tag{3-125}$$

因此，每副天线的信号可以用方位角和俯仰角表述为：

$$\begin{cases} s_0(t) = s(t) \cos \alpha \, \mathrm{e}^{\mathrm{j}\frac{2\pi R}{\lambda} \cos \alpha \cos \varphi} \\ s_1(t) = s(t) \cos \alpha \, \mathrm{e}^{-\mathrm{j}\frac{2\pi R}{\lambda} \cos \alpha \cos \left(\frac{\pi}{3} + \varphi \right)} \\ s_2(t) = s(t) \cos \alpha \, \mathrm{e}^{-\mathrm{j}\frac{2\pi R}{\lambda} \cos \alpha \cos \left(\frac{\pi}{3} - \varphi \right)} \end{cases} \tag{3-126}$$

为了计算到达角，即方位角 φ 和俯仰角 α，首先定义 $\Delta_1 = \phi_{c2} - \phi_{c1}$，那么

$$\begin{aligned} \Delta_1 &= -\frac{2\pi R}{\lambda} \cos \alpha \left[\cos \left(\frac{\pi}{3} - \varphi \right) + \cos \left(\frac{\pi}{3} + \varphi \right) \right] \\ &= -\frac{2\pi R}{\lambda} \cos \alpha \left[\cos \left(\frac{\pi}{3} \right) \cos \varphi + \sin \left(\frac{\pi}{3} \right) \sin \varphi + \cos \left(\frac{\pi}{3} \right) \cos \varphi - \sin \left(\frac{\pi}{3} \right) \sin \varphi \right] \\ &= -\frac{2\pi R}{\lambda} \cos \alpha \left[2 \cos \left(\frac{\pi}{3} \right) \cos \varphi \right] \\ &= \frac{2\pi R}{\lambda} \cos \alpha \cos \varphi \end{aligned} \tag{3-127}$$

定义 $\Delta_2 = \phi_{0c} - \phi_{c1}$，那么

$$\begin{aligned} \Delta_2 &= \frac{2\pi R}{\lambda} \cos \alpha \left[\cos \theta - \cos \left(\frac{\pi}{3} + \varphi \right) \right] \\ &= \frac{2\pi R}{\lambda} \cos \alpha \left[\cos \theta - \cos \left(\frac{\pi}{3} \right) \cos \varphi + \sin \left(\frac{\pi}{3} \right) \sin \varphi \right] \\ &= \frac{2\pi R}{\lambda} \cos \alpha \left[\frac{1}{2} \cos \varphi + \frac{\sqrt{3}}{2} \sin \varphi \right] \end{aligned} \tag{3-128}$$

方位角 φ 为：

$$\varphi = \arctan \left(\frac{\phi_{0c}}{\Delta_1} \right) \tag{3-129}$$

因为：

$$\arctan\left(-\frac{\phi_{0c}}{\Delta_1}\right) = \arctan\left(-\frac{\frac{2\pi}{\lambda}R\cos\alpha\sin\varphi}{\frac{2\pi}{\lambda}R\cos\alpha\cos\varphi}\right) \tag{3-130}$$
$$= \arctan\left(\frac{\sin\varphi}{\cos\varphi}\right)$$

为了得到仰角的表达式，展开

$$
\begin{aligned}
\left(\frac{\sqrt{3}}{2}\Delta_1\right)^2 + \left(\Delta_2 - \frac{1}{2}\Delta_1\right)^2 &= \frac{3}{4}\left(\frac{2\pi R}{\lambda}\right)^2\cos^2\alpha\cos^2\varphi + \left(\frac{2\pi R}{\lambda}\cos\alpha\right)^2 \times \left(\frac{1}{2}\cos\varphi + \frac{\sqrt{3}}{2}\sin\varphi - \frac{1}{2}\cos\varphi\right)^2 \\
&= \frac{3}{4}\left(\frac{2\pi R}{\lambda}\right)^2\cos^2\alpha\cos^2\varphi + \left(\frac{2\pi R}{\lambda}\cos\alpha\right)^2\left(\frac{3}{4}\sin^2\varphi\right) \\
&= \frac{3}{4}\left(\frac{2\pi R}{\lambda}\right)^2\cos^2\alpha(\cos^2\varphi + \sin^2\varphi) \\
&= \frac{3}{4}\left(\frac{2\pi R}{\lambda}\right)^2\cos^2\alpha
\end{aligned}
$$

$$\tag{3-131}$$

所以俯仰角 α 为：

$$\alpha = \arccos\sqrt{\frac{4}{3}\left(\frac{\lambda}{2\pi R}\right)^2\left(\left(\frac{\sqrt{3}}{2}\Delta_1\right)^2 + \left(\Delta_2 - \frac{1}{2}\Delta_1\right)^2\right)} \tag{3-132}$$

因此，通过测量天线单元之间的相位差，可以利用三通道干涉测量法确定信号的到达角。其测量依赖于阵列参数 R 和信号的频率（波长）。天线阵半径相对于信号波长越大，测量的这些到达角就越好。然而，其长度有限制。由于基线长，本例中就是沿着阵列外围的对角线，必须小于波长的一半，以免引起模糊。如果大于半波长，那么多个到达角就会产生相同的时间差，因此具有相同的示向角度。天线阵最高工作频率的波长最小，因此可以预期最低的工作频率测量准确性最差。

3.4.5 四单元干涉测向

四单元圆阵天线由分布在一个圆上的天线阵组成，每个天线到阵元中心的距离相等，天线结构如图 3-20 所示，该天线结构的俯视图如图 3-21 所示。图中，R 为阵列半径，信号 $s(t)$ 的方位角为 φ，信号在垂直维（顶点）处相对于阵列平面的俯仰角为 α，信号频率为 $f = c/\lambda$，天线单元数位 $N=4$，c 为光速。

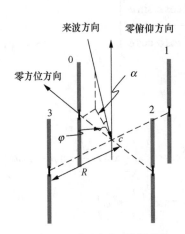

图 3-20 四单元圆阵天线的结构

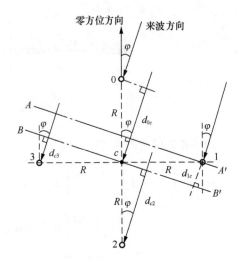

图 3-21 四单元圆天线结构的俯视图

如果 $s(t)$ 表示阵列中心位置的信号，那么在每个天线单元就存在着 $s(t)$ 的一个副本，相比 $s(t)$ 有某种程度的相位移变：

$$\begin{cases} s_0(t) = s(t)\cos\alpha\, \mathrm{e}^{\mathrm{j}\cos(\alpha)\phi_0} \\ s_1(t) = s(t)\cos\alpha\, \mathrm{e}^{\mathrm{j}\cos(\alpha)\phi_1} \\ s_2(t) = s(t)\cos\alpha\, \mathrm{e}^{\mathrm{j}\cos(\alpha)\phi_2} \\ s_3(t) = s(t)\cos\alpha\, \mathrm{e}^{\mathrm{j}\cos(\alpha)\phi_3} \end{cases} \tag{3-133}$$

式中，ϕ_i（$i=0,1,2,3$）表示相移；α 为信号相对于该平面的方位角；$s(t)\cos\alpha$ 为输入信号 $s(t)$ 的幅度投影至与阵列垂直的平面上。

天线 1 与阵列中心的相位差可以计算如下：

$$d_{1c} = R\cos\alpha\sin\varphi \tag{3-134}$$

式中，d_{1c} 是阵列平面中信号从等相位线 A—A' 到 B—B' 的距离，即信号从天线 2 到阵列中心的距离。

与该距离对应的相移为：

$$\phi_{1c} = \frac{2\pi R}{\lambda}\cos\alpha\sin\varphi \tag{3-135}$$

根据正弦函数和余弦函数之间的关系，可得：

$$\phi_{1c} = \frac{2\pi R}{\lambda}\cos\alpha\cos\left(\varphi - \frac{\pi}{2}\right) \tag{3-136}$$

信号从阵列中心到天线 2 的距离为：

$$d_{c2} = R\cos\alpha\cos\varphi \qquad\qquad (3\text{-}137)$$

与该距离对应的相移为：

$$\phi_{c2} = -\frac{2\pi R}{\lambda}\cos\alpha\cos\varphi \qquad\qquad (3\text{-}138)$$

因为天线 2 的相位滞后于阵列中心，所以相移为负数。

类似地，信号从阵列中心到天线 3 的距离为：

$$d_{c3} = R\cos\alpha\cos\varphi \qquad\qquad (3\text{-}139)$$

因此，相应的相移为：

$$\begin{aligned}
\phi_{c3} &= -\frac{2\pi R}{\lambda}\cos\alpha\sin\varphi \\
&= -\frac{2\pi R}{\lambda}\cos\alpha\cos\left(\varphi - \frac{\pi}{2}\right)
\end{aligned} \qquad\qquad (3\text{-}140)$$

由于天线 3 的相位滞后于阵列中心，所以相移也为负数。

信号从天线 0 到阵列中心的距离为：

$$d_{0c} = R\cos\alpha\cos\varphi \qquad\qquad (3\text{-}141)$$

因此，相应的相移为：

$$\phi_{0c} = \frac{2\pi R}{\lambda}\cos\alpha\cos\varphi \qquad\qquad (3\text{-}142)$$

式（3-133）可以表示为：

$$s_i(t) = s(t)\cos\alpha\, \mathrm{e}^{\mathrm{j}\frac{2\pi R}{\lambda}\cos\alpha\cos\left(-\frac{2\pi i}{N}+\varphi\right)}, i=1,2,3,4 \qquad\qquad (3\text{-}143)$$

且

$$\phi_i = \frac{2\pi R}{\lambda}\cos\left(-\frac{2\pi i}{N}\right), i=1,2,3,4 \qquad\qquad (3\text{-}144)$$

为了确定方位，计算

$$\frac{\phi_{1c}}{\phi_{0c}} = \frac{\dfrac{2\pi R}{\lambda}\cos\alpha\sin\varphi}{\dfrac{2\pi R}{\lambda}\cos\alpha\cos\varphi} \qquad\qquad (3\text{-}145)$$

因此，方位角为：

$$\varphi = \arctan\left(\frac{\phi_{1c}}{\phi_{0c}}\right) \qquad\qquad (3\text{-}146)$$

为了确定俯仰角，计算

$$\phi_{0c}^2 + \phi_{1c}^2 = \left(\frac{2\pi R}{\lambda}\right)^2 \cos^2 \alpha \cos^2 \varphi + \left(\frac{2\pi R}{\lambda}\right)^2 \cos^2 \alpha \sin^2 \varphi$$
$$= \left(\frac{2\pi R}{\lambda}\right)^2 \cos^2 \alpha \qquad\qquad (3\text{-}147)$$

得到俯仰角：

$$\alpha = \sqrt{\arccos\left[\left(\frac{\lambda}{2\pi R}\right)^2 (\phi_{0c}^2 + \phi_{1c}^2)\right]} \qquad (3\text{-}148)$$

|3.5 通信干扰|

3.5.1 通信干扰的基本概念

通信干扰是以破坏或扰乱目标通信系统的信息传输过程为目的采取的电子进攻行动，即通信干扰系统发射干扰信号，破坏或扰乱目标通信系统的信号传输，使其信息传输能力减弱甚至系统瘫痪。

下面介绍几个与通信干扰相关的基本概念。

1. 有效干扰

干扰信号与通信信号经通信接收机接收处理后进入解调器，解调器从通信信号中解调出基带信息，干扰信号经解调之后还是干扰。由于解调器的非线性，在其输出端得到的除有用信号和干扰信号以外，还有干扰信号与通信信号相互作用所产生的杂散分量，这些杂散相对于信息来讲也是干扰。有效干扰的表现形式有以下四种[11-12]。

（1）通信压制

通信接收机完全被压制，收不到任何有用信号或者只能收到零星的极少量有用信号，在通信接收终端所得到的有用信息量近似等于零。这样的干扰称为有效干扰，这时的通信被压制了。

（2）通信破坏

通信接收机虽然没有被完全压制，但其在解调信息的过程中产生了大量的错误，接收终端可获取的信息量不足，通信效能降低。这样的干扰也称为有效干扰，这时的通信被扰乱了。

（3）通信阻滞

通信信道容量减小，信号的传输速率降低，单位时间内通信终端所获得的信息量减少，传送一定的信息量所花费的时间延长，这样的干扰也是有效干扰，这时的通信被阻滞了。

（4）通信欺骗

发射与敌方通信信号特征和技术参数相同、但携带虚伪信息的假信号，用以迷惑、误导和欺骗敌方，这样的干扰也是有效干扰，这时的通信被欺骗了。

2. 压制系数

压制系数 K_j 为确保通信接收机被完全压制（即上述第一种有效干扰形式）的情况下，在通信接收机输入端所必需的干扰功率与信号功率之比，即

$$K_j = \frac{P_j}{P_s} \tag{3-149}$$

式中，P_j 是为保证通信接收机被完全压制的情况下，在通信接收机输入端所必须产生的干扰功率；P_s 为通信接收机输入端接收到的信号功率。

3. 最佳干扰

由于军用无线电通信系统的种类多种多样，其信号形式和接收方式也不相同，一种通用的最佳干扰实际上是不存在的，所谓的最佳干扰是指对于给定的信号形式和通信接收方式所需压制系数最小的那种干扰样式[13]。

3.5.2　通信干扰的基本原理

1. 对模拟通信系统的干扰

模拟通信系统的调制方式主要有调幅、调频和调相，调频和调相的基本原理类似，都属于调角，下面对调幅信号的干扰和调角信号的干扰两种情况进行讨论。

（1）对调幅信号的干扰

调幅信号的频谱包含一个载频和两个边带，载频不携带信息，所有信息都存

在于边带，为了形成有效干扰，并不需要压制其载频，只需覆盖并压制其携带信息的边带即可，因此，不需要发射针对载波的干扰。假定干扰信号的频谱只与两个信号边带重合，这样的干扰信号与通信信号同时作用于通信接收系统，在接收设备解调器的输出端便可得到下面四种信号。

① 通信信号的边带与其载频差拍得到的话音信号（有用信号）。

② 干扰边带与通信信号载频差拍得到的干扰声响（干扰信号）。

③ 干扰分量之间差拍得到的干扰声响（干扰信号）。

④ 干扰边带频谱各分量与通信信号边带频谱各分量相互作用得到的低频干扰声响（干扰信号）。

由此可见，在通信接收系统解调器输出端所得到的干扰功率为②、③、④部分之和。分析表明，通信接收系统解调器输出的干扰功率与信号功率之比是输入端干信比和信号调幅度的函数。

（2）对调角信号的干扰

调角信号与调幅信号的不同之处在于，调角信号在解调之前，为了抑制寄生调幅的影响增加了限幅器，产生门限效应。也就是说当通信信号强于干扰信号时，通信几乎不受影响，但随着干扰强度的增大，当干扰达到"门限"时，解调性能急剧下降，当干扰足够强时，通信接收设备只响应干扰信号，在这种情况下，通信就完全被压制了。

2. 对数字通信系统的干扰

（1）数字通信系统的基本特点

数字通信系统传输的是数字信息，其本质上是二进制或者多进制比特流，原始比特流进入通信系统后，一般需要经过信源编码与纠错编码处理，转换为一种可满足特定传输要求的二进制比特流（数字基带信号），即按照某种规则进行编码的二进制序列。该序列中除了包含原始的信号外，还包含位同步信息、帧同步信息和群同步信息等[11]。

将数字基带信号在数字调制器中进行调制后就得到数字调制信号，在无线通信信道中传输的通信信号通常都是数字调制信号。在通信接收机中，数字调制信号经过解调器解调后，恢复为数字基带信号。

数字解调器可以分为非相干解调器和相干解调器，两者的主要差别是，非相干解调器不需要本地相干载波就可以实现解调，而相干解调器必须利用本地相干载波才能实现解调，也就是说后者的解调过程需要载波同步。

在对数字调制信号解调后，为了正确和可靠地恢复数字基带序列，解调器必须在正确的时间进行抽样，即位同步。在恢复数字基带信号后，还需要进行相应的译码变换处理，才能还原出通信信号携带的原始数字信息，在译码变换过程中，译码器需要利用帧同步或群同步信息等。

（2）干扰数字通信系统的可行途径

根据数字通信系统的特点，干扰数字通信的可行途径如下。

① 对信道的干扰。将解调器输入端的干扰信号与通信信号叠加后，包含干扰信号的合成信号会扰乱解调器的门限判决过程，造成判决错误，使其传输误码率增加。

② 对同步系统的干扰。破坏或者扰乱数字通信系统中接收设备与发信设备之间的同步，使其难以正确地恢复原始信息。被破坏或者扰乱的同步环节包括：破坏或者扰乱解调过程中的载波同步或者位同步环节，引起误码率增加；破坏或者扰乱译码器的译码过程中的帧同步或者群同步，引起误字率增加；破坏或者扰乱网同步信息，造成网络瘫痪。

③ 对传输信息的干扰。利用与通信信号相同调制方式和调制参数但是携带虚假信息的欺骗性干扰，在通信系统恢复的信息中掺入虚假信息，引起信息混乱和判读错误。

3.5.3　通信干扰的分类与主要指标

1. 通信干扰分类

按照不同分类标准和依据，通信干扰有多种分类方法[11]。

（1）按工作频段分

根据工作频段不同，通信干扰分为针对超短波通信信号的超短波通信干扰、针对短波通信信号的短波通信干扰、针对微波通信信号的微波通信干扰、针对毫米波通信信号的毫米波通信干扰等。

（2）按通信体制分

根据通信体制不同，通信干扰分为针对固定工作频率的常规通信信号的干扰、针对跳频通信信号的跳频通信干扰和针对扩频通信信号的扩频通信干扰等。

（3）按照运载平台分

根据运载平台不同，通信干扰分为地面固定干扰、车载干扰、舰载干扰、机载干扰和星载通信干扰等。

（4）按照干扰频谱瞄准程度和带宽分

根据干扰频谱瞄准程度和带宽不同，通信干扰分为瞄准式干扰、半瞄准式干扰和拦阻式干扰。

① 瞄准式干扰。瞄准式干扰是一种窄带干扰。当干扰频谱（中心频率f_j）与信号频谱（中心频率f_0）的带宽相等或近似相等，在频率轴上的位置以及出现的时间完全重合或近似于完全重合时，称作准确瞄准式通信干扰，简称瞄准式干扰。瞄准式干扰的频率关系如图 3-22 所示。

瞄准式干扰的优点是功率集中，干扰频带较窄，干扰能量几乎全部用于压制目标通信信号，干扰功率利用率高，其缺点是一部干扰机只能干扰一个信号，需要精确的频率引导。

② 半瞄准式干扰。半瞄准式干扰也是窄带干扰，其干扰频谱的宽度稍大于信号带宽度，干扰频谱在频率轴上的位置几乎完全覆盖信号。其干扰信号的中心频率与通信信号频率不一定重合，并且干扰频谱与通信信号频谱大部分重合。其干扰的频率关系如图 3-23 所示。

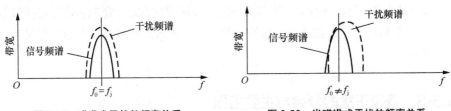

图 3-22　瞄准式干扰的频率关系　　　　图 3-23　半瞄准式干扰的频率关系

半瞄准式干扰的特点与瞄准式干扰基本相同，但是其干扰功率利用率比瞄准式低。

③ 拦阻式干扰。拦阻式干扰为宽带干扰，其干扰频谱宽度远大于信号带宽，一个干扰信号可覆盖多个通信信道，按照其频谱形式可分为连续频谱拦阻式干扰和梳妆谱拦阻式干扰。

拦阻式干扰的优点是不需要精确的频率引导，一部干扰机可以同时干扰多个信号，其缺点是干扰功率分散，效率不高。

（5）按作用性质分

按照干扰信号的作用性质不同，通信干扰可分为压制性干扰和欺骗性干扰两类[14]。

① 压制性干扰。压制性干扰是使目标通信设备收到的有用信息模糊不清或被完全掩盖，以致通信中断。根据对目标信号的破坏程度不同，压制性干扰分为全压制性干扰、部分压制性干扰和扫频干扰。

全压制性干扰利用强大的干扰功率对目标信号实施完全压制，使目标接收终端无法正常接收信息，即通信完全中断。

部分压制性干扰又称破坏性干扰或搅扰式干扰，即利用噪声、语音、音乐、脉冲等干扰样式使目标接收终端对信息判决困难，通信虽未完全中断，但会造成通信时间迟滞，接收信息的差错率或误码率提高等。

扫频干扰的信号频率在一定范围内按照某种规则变化，是自动化程度较高的干扰方式，在预设的信道中反复检测信号，一旦出现通信信号，立即进行干扰。

② 欺骗性干扰。欺骗性干扰是在目标通信系统的工作频率上，模仿目标系统的信号样式、通信体制和语音等信号特征，冒充其通信网内的电台，发送伪造的虚假消息，从而造成接收方收到错误信息。

2. 通信干扰的主要指标

（1）干扰频率范围

干扰频率范围即干扰信号的工作频率，是通信干扰设备的重要指标一般小于或等于通信侦察系统传统的侦察频率范围。

（2）空域覆盖范围

空域覆盖范围反映了通信干扰设备方位和俯仰的覆盖能力，可以分解为方位覆盖范围和俯仰覆盖范围两个指标，通信干扰设备的俯仰覆盖范围通常是全向的，方位覆盖范围是全向或者定向的[15]。

（3）干扰信号带宽

干扰信号带宽是干扰设备的瞬时覆盖带宽。干扰信号带宽与干扰体制和干扰样式有关，拦阻式干扰的干扰信号带宽最大，瞄准式干扰的干扰信号带宽最小。

（4）干扰样式

干扰信号的样式包括窄带噪声、宽带噪声、噪声调频等，为了能适应对多种体制的通信系统的干扰，除上述干扰样式外，一般还有单音、多音、蛙鸣等多种干扰样式。

（5）可同时干扰的信道数

可同时干扰的信道数指在实施干扰过程中，干扰信号带宽可以瞬时覆盖的通信信道数目 N ，与干扰信号带宽 B_j 和信道间隔 Δf_ch 有关，三者之间满足关系：

$$N = \frac{B_\mathrm{j}}{\Delta f_\mathrm{ch}} \tag{3-150}$$

3.5.4　机载通信干扰设备的组成和工作阶段

1. 机载通信干扰设备的组成

机载通信干扰设备由侦察引导模块、干扰信号激励器、射频变换器、功率放大器、发射天线以及机载计算机等组成，其组成框图如图 3-24 所示。

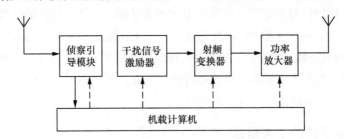

图 3-24　机载通信干扰设备的组成框图

侦察引导模块主要用于对目标信号进行侦察截获，分析其信号参数，另外还可以对目标信号进行监视，检测其信号参数和工作状态的变化，即时调整干扰策略和参数。

干扰信号激励器根据干扰引导参数产生干扰激励信号，形成有效的干扰，它能够在基带（中频）产生多种形式的干扰信号。经过适当的射频变换（如变频、放大、倍频等），形成射频干扰激励信号；也可以直接在射频变换器产生干扰激励信号。

功率放大器把小功率的干扰信号放大到足够的功率，受大功率器件性能的限制，在宽频段干扰时，功率放大器是分频段实现的，如将干扰频段划分为 30～100 MHz、100～500 MHz、500～1 000 MHz 等。

发射天线把功率放大器输出的电信号转换为电磁波向指定空域辐射。发射天线一般需具有宽的工作频段、大的功率容量、小的驻波比、高的辐射效率和高的天线增益。

机载计算机控制整个干扰设备的工作，根据侦察引导模块提供的目标信号参数，进行分析并形成干扰策略，选择最佳干扰样式和干扰方式、控制干扰功率和方向，以最大限度地发挥干扰机的性能。

2. 机载通信干扰设备的工作阶段

第一阶段是侦察引导：通信干扰机一般需要通信侦察设备引导，此时通信侦察设备需要获取通信信号的技术参数，包括目标信号的频率、调制样式、持续时间和到达方向等特征参数。

第二阶段是干扰阶段：机载计算机根据通信侦察设备提供的信号参数，形成干扰策略并启动干扰，干扰设备发射在频率、时间、方位上满足重合条件的干扰信号，实施干扰。

第三阶段是监视阶段：实施一定时间的干扰后，暂时停止干扰，对目标信号进行监测，如果该信号已经消失，则停止干扰，如果该信号转移到其他信道，则将调整干扰频率，如果该信号存在并且参数没有变化就继续干扰。

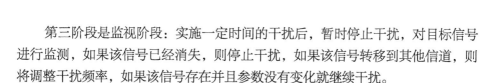

| 参考文献 |

[1] 李骞. 雷达干扰机中的数据采集及波形产生测试卡的研制[D]. 成都: 电子科技大学, 2008.

[2] 孙宏志 徐磊. 频率扫描原理与接收机参数设置的分析[J]. 中国无线电, 2011(4): 54, 56.

[3] 卢璐. 通信信号调制分类识别与参数提取技术研究[D]. 西安: 西安电子科技大学, 2010.

[4] 武胜波. 电磁频谱监测系统设计及算法研究[D]. 西安: 西安电子科技大学, 2009.

[5] 张帆. 基于 DSP 的通信信号调制方式识别[D]. 西安: 西安电子科技大学, 2009.

[6] 辛建芳. 软件无线电中调制信号识别方法的研究[D]. 太原: 太原理工大学, 2008.

[7] 吴伟俊. 通信测向定位算法研究[D]. 西安: 西安电子科技大学, 2014.

[8] 张海鹏. 军事电磁频谱监测技术研究[D]. 西安: 西安电子科技大学, 2014.

[9] 常虹. 宽带侦收方法研究[D]. 西安: 西安电子科技大学, 2011.

[10] 刘东文, 郭少华. 基于相位干涉仪的同时信号测向技术[J]. 电子科技, 2015, 28(2): 143-146.

[11] 耿青峰. 通信信号的数字化解调和调制识别技术[D]. 西安: 西安电子科技大学, 2011.

[12] 常宏斌. 柔性通信对抗模拟训练系统研究与实现[D]. 武汉: 武汉理工大学, 2016.

[13] 张腾. 通信电子战装备体系作战能力评估方法研究[D]. 长沙: 国防科学技术大学, 2008.

[14] 石熠. 直接序列扩频通信系统的干扰研究[D]. 西安: 西安电子科技大学, 2011.

[15] 冯小平. 通信对抗原理[M]. 西安: 西安电子科技大学出版社, 2009.

第 4 章

机载雷达对抗任务载荷原理

机载雷达对抗任务载荷是电子战无人机任务载荷的重要组成部分，担负雷达侦察和雷达干扰任务。机载雷达对抗任务载荷主要由机载雷达对抗侦察设备和机载雷达干扰设备两部分组成，二者均在指挥控制中心的调度和控制下工作，如图 4-1 所示。在遂行作战任务时，机载雷达对抗侦察设备负责接收目标雷达信号，测量信号参数及方向，对目标雷达进行定位，并将各种侦察数据通过数据链提交指挥控制中心，指挥控制中心根据已经掌握的雷达信号先验信息，对侦察数据进行详细处理，判断目标雷达的功能、工作状态和威胁程度等，从而引导机载雷达干扰设备对目标雷达实施干扰，也可以引导反辐射武器对目标雷达实施硬摧毁。

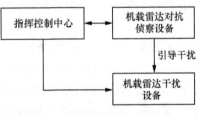

图 4-1　机载雷达对抗任务载荷

|4.1　机载雷达对抗任务载荷的组成|

4.1.1　机载雷达对抗侦察设备的基本组成

机载雷达对抗侦察设备的基本组成如图 4-2 所示，主要包括测向天线阵和测向接收机、测频天线和宽带侦察接收机、信号处理机及机上存储设备。

测向天线阵和测频天线有相同的覆盖范围 Ω_{AOA} ，测向天线阵与测向接收机对目标雷达信号的到达角 θ_{AOA} 进行实时测量，测频天线与宽带侦察接收机对目标雷达信号的脉冲载频 f_{RF} 、到达时间 t_{TOA} 、脉冲宽度 τ_{PW} 、脉冲功率或幅度 A_{p} 以及脉内调

制类型 F 等参数进行实时测量。这些参数组合在一起，称为脉冲描述字（PDW）：

$$PDW_i = \left(\theta_{\mathrm{AOA}_i}, f_{\mathrm{RF}_i}, t_{\mathrm{TOA}_i}, \tau_{\mathrm{PW}_i}, A_{P_i}, F_i\right) \quad (4\text{-}1)$$

式中，i 为顺序收到的第 i 个脉冲信号。

需要说明的是，这里没有对脉冲的极化 E_{p} 做要求，这是因为雷达采用的主要是线极化的收发天线，雷达侦察系统为了能够接收目标雷达的线极化电磁波而普遍采用圆极化的侦察天线，这样虽然仅有一定的极化失配损失，但却丢失了目标雷达信号的极化方向，从而也不能引导机载雷达干扰设备（干扰机）实现极化瞄准。

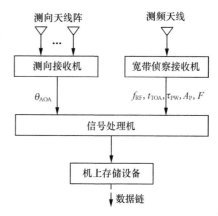

图 4-2　机载雷达对抗侦察设备的基本组成

机载雷达侦察设备的信号处理与地面雷达侦察设备的信号处理不同。由于机上的信号处理资源和处理时间有限，所以机上信号处理机只做基本的信号预处理，即将输入的 PDW 与各种已知雷达的先验数据和先验知识进行快速的匹配比较（分选），分门别类地装入各 PDW 缓存器，并将认定为无用的信号立即剔除。分选中用到的已知雷达的先验数据和先验知识可以预先加载，也可以在处理过程中进行补充和修订。在典型情况下，机上的信号处理是一种大视野、大带宽、高截获概率的实时信号处理，尽量不丢失任何一个脉冲信号，但它的测量精度不高，分辨能力有限[1]。

经过预处理后的数据进行机上存储，并通过数据链回传地面指挥控制中心，然后由地面信号处理系统进行信号主处理：从预处理后的输出信号中进一步剔除与雷达特性不匹配的PDW，然后对各项参数特性都满足要求的PDW数据进行雷达辐射源检测、参数估计、状态识别和威胁判决等工作。另外，利用主处理的结果还可以引导窄带分析接收机，对特定的窄带信号进行精细的脉内和脉间调制分析。上述地面信号处理后的各种结果可以通过数据链重新加载到机上数据库，以提高机上信号的处理效率。

4.1.2　机载雷达干扰设备的基本组成

根据干扰信号产生原理不同，机载雷达干扰设备主要分为引导式、转发式与合成式三类，每一类设备的组成不尽相同。

1. 引导式干扰设备

引导式干扰设备的组成如图 4-3 所示，主要包括干扰技术产生器、压控振荡器（VCO）、调幅器、功放（功率放大器）、天线和控制接口。

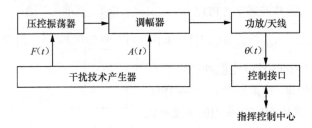

图 4-3　引导式干扰设备的组成

引导式干扰设备产生的干扰信号由压控振荡器和调幅器共同合成。根据指挥控制中心下达的干扰控制指令，干扰技术产生器生成压控振荡器的频率调制信号 $F(t)$ 和调幅器的幅度调制信号 $A(t)$。常用的 $F(t)$ 有：①幅度（调频带宽）、谱宽、分布可控的噪声；②幅度（调频带宽）、波形（三角波、锯齿波、正弦波等）、周期可控的函数；③噪声与函数的交替或叠加等。以上信号的目的是形成各种非平稳的干扰信号时频谱。$F(t)$ 也可以与被干扰的雷达脉冲重复周期同步或异步，形成同步或异步调频干扰。常用的 $A(t)$ 有：同步或异步的杂乱脉冲、干扰启动和关闭的控制信号等。控制接口输出的 $\theta(t)$ 数据用于设置干扰发射天线的波束指向。压控振荡器形成的干扰信号通过调幅器和功放，由天线向指定方向辐射输出。控制接口实现指挥控制中心与干扰设备之间的信息交互。

2. 转发式干扰设备

转发式干扰设备的组成如图 4-4 所示，主要包括干扰技术产生器、接收机、射频信号存储器（RFM）、功放、天线和控制接口。

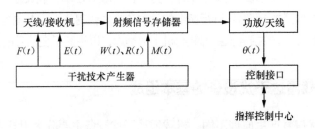

图 4-4　转发式干扰设备的组成

转发式干扰设备产生的干扰信号来自于接收到的射频雷达信号，且以与接收到的雷达信号包络 $E(t)$ 保持同步。干扰技术产生器通过频段设置信号 $F(t)$ 设置接收机的接收信道，通过射频信号存储器写入信号 $W(t)$、读出信号 $R(t)$ 和幅相调制

信号 $M(t)$ 对指定频段内接收到的雷达信号进行延迟和幅相调制，再通过功放和天线辐射到指定的 $\theta(t)$ 方向。

3. 合成式干扰设备

合成式干扰设备的组成如图 4-5 所示，主要包括干扰技术产生器、波形存储器、波形合成器、数模转换器、变频器、可调谐本振、功放、天线和控制接口。

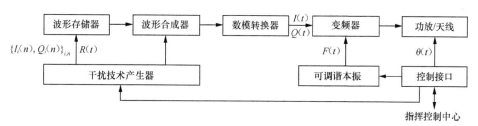

图 4-5　合成式干扰设备的组成

合成式干扰设备主要采用数字合成技术，在干扰资源有限的条件下，以最合理的干扰样式同时干扰多部目标雷达。干扰技术产生器按照指挥控制中心的指令，首先生成对雷达 i 的第 n 个脉冲的最佳正交干扰波形数据 $\{I_i(n), Q_i(n)\}_{i,n}$，并保存在波形存储器中，读出信号 $R(t)$ 控制存储波形的输出，然后将各雷达的正交干扰波形数据按照时间、功率比 p_i^2 的关系合成为基带干扰波形数据：

$$\left\{I(n) = \sum_i p_i I_i(n), Q(n) = \sum_i p_i Q_i(n)\right\}_n \qquad (4\text{-}2)$$

再将合成后的波形数据送交数模转换器，生成基带干扰信号 $I(t)$ 和 $Q(t)$，接着与调谐本振信号 $F(t)$ 混频，通过变频器变频到指定频段，最后通过功放和天线辐射到指定的 $\theta(t)$ 方向。

| 4.2　机载雷达对抗侦察 |

实现雷达对抗侦察的基本条件有下面几种。

① 目标雷达发射信号。

② 侦察接收机接收到足够强的目标雷达信号。

③ 目标雷达信号的调制方式和调制参数在侦察接收机的处理能力之内。

④ 侦察接收机能够适应其当前所在的电磁信号环境。

针对上述基本条件，本节主要介绍对雷达信号的频率测量、方向测量和定位，雷达侦察作用距离与截获概率。

4.2.1　对雷达信号的频率测量

频率是电磁波信号的重要特征参数。雷达信号的频率不仅与该雷达的用途、功能和性能等有着非常密切的关系，而且与其采用的器件、电路和工艺技术等也都有非常密切的关系。因此，雷达在设计和研制完成后，其频率的变化范围和变化能力是十分有限的。可见，频率既是雷达的固有特征，也是区分不同种类雷达的重要依据。精确测量雷达信号的频率，甚至能够区分同种、同批次雷达的不同个体，这对于雷达侦察的信号分选和辐射源检测、识别，以及引导干扰和引导反辐射武器攻击都具有非常重要的作用。

1. 频率搜索测频技术

（1）搜索式超外差测频技术

搜索式超外差测频技术实际上是超外差接收机与频率搜索技术的结合。

超外差接收机的工作原理是利用中放（中频放大器）的高增益和优良的频率选择特性，对本振与输入信号变频后的中频信号进行检测和频率测量。通过混频消除了输入信号载频的巨大差异，同时保留了窄带输入信号中的各种调制信息，以便于进行后续的各种信号处理，特别是数字信号处理，因此超外差接收机仍然广泛地应用于各种电子战接收机中。

频率搜索主要是指对变频本振的调谐和控制。

搜索式超外差测频系统的基本组成如图 4-6 所示。

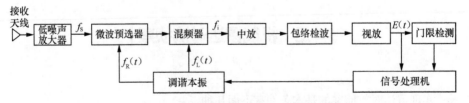

图 4-6　搜索式超外差测频系统的基本组成

雷达信号通过接收天线、低噪声放大器进入微波预选器，信号处理机通过不断调谐来设置调谐本振频率 $f_L(t)$、微波预选器当前中心频率 $f_R(t)$ 和通带 $B(t)$，使输入的雷达信号频率 f_S 能够进入 $B(t)$ 内。其中，$f_\mathrm{L}(t)$、$f_\mathrm{R}(t)$ 和 $B(t)$ 有如下关系：

$$\begin{cases} B(t) = \left[f_\mathrm{R}(t) - \dfrac{1}{2}\Delta\Omega_\mathrm{RF}, f_\mathrm{R}(t) + \dfrac{1}{2}\Delta\Omega_\mathrm{RF} \right] \\ f_\mathrm{L}(t) - f_\mathrm{R}(t) \equiv f_\mathrm{i}, \forall t \end{cases} \tag{4-3}$$

式中，f_i 为中放的中心频率；$\Delta\Omega_\mathrm{RF}$ 为任一瞬间最大可测的雷达信号频率范围。

然后，经混频器混频后的中频信号相继进入中放、包络检波和视放（视频放大器）处理流程，如果视放输出的视频脉冲包络信号 $E(t)$ 大于门限检测，就可以利用此时的调谐本振频率 $f_\mathrm{L}(t)$ 和中心频率 f_i 测量信号的频率 f_RF 了，即

$$f_\mathrm{RF} = f_\mathrm{L}(t) - f_\mathrm{i} \tag{4-4}$$

另外，还可以进一步测量信号到达时间、脉冲宽度、幅度、方向等参数，形成对单个射频脉冲检测的脉冲描述字。

当然，如果 $f_\mathrm{S} \notin B(t)$ 或其功率低于灵敏度，则不会通过门限检测，也没有脉冲描述字输出，此时需要重新调整调谐本振频率 $f_\mathrm{L}(t)$，使 f_S 进入 $B(t)$ 内。所以说，对变频本振的调谐和控制就是频率搜索的过程。

（2）射频调谐测频技术

射频调谐测频技术利用射频调谐滤波器选择特定频率的输入信号，完成对该信号频率等调制参数的测量，与超外差测频技术不同，这里不需要将射频信号变频到中频。射频调谐测频系统的基本组成如图 4-7 所示。

图 4-7　射频调谐测频系统的基本组成

信号处理机根据输入信号 S_in 设置微波预选器的中心频率 f_R，得到前后微波预选器的通带 $B(t)$ 为：

$$B(t) = \left[f_\mathrm{R} - \frac{1}{2}\Delta\Omega_\mathrm{RF}, f_\mathrm{R} + \frac{1}{2}\Delta\Omega_\mathrm{RF} \right] \tag{4-5}$$

当输入信号 S_in 的频率 f_RF 位于当前通带 $B(t)$ 内时，只要其功率大于灵敏度，则经过前后微波预选器、低噪声放大器（low noise amplifier，LNA）、检波和对数视频放大器（detector logarithmic video amplifier，DLVA）的输出信号 $E(t)$ 将大于门限检测，就可启动信号处理机进行信号频率、到达时间、脉冲宽度和幅度的测量，形成单个射频脉冲检测的部分脉冲描述字。信号载频参数的估计为：

$$\hat{f}_{RF} = f_R \tag{4-6}$$

如果 $f_{RF} \notin B(t)$ 或其功率低于灵敏度，都不会发生门限检测和脉冲描述字输出。

这其中，检波和对数视频放大器的工作原理是先用线性响应二极管检波器对输入射频信号的包络进行检波，然后在随后的视频宽带内对检波器的输出进行压缩，使之近似于一个对数变换函数。其作用是以牺牲动态范围为代价来换取尽可能宽的工作频率范围。

2. 比相法测频技术

比相法测频是一种宽带、快速的测频技术，也称为瞬时测频（instantaneous frequency measurement，IFM）。它通过射频延迟将频率变换成相位差，由宽带微波相关器将相位差转换成电压，再经过信号处理，输出信号频率测量值。

比相法测频的基本原理如图 4-8 所示。

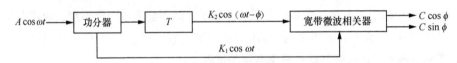

图 4-8　比相法测频的基本原理

输入信号 $A\cos\omega t$ 经过功分器分成为两路：一路直接进入宽带微波相关器，为 $K_1\cos\omega t$；另一路经过射频延迟时间 T 后再进入宽带微波相关器，为 $K_2\cos(\omega t - \phi)$，由此两路信号产生了相位差 ϕ，即

$$\phi = \omega T \tag{4-7}$$

在宽带微波相关器中，这两路信号经过正交相位检波，输出一对相位差信号，即

$$\begin{cases} U_I = C\cos\phi \\ U_Q = C\sin\phi \end{cases} \tag{4-8}$$

由于相位的无模糊测量范围仅为 $[0, 2\pi)$，所以利用式（4-8）可求得在 $[0, 2\pi)$ 区间内的相位差 ϕ，即

$$\begin{cases} \phi = \phi' + \begin{cases} 0, & U_I > 0, U_Q \geqslant 0 \\ \pi, & U_I \leqslant 0 \\ 2\pi, & U_I > 0, U_Q \leqslant 0 \end{cases} \\ \phi' = \arctan\dfrac{U_Q}{U_I} \in \left[-\dfrac{\pi}{2}, \dfrac{\pi}{2}\right] \end{cases} \tag{4-9}$$

又由于宽带微波相关器输出信号的相位差 ϕ 与被测信号频率 ω 成正比，所以在得到相位差 ϕ 后，则利用延迟 T 就可以确定 ω 了，即

$$\begin{cases} \omega = \dfrac{\phi}{T} + \dfrac{2\pi}{T}k \\[2mm] k = \begin{cases} k_1, & \phi \geqslant \phi_1 \\ k_1 + 1, & \phi < \phi_1 \end{cases} \\[4mm] k_1 = \mathrm{int}\left(\dfrac{\omega_1 T}{2\pi}\right) \\[3mm] \phi_1 = \mathrm{mod}\left(\omega_1 T, 2\pi\right) \end{cases} \tag{4-10}$$

式中，ω_1 为测量信号频率的最小值。由于相位的无模糊测量范围仅为 $\left[0, 2\pi\right)$，这限制了比相法测频的无模糊测频范围，则该测频系统的最大可测的频率范围 Ω_{RF} 有

$$\Omega_{\mathrm{RF}} \leqslant \frac{1}{T} \tag{4-11}$$

此外，为了保证信号在宽带微波相关器中具有足够的相关时间，延迟时间 T 和信号处理时间 T_{s} 之和必须小于信号脉冲宽度 τ，即

$$T + T_{\mathrm{s}} \leqslant \tau \tag{4-12}$$

3. 信道化测频技术

信道化测频技术是利用毗邻的滤波器组对输入信号进行频域滤波和检测的测频技术。它可以采用模拟滤波器组或数字滤波器组实现，分别称为模拟信道化测频技术和数字信道化测频技术。

（1）模拟信道化测频技术

模拟信道化测频技术分为直接滤波测频和基带滤波测频两种形式。

① 直接滤波测频。直接滤波测频也称为多波道测频。其系统的基本组成原理如图 4-9（a）所示，输入信号经过 n 路功分器分别馈入 n 个并行的滤波器/检波器/门限检测器，各滤波器的通带彼此邻接，如图 4-9（b）所示。

其频率响应特性为：

$$\left|H_i\left(\omega\right)\right| = \begin{cases} \geqslant H_{\mathrm{p}}, & \omega_{\mathrm{p}i} \leqslant \omega < \omega_{\mathrm{p}i+1} \\ < H_{\mathrm{s}}, & \omega < \omega_{\mathrm{s}li} \bigcup \omega > \omega_{\mathrm{s}hi} \end{cases}, \quad i \in \mathbf{N}_{n+1}^{*} \tag{4-13}$$

式中，$H_i\left(\omega\right)$ 为第 i 个滤波器的传输函数；H_{p} 和 H_{s} 分别为通带最低增益、阻带最大增益；$\omega_{\mathrm{p}i}$、$\omega_{\mathrm{p}i+1}$、$\omega_{\mathrm{s}li}$、$\omega_{\mathrm{s}hi}$ 分别为通带低、高边沿频率和阻带低、高边沿频率。各滤波器/检波器的输出分别通过各自的门限检测器，当输出高于门限检测 $U_{\mathrm{T}i}$ 时，

$d_i = 1$，否则为零。若第 i 个滤波器输出超过了门限检测，则以该滤波器通带中心频率形成频率估计输出：

$$\hat{\omega} = \frac{\omega_{\mathrm{p}i} + \omega_{\mathrm{p}i+1}}{2}, \quad d_i = 1, \quad \forall i \in \mathbf{N}_{n+1}^{*} \tag{4-14}$$

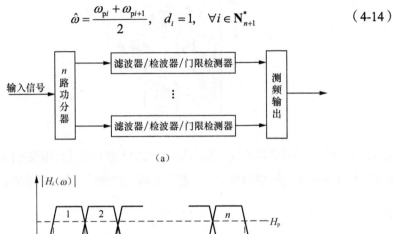

（a）

（b）

图 4-9　直接滤波测频系统

门限检测 $U_{\mathrm{T}i}$ 可根据各信道噪声背景的差别分别设置。当信号频率处于相邻滤波器边沿附近时，可能会在两个相邻通道同时发生检测输出，为此也可以由下式构成测频的估计输出：

$$\hat{\omega} = \begin{cases} \omega_{\mathrm{p}i}, & d_{i-1} = d_i = 1 \\ \dfrac{\omega_{\mathrm{p}i} + \omega_{\mathrm{p}i+1}}{2}, & d_i = 1, d_{i-1} = d_{i+1} = 0, \forall i \in \mathbf{N}_{n+1}^{*} \\ \omega_{\mathrm{p}i+1}, & d_i = d_{i+1} = 1 \end{cases} \tag{4-15}$$

根据式（4-15），由 n 个毗邻滤波器可获得 $2n-1$ 个信道分划和测频输出。通常被测信号的瞬时谱宽远小于每个滤波器的带宽，在一般情况下，单个雷达信号脉冲的频谱最多占用两个相邻信道，适于采用式（4-15）的测频估计。

② 基带滤波测频。基带滤波测频就是先将被测信号变频到特定基带再测频。该测频技术常用的部件为声表面波（surface acoustic wave，SAW）滤波器组。如图 4-10 所示，声表面波滤波器组集成了驱动放大器、电声换能器、声电换能器和包

络检波器。输入的基带信号首先经过驱动放大器、电声换能器，将电信号转化为声波，以声波形式传播，不同频率的声波经过不同的路径输出到声电换能器，由声电换能器恢复成基带电信号，并通过包络检波器输出脉冲信号包络，这相当于对输入的基带信号进行了 N 路滤波。典型声表面波滤波器组的基带频率范围为 $240 \sim 640\ \text{MHz}$，每个滤波器的通带宽度为 $10 \sim 20\ \text{MHz}$。

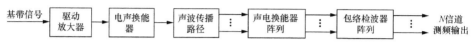

图 4-10　声表面波滤波器组的组成

由于单个声表面波滤波器的带宽有限，所以基带滤波测频是通过多次变频，逐渐使宽带输入信号变频到多个并行的基带，再进行滤波测频的技术。

声表面波滤波器组主要具有以下优点：设计灵活性强、模拟/数字兼容、群延迟时间偏差和频率选择优良（可选频率范围为 $10\ \text{MHz} \sim 3\ \text{GHz}$）、输入输出阻抗误差小、传输损耗小、抗电磁干扰性能好、可靠性高、制作的器件体积小、重量轻，而且能够实现多种复杂的功能。声表面波滤波器组的特征和优点正适应了现代电子信息系统轻薄短小化、高频化、数字化、高性能、高可靠性等方面的要求，所以在雷达、通信和电子对抗中得到了广泛的应用。声表面波滤波器组的不足之处在于所需基片材料较贵，对基片的定向、切割、抛光和制造工艺要求较高，以及会受基片结晶工艺苛刻和制造精度要求较严的影响[2]。

（2）数字信道化测频技术

数字信道化测频是利用宽带数字接收机和数字信号处理技术测量和分析输入信号频率的技术。由于直接进行数字处理的射频带宽有限，所以数字信道化测频前都需要通过模拟接收前端，将需要处理的射频信号变频到一定的基带 $[f_1, f_2]$，再经过模数转换器成为基带数字信号。为了扩展处理带宽，通常采用图 4-11 所示的零中频（零中频就是信号直接由射频变到基带，不经过中频的调制解调方法）正交双通道处理系统，将输入的基带信号经分路器送入正交变换器，生成两路正交信号，经视放和双路模数转换器后转变为数字信号，然后进行数字信道化测频处理。如果有门限检测信号支持，则数字信道化测频仅在包络时间内进行，否则必须全时进行。

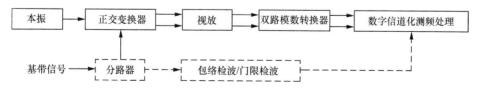

图 4-11　零中频正交双通道处理系统的组成

基本的数字信道化测频主要采用加窗短时傅里叶变换（short time Fourier transform，STFT）算法：

$$F(n,k)=\sum_{i=0}^{N-1}w(i)s(n+i)\mathrm{e}^{-\mathrm{j}\frac{2\pi ik}{N}},\quad k=-\frac{N}{2},\cdots0,\cdots,\frac{N}{2}-1 \quad (4\text{-}16)$$

式中，$\{s(n)=I(n)+\mathrm{j}Q(n)\}_n$ 为输入信号的正交采样序列；$\{w(i)\}_{i=0}^{N-1}$ 为滤波器窗函数，用以提高滤波器的带外抑制，增加测频动态范围，常用汉明窗、汉宁窗等，加窗后虽然不改变 Δf，但会提高交点电平和信道的 3 dB 带宽；N 为窗口宽度，一般根据系统要求的频率分辨率 Δf 设置 N，即

$$N=\frac{1}{\Delta fT} \quad (4\text{-}17)$$

式中，T 为采样周期。

4.2.2 对雷达信号的方向测量和定位

雷达信号的来波方向和位置是机载雷达对抗侦察中非常重要的信息。对雷达信号的测向就是测量雷达辐射电磁波信号的等相位波前方向，对雷达信号的定位就是确定其发射天线及雷达系统在空间中的地理位置。

1. 机载雷达对抗侦察设备测向定位的主要作用

（1）信号分选和识别

在机载雷达对抗侦察工作的信号环境中存在大量的辐射源和散射源，各种源的来波方向是区分它们的重要依据之一，且受外界的影响小，具有相对的时间稳定性，因此辐射源方向一直是机载雷达对抗侦察设备中信号分选和识别的重要参数。

（2）引导干扰方向

由于大部分雷达天线收发共用或者收发天线之间间距很小，故为了将干扰功率集中到需要干扰的目标雷达方向，首先需要测量该雷达方向，然后引导干扰发射天线波束对准该方向。

（3）引导武器系统攻击

根据测出的目标雷达方向和位置，就可以引导反辐射导弹、攻击型无人机和其他火力攻击武器对其实施杀伤。

（4）提供告警信息

机载雷达对抗侦察设备测向定位为作战人员和系统提供威胁告警，指示威胁

方向和威胁程度等，以便采取战术机动或其他应对措施。

（5）提供辐射源方向和位置情报

机载雷达对抗侦察设备测向定位提供信号环境中大量辐射源方向和位置的情报，辅助战场指挥和决策。

在机载雷达对抗侦察中，单个机载平台通常采用振幅法测向和相位法测向。由于测向天线阵的基线长度较小，故不采用时差法测向。测向方法与机载通信对抗载荷的测向一致，此处不再赘述。

2. 对雷达辐射源的定位

对雷达辐射源的定位是机载雷达对抗侦察中的一项重要工作。机载雷达对抗侦察设备对雷达辐射源的定位方式与 GPS 的定位不同，它不能直接获得雷达辐射源的三维位置坐标，这里的定位是指利用雷达辐射源的来波方向和雷达辐射源的距离来确定雷达辐射源的位置。对雷达辐射源的测向可以利用前面介绍的测向方法完成，但是机载雷达对抗侦察设备是无源系统，无法像雷达那样利用发射和接收信号进行测距，因此对雷达辐射源的定位需要有其他条件的辅助[3]。下面主要介绍单机定位。

单机定位是指只有一架侦察机（无人机）参与的定位，主要定位方法有飞越目标定位法、方位/仰角定位法、测向/方向变化率定位法、测向/相位差变化率定位法、测向/功率比定位法等。

（1）飞越目标定位法

飞越目标定位法利用垂直下视锐波束天线和已知的自身高度 H 对地/海面雷达辐射源进行探测和定位，如图 4-12 所示。

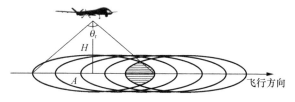

图 4-12　飞越目标定位法的工作原理

侦察机在飞行过程中一旦发现目标雷达信号，立即将该信号（一般为射频脉冲）的测量参数、发现的起止时间和飞行器的导航数据、姿态数据等记录下来，进行实时定位，并向地面指挥控制中心回传数据进行分析处理。每一个记录都对应一个波束在地面的投影 A，每个投影都是雷达辐射源位置的模糊区，其面积为：

$$S = \pi \left(H \tan \frac{\theta_r}{2} \right)^2 \tag{4-18}$$

式中，θ_r 为波束宽度；H 为侦察机飞行高度。

对于固定目标，可将该雷达辐射源的 N 个测量记录 $\{A_i\}_{i=0}^{N-1}$ 整理成投影序列，投影的交集即为雷达辐射源所在区域，如图 4-12 所示的阴影区域。显然，收到同一雷达辐射源的脉冲越多，定位的模糊区就越小。

（2）方位/仰角定位法

方位/仰角定位法是利用侦察机上的斜视锐波束对地面/海面雷达辐射源进行探测定位。在图 4-13 中，β 为下视斜角，θ_α 为方位向波束张角，θ_β 为距离向波束张角，H 为侦察机飞行高度。同飞越目标定位法类似，每一个接收脉冲将在斜视方向的地/海面形成一个投影椭圆，其长轴、短轴和椭圆面积分别为：

$$\begin{cases} a = H \csc \beta \tan \dfrac{\theta_\alpha}{2} \\ b = \dfrac{H}{2}\left[\cot\left(\beta - \dfrac{\theta_\beta}{2}\right) - \cot\left(\beta + \dfrac{\theta_\beta}{2}\right) \right] \\ S = \pi ab \end{cases} \tag{4-19}$$

显然，它受下视斜角 β 的影响很大。当 $\beta = \pi/2$ 时，方位/仰角定位法与飞越目标定位法一致，定位模糊区面积最小；当 β 很小时，模糊区面积很大，甚至无法定位。N 个接收脉冲的定位模糊区形成交集就是辐射源所在区域。

（3）测向/方向变化率定位法

测向/方向变化率定位法的工作原理如图 4-14 所示，θ、$\theta + \Delta\theta$ 分别为初始时刻（$t=0$）与时刻 t 测得的雷达辐射源方向，$d = vt$ 为侦察机的直线运动距离，R 为 t 时刻雷达辐射源至侦察机的距离。

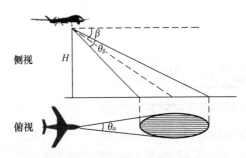 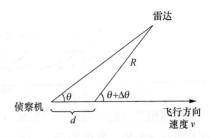

图 4-13　方位/仰角定位法的工作原理　　图 4-14　测向/方向变化率定位法的工作原理

根据正弦定理，可得：

$$\frac{R}{\sin\theta} = \frac{d}{\sin[\pi - \theta - (\pi - \theta - \Delta\theta)]} \tag{4-20}$$

整理后，可得：

$$R = \frac{d \sin\theta}{\sin\Delta\theta} \tag{4-21}$$

对式（4-21）求全微分，并以相对距离误差表示：

$$\frac{\mathrm{d}R}{R} = \cot\theta\mathrm{d}\theta - \cot\Delta\theta\mathrm{d}\Delta\theta \tag{4-22}$$

式（4-22）表明：在 $\theta = \pm\pi/2$ 方向，测距误差最小；在 $\theta = 0$，π 方向，不能测距；$\Delta\theta$ 越大，测距误差越小。由于直线运动距离与时间成正比，根据式（4-21）可求得测距需要的时间为：

$$t = \frac{R}{v}\frac{\sin\Delta\theta}{\sin\theta} \tag{4-23}$$

式（4-23）表明：对于给定的方向变化 $\Delta\theta$，雷达辐射源距离越远、运动速度越慢、θ 越偏离 $\pm\pi/2$，则需要的定位时间越长。

采用振幅法测向和相位法测向技术的侦察机都可以应用上述方法对雷达辐射源进行定位。

（4）测向/相位差变化率定位法

由式（4-22）可知，若要减小定位误差，就需要较大的方向变化，也就是说，侦察机需要飞行较长的距离才能累积出足够的方向变化，而相位差变化率比方向变化率更灵敏，因此使用相位差变化更有利于减小定位时间。测向/相位差变化率定位法利用多副天线共同定位，因此适用于采用相位法测向的侦察机。

在图 4-15 中，两天线的间距为 d，初始时刻信号方向与天线阵法线方向的测向值为 θ，初始时刻（$t = 0$）和时刻 t 测得的雷达辐射源距两天线的距离分别为 $R_0(t)$ 和 $R_1(t)$，根据余弦定理，可得

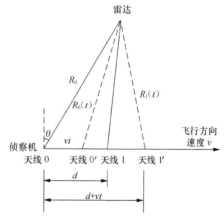

图 4-15 测向/相位差变化率定位法的工作原理

$$\begin{cases} R_0(t) = \sqrt{R_0^2(0) + (vt)^2 - 2R_0(0)vt\sin\theta} \\ R_1(t) = \sqrt{R_0^2(0) + (d + vt)^2 - 2R_0(0)(d + vt)\sin\theta} \end{cases} \tag{4-24}$$

雷达辐射源信号到达两天线的相位差 $\phi(t)$ 和相位差变化率 $\phi'(t)$ 分别为：

$$\begin{cases} \phi(t) = \dfrac{2\pi}{\lambda}\big[R_0(t) - R_1(t)\big] \\[3mm] \phi'(t) = \dfrac{2\pi}{\lambda}\left[\dfrac{\partial R_0(t)}{\partial t} - \dfrac{\partial R_1(t)}{\partial t}\right] \\[3mm] \qquad = \dfrac{2\pi v}{\lambda}\left[\dfrac{vt - R_0(0)\sin\theta}{R_0(t)} - \dfrac{d + vt - R_0(0)\sin\theta}{R_1(t)}\right] \end{cases} \quad (4\text{-}25)$$

由于 $R_0(0) \gg d$，$R_0(0) \gg d + vt$，对式（4-24）的距离取泰勒近似，并代入式（4-25）可得：

$$\begin{cases} R_0(t) \approx R_0(0) - vt\sin\theta \\[2mm] R_1(t) \approx R_0(0) - (d + vt)\sin\theta \end{cases} \quad (4\text{-}26)$$

$$\begin{aligned} \phi'(t) &\approx \dfrac{2\pi v}{\lambda}\left[\dfrac{vt - R_0(0)\sin\theta}{R_0(0) - vt\sin\theta} - \dfrac{d + vt - R_0(0)\sin\theta}{R_0(0) - (d + vt)\sin\theta}\right] \\[3mm] &\approx -\dfrac{2\pi v}{\lambda}\left[\dfrac{d}{R_0(0) - vt\sin\theta}\right] \end{aligned} \quad (4\text{-}27)$$

辐射源的方向 θ 可由测向得到，通过相位差变化率 $\phi'(t)$，可测得雷达辐射源距离为：

$$R_0(0) \approx vt\sin\theta - \dfrac{2\pi vd}{\lambda\phi'(t)} \quad (4\text{-}28)$$

相位差变化率可通过两个时刻的相位差计算，并需要无模糊约束条件：

$$\phi'(t) = \dfrac{1}{t}[\phi(t) - \phi(0)], \quad |\phi'(t)| < \pi \quad (4\text{-}29)$$

对式（4-28）求全微分，可得：

$$\partial R_0(0) \approx vt\cos\theta\partial\theta - \dfrac{2\pi vd}{\lambda\phi'^2(t)}\partial\phi'(t) \quad (4\text{-}30)$$

结果表明：在天线 0、1 的法线方向（ $\theta = \pm\pi/2$ ）测向误差的影响最小；$\phi'(t)$ 越大，测距精度越高。而为了提高 $\phi'(t)$，就需要侦察机增加观测时间，在飞行过程中多次测量相位差，然后用短时间相位差对长时间相位差进行解模糊。

（5）测向/功率比定位法

根据测向/方向变化率定位法中侦察机与雷达辐射源的几何位置关系，设 $d = vt$ 为 0 至 t 时刻侦察机的直线运动距离，θ 为 0 时刻的测向值，$R(t)$ 为 t 时刻雷达辐射源与侦察机的距离，根据余弦定理，可得：

$$\begin{cases} R^2(t) = R^2(0) + (vt)^2 - 2R(0)vt\cos\theta \\ P_r(t) = \dfrac{E_t\lambda^2 G_r[\theta(t)]\gamma_r}{(4\pi R(t))^2} \end{cases} \quad （4\text{-}31）$$

式中，$P_r(t)$ 为侦察机接收雷达辐射源信号的功率；E_t 为在侦收方向的雷达辐射源信号的功率；$G_r(t)$ 为侦察天线在辐射源方向 $\theta(t)$ 的增益；λ 为信号波长；γ_r 为接收天线极化损失。侦察机在初始时刻（$t=0$）和时刻 t 接收信号的功率比为：

$$\begin{cases} \dfrac{P_r(t)}{P_r(0)} = c(t)\dfrac{R^2(0)}{R^2(t)} = r(t) \\ c(t) = \dfrac{G_r[\theta(t)]}{G_r[\theta]} \end{cases} \quad （4\text{-}32）$$

代入式（4-31），可求得距离为：

$$R(t) = vt\sqrt{c(t)} \times \frac{\sqrt{r(t)}\cos\theta \pm \sqrt{c(t) - r(t)\sin^2\theta}}{r(t) - c(t)} \quad （4\text{-}33）$$

式（4-31）中的两个根有一个为虚根，通常在侦察机朝向雷达辐射源飞行时，$r(t)>1$，取正根；反之，在背向雷达辐射源飞行时，$r(t)<1$，取负根。此时式（4-33）可简化为：

$$R(t) = \begin{cases} \dfrac{vt}{\sqrt{r(t)} - 1}, & \theta = 0, c(t) = 1, r(t) > 1 \\ \dfrac{vt}{1 - \sqrt{r(t)}}, & \theta = \pi, c(t) = 1, r(t) < 1 \end{cases} \quad （4\text{-}34）$$

对准雷达辐射源飞行是测向/功率比定位最合适的工作方式，因为此时 $c(t)=1$，可以不考虑侦察机在运动过程中接收天线方向图的变化，有利于简化计算和提高定位精度。由于功率比测量需要一定的时间，且影响接收信号功率的因素很多，特别是雷达辐射源波束扫描的影响，故一般需要锁定接收到的最大信号功率才能进行定位。另外，功率测量的精度较差将导致定位精度偏低。

4.2.3　雷达侦察作用距离与截获概率

机载雷达对抗侦察主要采用无源侦收的方法来检测所在环境中的目标雷达辐射信号，并从中获取有用信息。实现无源侦收的最基本条件之一就是进入侦察接收机的信号功率高于系统灵敏度 $P_{r\min}$。雷达侦察作用距离表现了机载雷达对抗侦察设备对雷达辐射源能量的检测能力。由于雷达辐射与机载雷达对抗侦察之间是非协作的，相互作用具有一定的随机性，侦察截获概率表现了侦察截获这一随机事件的统计特性。

1. 侦察接收机的灵敏度

侦察接收机的灵敏度 $P_{r\min}$ 是指使侦察接收机能够完成正常的信号检测、参数测量等侦察处理任务的接收机输入端的最小输入信号功率。由于大多数雷达辐射源采用射频脉冲信号，在一般情况下，机载雷达对抗侦察设备对这些信号处于非匹配接收和处理状态，只能对瞬时接收带宽内的所有信号都进行包络检波和门限检测，当包络信号超过判决门限时判定为有信号，并进行相应的信号参数测量。

2. 侦察作用距离

侦察作用距离是衡量机载雷达对抗侦察设备探测雷达辐射源的能力的一个重要参数。机载雷达对抗侦察是直接接收雷达辐射源的辐射信号，为单程工作，而雷达辐射源是接收目标的反射回波，为双程工作。在作用距离上，机载雷达对抗侦察具有明显优势。但在信号处理方面，雷达辐射源具有较多的先验知识可用，具有明显的匹配信号处理优势。在实际工作中，机载雷达对抗侦察的作用距离可能大于雷达辐射源的作用距离，但对于峰值功率很低的低截获概率雷达辐射源，截获也并非易事。

（1）侦察方程

在忽略大气传播衰减、系统损耗、地面和海面反射等因素影响的情况下，假设侦察机与目标雷达（雷达辐射源）的相对位置和空间波束互指，如图 4-16 所示。

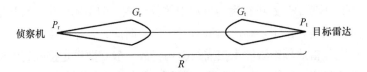

图 4-16　无人机与目标雷达的空间关系

侦察接收天线接收到的目标雷达发射的信号功率为：

$$P_r = \frac{P_t G_t A_r \gamma_r}{4\pi R^2} \qquad (4\text{-}35)$$

式中，P_t、G_t、A_r、γ_r、R 分别为目标雷达发射的脉冲功率、天线增益、侦察接收天线的有效接收面积、侦察接收天线极化与雷达信号极化失配损失、目标雷达发射天线与侦察接收天线之间的距离。侦察接收天线的有效接收面积 A_r 与天线增益

G_r 和波长 λ 的关系为：

$$A_r = \frac{G_r \lambda^2}{4\pi} \qquad (4\text{-}36)$$

将式（4-36）代入式（4-35），可得：

$$P_r = \frac{P_t G_t G_r \lambda^2 \gamma_r}{(4\pi R)^2} \qquad (4\text{-}37)$$

将侦察接收机的灵敏度 $P_{r\min}$ 代入式（4-37）中的接收信号功率[4]，可得侦察作用距离为：

$$R_r = \left(\frac{P_t G_t G_r \lambda^2 \gamma_r}{(4\pi)^2 P_{r\min}} \right)^{\frac{1}{2}} \qquad (4\text{-}38)$$

如果考虑目标雷达发射机到目标雷达发射天线之间的传输损耗 L_1、目标雷达发射天线波束非矩形引起的损耗 L_2、侦察接收天线波束非矩形引起的损耗 L_3、侦察天线到接收机之间的传输损耗 L_4、宽带侦察带内的起伏损耗 L_5 等，则需要对式（4-38）进行修正：

$$\begin{cases} R_r = \left(\dfrac{P_t G_t G_r \lambda^2 \gamma_r}{(4\pi)^2 P_{r\min} 10^{0.1L}} \right)^{\frac{1}{2}} \\ L = \displaystyle\sum_{i=1}^{5} L_i \end{cases} \qquad (4\text{-}39)$$

如果考虑大气传播衰减，则式（4-39）进一步修正为：

$$R_r = \left(\frac{P_t G_t G_r \lambda^2 \gamma_r}{(4\pi)^2 P_{r\min} 10^{0.1L}} \times 10^{-0.1\delta R_r} \right)^{\frac{1}{2}} \qquad (4\text{-}40)$$

式中，δ 为单位距离的大气传播衰减。

由于在微波频段以上的电磁波是近似直线传播的，地球表面的弯曲对其传播有遮蔽作用，所以侦察机与目标雷达之间的直视距离受到限制。假设直视距离为 R_{sr}，对目标雷达信号的侦察必须同时满足能量条件和直视距离条件，所以实际的侦察作用距离 R_r' 是二者的最小值：

$$R_r' = \min\{R_r, \ R_{sr}\} \qquad (4\text{-}41)$$

（2）侦察作用距离对目标雷达作用距离的优势

假设载有侦察接收机的作战平台也是目标雷达探测的目标，在忽略大气传播影响的简化条件下，目标雷达对目标的探测距离 R_a 和侦察机对目标雷达的探测距

离 R_r 分别为:

$$\begin{cases} R_a = \left(\dfrac{P_t G_t^2 \lambda^2 \sigma}{(4\pi)^3 P_{a\,min}} \right)^{\frac{1}{4}} \\ R_r = \left(\dfrac{P_t G_t G_r \lambda^2 \gamma_r}{(4\pi)^2 P_{r\,min}} \right)^{\frac{1}{2}} \end{cases} \tag{4-42}$$

式中,σ 为目标的雷达截面积;$P_{a\,min}$ 为目标雷达接收机灵敏度。如果目标高度为 H_t(由于侦察天线在目标上的安装位置不同,可能使 $H_t \ne H_r$),则双方的直视距离分别为:

$$\begin{cases} R_{sa} = 4.1\left(\sqrt{H_a} + \sqrt{H_t} \right) \\ R_{sr} = 4.1\left(\sqrt{H_a} + \sqrt{H_r} \right) \end{cases} \tag{4-43}$$

双方实际的作用距离分别为:

$$\begin{cases} R'_a = \min\{R_a,\ R_{sa}\} \\ R'_r = \min\{R_r,\ R_{sr}\} \end{cases} \tag{4-44}$$

侦察对目标雷达作用距离的优势表现为作用距离之比(即优势比 r)大于所要求的数值:

$$\frac{R'_r}{R'_a} = r \geqslant 1 \tag{4-45}$$

3. 侦察截获概率与截获时间

机载雷达对抗侦察设备要实现对雷达辐射源的侦收,就需要经过侦察接收机的前端截获和系统截获,最终输出对雷达辐射源检测和识别的结果。其中,前端截获是指对射频信号接收、检测、信号参数测量;系统截获是指信号分选,辐射源检测,参数估计、识别。

前端截获是系统截获的前提和保证,二者具有先后的因果关系和数据流向。在集中式雷达侦察系统,如地面雷达侦察设备中,它们位于同一侦察平台上;而在机载雷达对抗侦察设备中,尤其是电子对抗无人机平台上,前端截获通常在机载载荷上完成,系统截获则在地面数据处理系统上完成,载机和地面系统通过数据链路实现数据连接和交互。

(1)前端的截获概率与截获时间

除了能量和直视距离条件以外,机载雷达对抗侦察设备的前端是一个在时域、频域、空域、能量、极化等多维信号空间中的"滤波器",只有当输入信号的时域、频域、空域、能量、极化等特征落入"滤波器"带内时，才能够被接收机前端截获。因此前端截获事件包括了以下具体含义。

① 时域截获是指对某一信号的侦收时间大于有效识别该信号所需的时间。

② 空域截获是指侦察天线的波束宽度指向目标雷达，且目标雷达天线的波束宽度指向侦察天线。波束宽度常用半功率波束宽度定义。理想情况的空域截获是被侦察信号的波束主瓣进入侦察天线的主瓣；其次是被侦察信号的波束副瓣进入侦察天线的主瓣或被侦察信号的波束主瓣进入侦察天线的副瓣；最基本的也应使侦察天线的副瓣与被侦察信号发射天线的副瓣相交叠。此外，有些侦察平台也会采用全向侦察天线，其波束覆盖所有侦察方向；旁瓣侦察是指无论雷达天线波束指向哪里，侦察天线的主瓣波束都能够对其进行侦察接收；如果既为全向侦察天线，又满足旁瓣侦察条件，则无论双方的天线如何指向，都能够进行侦察接收。

③ 频域截获是指目标雷达发射信号的频谱全部或者部分落入侦察接收机当前的测频带宽内，且功率高于侦察接收机的灵敏度。

④ 能量截获是指接收到的目标雷达信号功率高于侦察接收机的灵敏度。

⑤ 极化截获是指目标雷达发射信号的极化位于侦察接收天线当前的极化测量范围内。由于侦察接收天线经常采用圆极化，能够接收各种线极化信号，只有 1/2 的能量损失计入系统损耗，所以一般不再单独列出。

前端的截获概率和截获时间是多维空间中的几何概率问题，可以采用时间窗口函数模型来描述，如图 4-17 所示。

将每一维截获条件都转换成为一个标准的时间窗口函数 (T_i, τ_i)。其中，T_i 为第 i 维截获条件的平均搜索周期，τ_i 为平均搜索窗口宽度，且 $T_i \geqslant \tau_i$，$i \in \mathbf{N}_{n+1}^{*}$。各窗口函数与被测信号是独立和随机的，

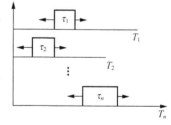

图 4-17　多重搜索窗重合示意

前端的截获事件等效为某一时刻 n 维时间窗口的重合，则该事件的概率统计特性按照下列公式分析计算。

平均重合时间宽度 $\bar{\tau}_0$：

$$\bar{\tau}_0 = \left(\sum_{i=1}^{n} \frac{1}{\tau_i} \right)^{-1} \qquad (4\text{-}46)$$

任意时刻的重合概率 P_0：

$$P_0 = \prod_{i=1}^{n} \frac{\tau_i}{T_i} \qquad (4\text{-}47)$$

由于在统计平均意义上，$P_0 = \overline{\tau}_0 / \overline{T}_0$，所以平均重合周期 $\overline{T}_0$：

$$\overline{T}_0 = \frac{\overline{\tau}_0}{P_0} = \frac{\prod\limits_{i=1}^{n} \dfrac{T_i}{\tau_i}}{\sum\limits_{i=1}^{n} \dfrac{1}{\tau_i}} \tag{4-48}$$

前端的截获概率 $P_k(T)$ 是指在 T 时间内对指定的雷达辐射源信号发生 k 次以上重合的概率。由于各次截获事件在 T 时间内不断出现且各自独立，因此可用泊松流来描述，其中平均重合周期的倒数 $1/\overline{T}_0$ 即为重合事件发生的流密度[5]。该事件包括：

① 在起始时刻即发生了一次重合，在后续时间里又发生了 $k-1$ 次以上重合；

② 在起始时刻未发生重合，在后续时间里又发生了 k 次以上重合。

$$P_k(T) = P_0 \sum_{i=k-1}^{\infty} \frac{1}{i!} \left(\frac{T}{\overline{T}_0} \right)^i e^{-T/\overline{T}_0} + (1-P_0) \sum_{i=k}^{\infty} \frac{1}{i!} \left(\frac{T}{\overline{T}_0} \right)^i e^{-T/\overline{T}_0}$$

$$= 1 + e^{-T/\overline{T}_0} \left(\frac{P_0}{(k-1)!} \left(\frac{T}{\overline{T}_0} \right)^{k-1} - \sum_{i=0}^{k-1} \frac{1}{i!} \left(\frac{T}{\overline{T}_0} \right)^i \right) \tag{4-49}$$

当 $k=1$ 时，前端截获概率为：

$$P_1(T) = 1 - (1-P_0) e^{-T/\overline{T}_0} \tag{4-50}$$

如果机载雷达对抗侦察设备采用搜索法测向，则空域截获条件具有两个窗函数，分别为侦察接收天线的搜索窗 $\left(T_R, T_R \dfrac{\theta_r}{\Omega_{AOA}} \right)$ 和目标雷达天线的扫描窗 $\left(T_a, T_a \dfrac{\theta_a}{\Omega_a} \right)$；同理，如果机载雷达对抗侦察设备采用搜索法测频，则频域截获条件也具有两个窗函数，分别为侦察接收机的频率搜索窗 $\left(T_f, T_f \dfrac{\Delta\Omega_{RF}}{\Omega_{RF}} \right)$ 和目标雷达信号的脉冲工作窗 (T_r, τ)。显然，$P_k(T)$ 既与机载雷达对抗侦察设备有关，也与目标雷达有关。

如果机载雷达对抗侦察设备前端具有对同时多信号进行检测和测量的能力，也就是能够对发生在重合窗内的多信号进行同时、准确的测量和分辨，那么信号重叠时的信号丢失概率 $P_{miss} = 0$。如果有些机载雷达对抗侦察设备没有对同时多信号进行检测、测量的能力，则当重合窗内存在多信号时将会有信号丢失或测量错误，导致信号丢失概率 $P_{miss} \neq 0$。

假设在机载雷达对抗侦察设备的检测范围内存在 n 部雷达，第 i（$i=1,2,\cdots,n$）雷达的脉冲重复周期为 t_{PRI_i}、脉冲宽度为 τ_{PW_i}，则在第 i 部雷达脉宽内与其他雷达信号的重合概率为：

$$P_{ci} = \prod_{\substack{j=1 \\ j \neq i}}^{n} \left(1 - \frac{\tau_{\mathrm{PW}_i} + \tau_{\mathrm{PW}_j}}{t_{\mathrm{PRI}_j}} \right), i \in \mathbf{N}_{n+1}^{*} \tag{4-51}$$

式（4-51）表明，各雷达信号的重合概率与信号环境中辐射源数量、脉冲宽度有关，雷达辐射源数量越多，脉冲宽度越大，则发生的重合概率也越大；而如果在带内存在连续波雷达，则必然发生重合。

对于某些没有同时多信号分辨和处理能力的机载雷达对抗侦察设备前端，在 T 时间内对指定的雷达辐射源信号 i 发生 k 次以上重合的概率为：

$$P_k^i(T) = P_{ci} P_k(T) \tag{4-52}$$

当 $k = 1$ 时，对于给定的截获概率 P_1^i，截获时间 T 为：

$$T = \overline{T}_0 \ln \frac{1 - P_0}{1 - P_1^i / P_{ci}} \tag{4-53}$$

（2）系统截获概率与截获时间

机载雷达对抗侦察设备的截获是在前端截获的基础上通过信号处理软件来完成的。在一般情况下，只要前端正确完成了信号检测和参数测量，且该雷达辐射源特性又处于机载雷达对抗侦察设备数据库和知识库的处理范围之内，则经过侦察信号处理是能够完成雷达辐射源检测和识别的，所需要的处理时间则主要取决于信号处理机的处理速度和信号环境的复杂程度。

| 4.3　机载雷达干扰 |

按照干扰信号的作用原理，机载雷达干扰可分为压制性干扰和欺骗性干扰，在作战使用中，可以对目标雷达的部分探测空间（如存在真实目标的空间）实施压制性干扰，对其他探测空间（如不存在真实目标的空间）实施欺骗性干扰。

4.3.1　压制性干扰

雷达干扰的目的是破坏或扰乱目标雷达对真实目标信息的检测。

雷达获取目标信息的过程如图 4-18 所示。雷达发射电磁波信号 $s_{\mathrm{T}}(t)$，当该信号照射到目标时，$s_{\mathrm{T}}(t)$ 会受到目标距离、角度、速度等参数特性的调制，形成回波信号 $s_{\mathrm{R}}(t)$，该信号又因为内外噪声、杂波、多径回波等影响叠加了噪声信号 $c(t)$，在雷达接收机（包括信号处理机）中，通过对接收信号 $s_R(t)$ 的放大、滤波和解调，可得到有关目标距离、角度、速度等信息，但是噪声会影响雷达检测目标的能力。由此可知，如果在 $s_R(t)$ 中引入人为噪声干扰信号就可以干扰雷达探测目标。

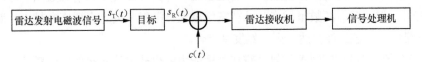

图 4-18 雷达获取目标信息的过程

1. 压制性干扰的作用与分类

（1）压制性干扰的作用

压制性干扰的作用就是用噪声或类似噪声的干扰信号压制目标回波信号，阻止雷达检测目标信息，其基本原理是降低雷达检测目标时的信噪比 S/N（其中 S、N 分别为接收机线性系统输出端的目标回波信号功率和高斯噪声功率）。根据雷达检测原理，在给定虚警概率 P_{fa} 的条件下，检测概率 P_d 将随 S/N 的降低而相应降低，从而影响雷达检测目标。

（2）压制性干扰的分类

按照干扰信号中心频率 f_{j0}、谱宽 Δf_j 相对于目标雷达信号中心频率 f_s、谱宽 Δf_r 的相对关系，压制性干扰可以分为瞄准式干扰、阻塞式干扰和扫频式干扰。

① 瞄准式干扰。瞄准式干扰一般满足：

$$f_{j0} \approx f_s, \Delta f_j \leqslant (2 \sim 5)\Delta f_r \qquad (4\text{-}54)$$

瞄准式干扰需要先利用机载雷达对抗侦察设备测得目标雷达信号中心频率 f_s 和谱宽 Δf_r，再将干扰信号频率 f_{j0} 调谐到 f_s 处，用尽可能窄的 Δf_j 覆盖 Δf_r，这一过程称为频率引导，设备组成如 4.1.2 节中引导式干扰设备所述；也可以直接利用接收到的目标雷达信号 $s_T(t)$，经过适当的压制性干扰调制再转发给目标雷达，设备组成如 4.1.2 节中转发式干扰设备所述。

瞄准式干扰的主要优点是在目标雷达信号频带内的干扰功率强，因而也是压制性干扰的首选方式；缺点是对频率引导的要求较高，当目标雷达为频率捷变雷达时，f_s 在脉间大范围快速变化，则干扰机必须具备快速引导跟踪的能力。

② 阻塞式干扰。阻塞式干扰一般满足：

$$\Delta f_j > 5\Delta f_r,\ f_s \in \left[f_{j0} - \frac{\Delta f_j}{2},\ f_{j0} + \frac{\Delta f_j}{2} \right] \qquad (4\text{-}55)$$

由于阻塞式干扰的干扰频带 $\left[f_{j0}-\Delta f_j/2,\ f_{j0}+\Delta f_j/2\right]$ 较宽，可以相应地降低对频率引导精度的要求，并且可以同时干扰 Δf_j 带内的所有雷达，包括频率变化在干扰频带内的频率捷变和频率分集雷达。阻塞式干扰的主要缺点是由于干扰带宽 Δf_j 较大，因而带内的干扰功率密度较低，此外，在没有目标雷达信号频谱的频域也有干扰能量，从而造成干扰功率的浪费。因此近年来阻塞式干扰已经逐渐被分集瞄准式干扰所取代，分集瞄准式干扰同时瞄准多个中心频率，相当于多个瞄准式干扰共同作用。

③ 扫频式干扰。扫频式干扰一般满足：

$$\Delta f_j \leqslant (2\sim5)\Delta f_r,\ f_s=f_j(t),\ t\in[0,\ T] \tag{4-56}$$

即干扰信号中心频率 $f_j(t)$ 是覆盖 f_s、以 T 为周期、在扫频范围 $[\min\limits_{0\leqslant t\leqslant T}f_j(t),$ $\max\limits_{0\leqslant t\leqslant T}f_j(t)]$ 内连续调谐的函数。扫频式干扰可以对干扰频带内的各目标雷达形成周期性间断的强干扰。由于扫频范围较大，也可以降低对频率引导的要求，同时干扰扫频范围内的频率捷变、频率分集雷达。扫频式干扰的缺点是在扫频范围内的平均干扰功率密度较低，因而需要通过改变扫频周期 T 才能形成间隔和宽度非均匀的强干扰。

2. 压制性干扰的效果度量

压制性干扰的直接效果是降低雷达对目标的检测概率 P_d。由于雷达检测采用的是奈曼-皮尔逊（Neyman-Pearson）准则[6]，在给定虚警概率 P_{fa} 的条件下，P_d 是信噪比 S/N 的单调函数，这种度量方法称为功率准则。由于在给定功率的条件下，高斯噪声具有最大熵，当实际噪声为非高斯噪声时，只需要对噪声质量因子进行修订即可。此外，还可以采用适当的设备对 S/N 和 P_d 进行测试。因此功率准则具有良好的合理性、可测性和可控性。

根据检测原理，S/N 越低，P_d 越小，但只要 $P_d\neq0$，雷达在理论上总有检测到目标的可能。因此从干扰机设计的实际情况出发，要求 $P_d=0$ 显然是不合理的。目前国内外普遍将 $P_d\leqslant0.1$ 作为有效实施压制性干扰的标准[8]，并将此时在雷达接收机输出端、目标检测器前，干扰信号功率 P_{jd} 与目标回波信号功率 P_{sd} 的比值定义为压制系数 K_a，即

$$K_a \stackrel{\text{def}}{=} \frac{P_{jd}}{P_{sd}}\bigg|_{P_d=0.1} \tag{4-57}$$

式中，K_a 是与干扰信号调制样式、调制参数、雷达接收机响应特性和信号处理方

式等诸多因素相关的复杂函数。将功率准则应用于雷达在受到干扰时的威力范围，将干扰机能够有效掩护目标的区域称为有效干扰区 V_j，并以对 V_j 的评价函数 $E(V_j)$ 作为干扰系统综合干扰效果的考核标准：

$$E(V_j) = \int_{V_j} W(V) \mathrm{d}V \tag{4-58}$$

式中，$W(V)$ 为空间评价因子，以表现对不同空间位置有效干扰的重要性。

3. 最佳压制性干扰波形

雷达对目标的检测是在噪声背景中进行的，对接收信号做出有无目标的两种假设检验具有不确定性，因此最佳压制性干扰波形应是随机性最强即不确定性最大的波形。

一种度量随机变量不确定性的常用参量是熵（Entropy），离散型随机变量的熵定义为：

$$H(x) \overset{\mathrm{def}}{=} -\sum_{i=1}^{m} P_i \log_a P_i \tag{4-59}$$

式中，随机变量 x 的概率分布为 $\left\{ \begin{matrix} x_i \\ P_i \end{matrix} \right\}_{i=1}^{m}$。对于连续型随机变量，熵定义为：

$$H(x) = -\int_{-\infty}^{+\infty} p(x) \log_a p(x) \mathrm{d}x \tag{4-60}$$

式中，$p(x)$ 为连续型随机变量 x 的概率分布密度函数。熵的单位随 a 的取值而变，$a = 2$ 时，H 的单位为比特（bit）；$a = \mathrm{e}$ 时，H 的单位为奈特（nat）；$a = 10$ 时，H 的单位为哈特莱（hartley）。a 的取值要便于计算。下面的讨论中选取 $a = \mathrm{e}$。对于相同的 a，H 越大，随机性越强；同时，方差越大（起伏功率越大），熵也越大。因此，在给定功率的条件下，雷达接收机线性系统中具有最大熵的波形为最佳干扰波形。

根据拉格朗日常数变易法[7]，已知函数方程：

$$\phi = \int_a^b F(x, p) \mathrm{d}x \tag{4-61}$$

和 m 个函数方程的限制条件：

$$\int_a^b \phi_i(x, p) \mathrm{d}x = c_i, \qquad i \in \mathbf{N}_{m+1}^* \tag{4-62}$$

式中，$\phi_i(x, p)$，$i \in \mathbf{N}_{m+1}^*$ 是限制条件给定的函数。

式（4-61）的极值可由上面 m 个方程和下式确定：

$$\frac{\partial F(x,\ p)}{\partial p} + \sum_{i=1}^{m} \lambda_i \frac{\partial \phi_i(x,\ p)}{\partial p} = 0 \tag{4-63}$$

式中，$\{\lambda_i\}_{i=1}^{m}$ 是拉格朗日常数，代入最大熵函数求解，则有已知条件：

$$\begin{cases} H(x) = -\int_{-\infty}^{+\infty} p(x)\log_a p(x)\,\mathrm{d}x \\ \int_{-\infty}^{+\infty} p(x)\,\mathrm{d}x = 1 \\ \int_{-\infty}^{+\infty} x^2 p(x)\,\mathrm{d}x = \sigma^2 \end{cases} \tag{4-64}$$

整理成为标准表达式：

$$\begin{cases} F = -p(x)\ \ln p(x) \\ \phi_1\big(p(x)\big) = p(x) \\ \phi_2\big(p(x)\big) = x^2 p(x) \\ p(x) = \mathrm{e}^{\lambda_1 - 1 + x^2 \lambda_2} \end{cases} \tag{4-65}$$

再利用限制条件，可以得到：

$$\begin{cases} p(x) = \dfrac{1}{\sqrt{2\pi}\sigma}\mathrm{e}^{-\frac{x^2}{2\sigma^2}} \\ H(x) = \sqrt{2\pi \mathrm{e}\sigma^2} \end{cases} \tag{4-66}$$

它表明在给定功率的条件下，高斯噪声具有最大熵，也是压制性干扰的最佳干扰波形。

对于各种非高斯噪声，仅以相同熵时高斯噪声功率 P_{j0} 与实际噪声功率 P_j 的比值定义其质量因素 η：

$$\eta \overset{\mathrm{def}}{=} \frac{P_{j0}}{P_j}\bigg|_{H_j = H_{j0}} = \frac{\sigma^2}{P_j}\bigg|_{H_j = H_{j0}} \leqslant 1 \tag{4-67}$$

通过 η 可以将非高斯噪声转换为高斯噪声，再计算检测干信比（干扰信号的强度与目标回波信号的强度之比）。

4.3.2　欺骗性干扰

欺骗性干扰的作用原理：采用假目标或目标信息作用于雷达的目标检测、参数测量和跟踪系统，使雷达发生严重的虚警，或者不能正确地测量和跟踪目标参数。

1. 欺骗性干扰的作用与分类

设 V 为雷达对各类目标的检测空间，也称为对各类目标检测的威力范围，对于具有目标距离、方位、仰角和速度的四维检测、分辨能力的雷达，其典型的 V 可表示为：

$$V=[R_{\min}, \ R_{\max}]\otimes[\alpha_{\min}, \ \alpha_{\max}]\otimes[\beta_{\min}, \ \beta_{\max}]\otimes[f_{\mathrm{d}\min}, \ f_{\mathrm{d}\max}]\otimes[S_{i\min}, \ S_{i\max}] \quad (4\text{-}68)$$

式中，$[R_{\min}, \ R_{\max}]$ 为雷达的距离检测范围；$[\alpha_{\min}, \ \alpha_{\max}]$ 为方位检测范围；$[\beta_{\min}, \ \beta_{\max}]$ 为仰角检测范围；$[f_{\mathrm{d}\min}, \ f_{\mathrm{d}\max}]$ 为多普勒频率检测范围；$[S_{i\min}, \ S_{i\max}]$ 为信号功率检测范围。

雷达能够区分 V 中两个最接近的目标的能力称为雷达的空间分辨率 ΔV：

$$\Delta V=\Delta R \otimes \Delta \alpha \otimes \Delta \beta \otimes \Delta f_{\mathrm{d}} \otimes [S_{i\min}, \ S_{i\max}] \quad (4\text{-}69)$$

式中，ΔR、$\Delta \alpha$、$\Delta \beta$、Δf_{d} 分别称为雷达的距离分辨率、方位分辨率、仰角分辨率和速度分辨率。雷达通常没有信号能量分辨能率。

假设理想的点目标 T，在任意时刻都是 V 中具有五维确定参数的某一个点，即

$$T=\{R, \ \alpha, \ \beta, \ f_{\mathrm{d}}, \ S_i\} \in V \quad (4\text{-}70)$$

式中，R、α、β、f_{d}、S_i 分别为目标的距离、方位、仰角、多普勒频率和回波信号功率。欺骗性干扰形成的假目标 T_{f} 是 V 中的一个或多个不同于真实目标 T 的参数的集合，即

$$T_{\mathrm{f}}=\{T_{\mathrm{f}i}\}_{i=1}^{n} \qquad T_{\mathrm{f}i} \in V, \ T_{\mathrm{f}i} \neq T, \ i \in \mathbf{N}_{n+1}^{*} \quad (4\text{-}71)$$

所以假目标 T_{f} 也能够被雷达检测，并起到以假作真和以假乱真的作用。式（4-71）所表现的多维空间同步，既是欺骗性干扰的基本条件，也是实现欺骗性干扰的关键技术。

某些压制性干扰信号（如噪声调幅干扰）在某一瞬间也可以形成 V 中的假目标，但它们在 V 中的时间、空间位置和频谱通常是随机的，缺乏与被干扰雷达坐标系的多维同步，而真目标在 V 中的时间、空间位置和频谱是稳定的，因此，这些压制性干扰信号不会被雷达当作真目标检测并持续跟踪。

雷达检测目标的结果，与目标的距离、角度、速度、散射图像信息以及雷达发射和接收信号的调制特性相关，因此要实现欺骗性干扰，就必须掌握雷达获取目标距离、角度、速度和图像信息的基本原理，实时获取雷达信号的参数，合理设计干扰信号的调制方式和调制参数。

欺骗性干扰的分类主要有以下两种。

（1）根据假目标 T_f 与真目标 T 在 V 中参数信息的差别分类

① 距离欺骗性干扰。距离欺骗性干扰是指假目标的距离不同于真目标，雷达接收机通常会响应能量更强的目标，所以假目标的能量也要大于真目标，其他参数与真目标参数近似，即

$$R_f \neq R, \ \alpha_f \approx \alpha, \ \beta_f \approx \beta, \ f_{df} \approx f_d, \ S_{if} > S_i \tag{4-72}$$

式中，R_f、α_f、β_f、f_{df}、S_{if} 分别为假目标的距离、方位、仰角、多普勒频率和信号功率。

② 角度欺骗性干扰。角度欺骗性干扰是指假目标的方位或仰角不同于真目标，能量大于真目标，其他参数近似相等，即

$$R_f \approx R, \ \alpha_f \neq \alpha \text{或} \beta_f \neq \beta, \ f_{df} \approx f_d, \ S_{if} > S_i \tag{4-73}$$

③ 速度欺骗性干扰。速度欺骗性干扰是指假目标的多普勒频率不同于真目标，能量大于真目标，其他参数近似相等，即

$$R_f \approx R, \ \alpha_f \approx \alpha, \ \beta_f \approx \beta, \ f_{df} \neq f_d, \ S_{if} > S_i \tag{4-74}$$

④ AGC 欺骗性干扰。AGC 欺骗性干扰是指假目标的功率不同于真目标，其他参数近似相等，目的是使雷达接收机的增益控制按照干扰信号的功率发生变化，即

$$S_{if} > S_i \tag{4-75}$$

AGC 欺骗性干扰经常用于配合其他欺骗性干扰使用。

⑤ 图像欺骗性干扰。干扰成像雷达时，通常采用图像欺骗性干扰，作用原理是改变原目标范围的散射特性，即产生散射特性有别于真目标的虚假图像遮盖真目标，也就是说真假目标叠加后的散射特性要近似于假目标的散射特性。虚假图像实际上就是由多个同时具有距离欺骗和角度欺骗特性的点目标构成的，每个距离维和方位维的点都有设置好的散射回波功率，因此有：

$$\begin{cases} S_{if}(R_i, \ \alpha_i, \ \beta_i) \neq S_i(R_i, \ \alpha_i, \ \beta_i) \\ S_{if}(R_i, \ \alpha_i, \ \beta_i) + S_i(R_i, \ \alpha_i, \ \beta_i) \approx S_{if}(R_i, \ \alpha_i, \ \beta_i) \end{cases}, i \in \mathbf{N}^* \tag{4-76}$$

式中，R_i、α_i、β_i 是某一个坐标位置；$S_{if}(R_i, \ \alpha_i, \ \beta_i)$ 为欺骗性干扰在该位置的干扰信号功率；$S_i(R_i, \ \alpha_i, \ \beta_i)$ 为该位置的散射回波功率。$S_{if}(R_i, \ \alpha_i, \ \beta_i)$ 与 $S_i(R_i, \ \alpha_i, \ \beta_i)$ 叠加后呈现的散射特性近似为 $S_{if}(R_i, \ \alpha_i, \ \beta_i)$。

⑥ 多参数欺骗性干扰。多参数欺骗性干扰是指在 V 中 T_f 有两维或两维以上的参数不同于真目标 T，以提高欺骗性干扰效果，如距离-速度欺骗性干扰等。

（2）根据 T_f 与 T 在 V 中差别的大小和时变特性分类

① 质心干扰。使假目标与真目标的参数差别小于雷达的空间分辨率，即

$$\|T_f - T\| \leqslant \Delta V \qquad (4-77)$$

雷达不能区分开两个目标，而将二者作为一个目标来检测和跟踪，雷达最终的检测跟踪结果 T_f' 是真假目标的能量加权质心，故称为质心干扰，即：

$$T_f' = \frac{S_f T_f}{S_i + S_f} \qquad (4-78)$$

② 假目标干扰。使真假目标的参数差别大于雷达的空间分辨率，即：

$$\|T_f - T\| > \Delta V \qquad (4-79)$$

雷达虽然能够区分两个目标，但有可能将假目标当作真目标进行检测和跟踪从而产生虚警，大量的虚警可能造成雷达检测、跟踪和信号处理时处理器饱和；也可能因功率较强的假目标抑制雷达对真目标的检测而产生漏警。

③ 拖引干扰。拖引干扰是从质心干扰到假目标干扰周期性地的连续变化，整个过程分为停拖、拖引和关闭三个时间阶段，即：

$$\|T_f - T\| = \begin{cases} 0, & 0 \leqslant t \leqslant t_1, \ 停拖 \\ 0 \to \delta V_{\max}, & t_1 \leqslant t \leqslant t_2, \ 拖引 \\ T_f 消失, & t_2 \leqslant t \leqslant T_j, \ 关闭 \end{cases} \qquad (4-80)$$

在停拖阶段，假目标与真目标参数近似，为质心干扰状态，雷达不能区分二者，但假目标的信号功率较大，从而使雷达接收机的增益控制只响应假目标的信号功率，也就是说为响应强信号，雷达接收机增益将减小，那么功率较弱的真目标信号将被抑制。

在拖引阶段，假目标与真目标的参数的偏差逐渐变大，且变化的速度应控制在雷达跟踪系统能够响应的范围之内，以便使其能够平稳地响应到假目标参数上来，直到与真假目标的参数偏差达到预定的要求 $\delta V_{\max}$，在这个过程中，由于接收机增益仍然只响应假目标功率，真目标回波信号受到了较大抑制，所以雷达跟踪系统会逐渐跟踪到假目标 T_f 上。拖引段的时间长度主要取决于需要造成的最大偏差 $\delta V_{\max}$ 和拖引的速度。

在关闭阶段，欺骗性干扰信号突然消失，造成雷达跟踪信号中断，此时雷达跟踪系统将重新调整 AGC 电路的控制，逐渐增大系统接收增益。如果信号重新出现，则雷达将继续跟踪；如果假目标消失时间超过跟踪系统设定的滞留时间，则雷达跟踪系统重新开始进行目标搜索和检测。因此关闭阶段的时间长度主要取决于雷达跟踪系统滞留和调整的时间。

多功能雷达和边扫边跟雷达用对数放大器等取代了传统的 AGC，波门滞留时间很短，因此许多干扰机的拖引干扰也相应地取消了关闭阶段和停拖阶段。

2. 欺骗性干扰的效果度量

（1）受欺骗概率 P_f

首先定义受欺骗事件，如果存在 n 个假目标，只要有一个假目标被雷达检测跟踪系统当作真目标，就是发生了受欺骗事件。那么 P_f 就是在欺骗性干扰的作用下将假目标当作真目标的概率。如果雷达对每个假目标的检测和识别都是独立事件，假设其对第 i 个假目标的检测概率为 P_{fi}，则存在 n 个假目标时的受欺骗概率为：

$$P_f = 1 - \prod_{i=1}^{n}\left(1 - P_{fi}\right) \tag{4-81}$$

显然，在 V 中的假目标数量越多，P_f 也越大，所以许多欺骗性干扰机经常采用密集假目标干扰。

（2）参数测量（跟踪）误差均值 δV_{av} 和方差

参数测量误差是一个统计量，δV_{av} 是指雷达检测跟踪的参数值与目标真值之间的平均偏差，σ_v^2 是偏差的平均起伏情况。根据欺骗性干扰的第一种分类方法，δV_{av} 和 σ_v^2 还可以具体分为距离偏差均值 δR_{av}，方差 σ_R^2；角度偏差均值 $\delta\alpha_{av}$、$\delta\beta_{av}$，方差 σ_α^2、σ_β^2；速度偏差均值 δf_{dav}，方差 $\sigma_{f_d}^2$；图像的相似度 γ 等。其中，γ 定义为：

$$\gamma \overset{\text{def}}{=} \frac{\int_{V_J} G_J(v) S_J(v)\,\mathrm{d}v}{\sqrt{\int_{V_J} G_J^2(v)\,\mathrm{d}v}\sqrt{\int_{V_J} S_J^2(v)\,\mathrm{d}v}} \tag{4-82}$$

式中，$G_J(v)$、$S_J(v)$、V_J 分别为实际的成像干扰结果、预定的成像结果和考核的成像干扰区间。如果将 $S_J(v)$ 选为真实目标的图像，则 γ 表现了干扰后的图像与真实图像的相似程度，$|\gamma|$ 越小，则与真实图像的相似程度越小（或偏差越大）。如果将 $S_J(v)$ 选为我们希望出现的某种人为干扰图像，$|\gamma|$ 越大，则表明干扰后出现的实际图像越接近我们希望出现的图像（欺骗越逼真）。在一幅大的图像中，可能会分割成若干个成像干扰区 $\{V_{Ji}\}_i$，并分别采用不同的干扰样式和相应的度量方法[9]。

4.3.3 有效干扰空间

有效干扰空间 Ω_{EJ} 是指干扰系统能够有效阻碍或扰乱雷达对目标进行检测、

跟踪的空间范围。当目标处于压制性干扰的 Ω_{EJ} 内时，可使雷达对其的检测概率降到 10%以下；对于欺骗性干扰来说，可以在 Ω_{EJ} 内生成多个假目标或错误的目标参数，这些假目标和目标参数都可能被雷达当成真目标和真目标参数进行检测和跟踪。因此 Ω_{EJ} 体现了干扰系统的有效干扰能力。

1. 单部干扰机对单部雷达的干扰方程

假设干扰机、目标和雷达的空间位置关系如图 4-19 所示，干扰机天线主瓣指向雷达，雷达天线的主瓣指向目标，二者指向的空间张角为 θ。

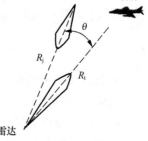

则雷达收到的目标回波信号功率 P_{rs} 为：

$$P_{\text{rs}} = \frac{P_{\text{t}} G_{\text{t}} \sigma A_{\text{r}}}{(4\pi)^2 R_{\text{t}}^4} = \frac{P_{\text{t}} G_{\text{t}}^2 \lambda^2 \sigma}{(4\pi)^3 R_{\text{t}}^4} \quad (4\text{-}83)$$

图 4-19 干扰机、目标和雷达的空间位置关系

式中，P_{t} 为雷达发射脉冲功率；G_{t} 为雷达发射天线增益；A_{r} 为接收天线有效面积；σ 为目标的雷达截面积；R_{t} 为目标与雷达之间的距离；λ 为雷达工作波长。

干扰机的干扰信号功率 P_{rj} 为：

$$P_{\text{rj}} = \frac{P_{\text{J}} G_{\text{J}} G_{\text{t}}(\theta) \gamma_{\text{J}}}{4\pi R_{\text{j}}^2} = \frac{P_{\text{J}} G_{\text{J}} \lambda^2 G_{\text{t}}(\theta) \gamma_{\text{J}}}{(4\pi)^2 R_{\text{j}}^2} \quad (4\text{-}84)$$

式中，$G_{\text{t}}(\theta)$ 为雷达天线在干扰机方向的等效增益；γ_{J} 为极化失配损失（圆极化对线极化为 0.5）；R_{j} 为干扰机至雷达的距离。

干扰机能够对雷达实施有效干扰的空间能量条件和时间条件分别为：

$$\begin{cases} \dfrac{P_{\text{rj}}}{P_{\text{rs}}} \geqslant K_{\text{J}} \\ t_{\text{rj}} \leqslant t_{\text{rs}} + \Delta t \end{cases} \quad (4\text{-}85)$$

式中，K_{J} 定义为在雷达接收机输入端的压制系数；t_{rj} 为干扰反应时间；t_{rs} 为雷达对目标信息的检测时间；Δt 为雷达的时间分辨率。对于压制性干扰的矩形谱的干扰带宽 Δf_{j} 和矩形响应的雷达接收机带宽 Δf_{r}，有：

$$K_{\text{J}} = \frac{\Delta f_{\text{j}}}{\Delta f_{\text{r}}} K_{\text{a}} \quad (4\text{-}86)$$

式中，K_{a} 为压制系数。

可将式（4-85）整理为关于 θ 和 R_{t} 的干扰方程，用以表示在单部雷达、单部

干扰机条件下的有效干扰空间:

$$\Omega_{\mathrm{EJ}}^{1,1} = \left\{ (\theta, \ R_{\mathrm{t}}) \left| \frac{G_{\mathrm{t}}(\theta)}{G_{\mathrm{t}}} R_{\mathrm{t}}^4 \geq K_{\mathrm{J}} \frac{P_{\mathrm{t}} G_{\mathrm{t}} \sigma R_{\mathrm{j}}^2}{4\pi P_{\mathrm{J}} G_{\mathrm{J}} \gamma_{\mathrm{J}}}, \ t_{\mathrm{rj}} \leq t_{\mathrm{rs}} + \Delta t \right. \right\} \qquad (4\text{-}87)$$

（1）能量条件

$\Omega_{\mathrm{EJ}}^{1,1}$ 在平面上的典型示意如图 4-20（a）所示，是雷达外围的区域，在不同方向的边界线与雷达的距离取决于雷达天线的方向图特性，此外，$\Omega_{\mathrm{EJ}}^{1,1}$ 是与雷达和干扰机所在位置相关的，在干扰机方向 $\Omega_{\mathrm{EJ}}^{1,1}$ 的边界与雷达的距离最近，在边界线内，则进入暴露区，在暴露区内，干扰机不能掩护目标。

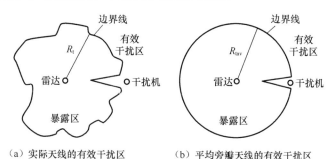

（a）实际天线的有效干扰区　　　　（b）平均旁瓣天线的有效干扰区

图 4-20　能量条件下的平面有效干扰区

如果干扰机与被掩护目标近似同方向，则 $G_{\mathrm{t}}(\theta) \approx G_{\mathrm{t}}$，干扰方程中的能量条件写为:

$$R_{\mathrm{t}} \geq \left(K_{\mathrm{J}} \frac{P_{\mathrm{t}} G_{\mathrm{t}} \sigma R_{\mathrm{j}}^2}{4\pi P_{\mathrm{J}} G_{\mathrm{J}} \gamma_{\mathrm{J}}} \right)^{\frac{1}{4}} \qquad (4\text{-}88)$$

如果将雷达天线的旁瓣用平均旁瓣描述，平均接收增益为 G_{tav}，则除了在主瓣方向的边界线较近以外，其他方向是圆弧，如图 4-20（b）所示。干扰方程中的能量条件写为:

$$R_{\mathrm{tav}} \geq \left(K_{\mathrm{J}} \frac{P_{\mathrm{t}} G_{\mathrm{tav}} \sigma R_{\mathrm{j}}^2}{4\pi P_{\mathrm{J}} G_{\mathrm{J}} \gamma_{\mathrm{J}}} \right)^{\frac{1}{4}}, \theta \in \text{雷达天线旁瓣区间} \qquad (4\text{-}89)$$

由以上分析可知，为了充分发挥干扰能量的作用，应尽可能将干扰机配置在掩护目标的方向，这也是各种干扰功率设计及其相对空间配置的基本原则。干扰机在执行任务时，应在被掩护目标的附近进行随队伴飞；近距离干扰时，干扰机不仅要配置在目标方向上，而且应尽可能抵近雷达，此时 $R_{\mathrm{j}} \ll R_{\mathrm{t}}$，从而利用距离优势扩大 $\Omega_{\mathrm{EJ}}^{1,1}$ 或节省干扰功率；对于自卫干扰，由于 $R_{\mathrm{j}} = R_{\mathrm{t}}$，不等式可简化为:

$$R_t \geqslant \left(K_J \frac{P_t G_t \sigma}{4\pi P_J G_J \gamma_J} \right)^{\frac{1}{2}} \tag{4-90}$$

满足不等式（4-88）、不等式（4-90）中取等号条件的目标距离称为最小干扰距离：

$$R_{t\min} = \left(K_J \frac{P_t G_t \sigma R_j^2}{4\pi P_J G_J \gamma_J} \right)^{\frac{1}{4}} \quad 或 \quad R_{t\min} = \left(K_J \frac{P_t G_t \sigma}{4\pi P_J G_J \gamma_J} \right)^{\frac{1}{2}} \tag{4-91}$$

它总是出现在雷达、目标、干扰机共线的方向上。

（2）时间条件

在理论上，雷达只需要发射一个脉冲就可以确定目标的距离，单脉冲雷达还可以确定目标的方向，因此雷达收发一个射频脉冲的时间就是可检测目标信息的时间，即

$$t_{rs} = \frac{2R_t}{c} \tag{4-92}$$

式中，c 为射频脉冲的速度。

对于在收到当前雷达发射脉冲之前就可利用先期引导信息发出的干扰（如宽带阻塞干扰、扫频干扰和对固定频率雷达的瞄准干扰等），只要先期引导成功，就可以始终满足时间条件；对于必须利用雷达当前发射脉冲信息才能实时引导的干扰［如典型的射频存储器（RFM）干扰，对捷变频雷达的频率瞄准干扰等］，则需要有电磁波空间传播和引导处理的时间，即

$$t_{rj} = \begin{cases} 0, & 先期引导干扰 \\ \dfrac{2R_j}{c} + \Delta t_j, & 实时引导干扰 \end{cases} \tag{4-93}$$

式中，Δt_j 是干扰机的实时引导时间，也称为最小反应时间。

根据式（4-93），减小 t_{rj} 的主要措施是采用近距离抵近干扰和减小信号处理时间。

若将实时引导干扰的时间条件投影到平面上，先不考虑实时引导时间，则 Ω_{EJ}^{tj} 是以雷达为圆心，以 $ct_{rj}/2$ 为半径（雷达到干扰机的距离 R_j）的圆圈之外的区域，然后再将实时引导时间考虑在内，则该圆圈的半径要再进行响应拓展，如图 4-21 所示。

根据式（4-85）、式（4-92）和式（4-93）的时

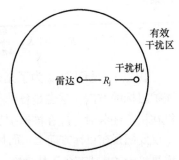

图4-21　干扰方程的时间条件

间条件，有 $\dfrac{2R_{\mathrm{j}}}{c}+\Delta t_{\mathrm{j}} \leqslant \dfrac{2R_{\mathrm{t}}}{c}+\Delta t$ ，当实施自卫干扰时， $R_{\mathrm{j}}=R_{\mathrm{t}}$ ，则有 $\Delta t_{\mathrm{j}} \leqslant \Delta t$ ，也就是说干扰机的引导处理的时间不能大于雷达的时间分辨率。

2. 多干扰机对多部雷达的有效干扰空间

假设 t 时刻第 i 部干扰资源对第 j 部雷达的有效干扰空间为 $\Omega_{\mathrm{EJ}}^{i,j}(t)$ ，该时刻对该雷达实施干扰的多部干扰机的子集为 $J_{j}(t)$ ，则 $J_{j}(t)$ 对雷达的有效干扰空间为各干扰机对该雷达干扰功率非相干合成后的有效作用空间：

$$\Omega_{\mathrm{EJ}}^{j}(t)=\left\{(\theta,\ R_{\mathrm{t}})\left|\ \frac{\displaystyle\sum_{i\in J_{j}(t)}P_{\mathrm{rj},i}(t)}{P_{\mathrm{rs}}} \geqslant K_{\mathrm{j}};\ t_{\mathrm{rj},i} \leqslant t_{\mathrm{rs}}+\Delta t_{i}, i \in J_{j}(t)\right.\right\} \tag{4-94}$$

式中， $P_{\mathrm{rj},i}(t)$ 为该雷达收到 i 干扰机的功率， $t_{\mathrm{rj},i}$ 为 i 干扰信号的传输迟延， Δt_{i} 为干扰机 i 的实时引导时间。由于式（4-94）的计算较复杂，可采用各有效干扰空间的合并来近似，即只要有一部干扰机能够有效干扰的空间就是多机干扰的有效干扰空间：

$$\Omega_{\mathrm{EJ}}^{j}(t) \supset \Omega_{\mathrm{EJ}}'^{j}(t)=\bigcup_{i\in J_{j}(t)}\Omega_{\mathrm{EJ}}^{i,j}(t) \tag{4-95}$$

对于由 m 部雷达组成的雷达网，在最苛刻的条件下，可以认为必须是对各雷达有效干扰空间的相交空间才是对该雷达网的有效干扰空间。即必须是对所有雷达都能有效干扰的空间才是对组网雷达的有效干扰空间：

$$\Omega_{\mathrm{EJ}}(t)=\bigcap_{j=1}^{m}\Omega_{\mathrm{EJ}}^{j}(t) \tag{4-96}$$

式（4-96）表明，雷达干扰系统应该根据目标的空间位置和运动、雷达网的威力范围和空间分布及时、合理地调配和管理所辖的有限干扰资源，构成合理、有效的干扰空间。

4.3.4　无源干扰

除了有源干扰以外，还可以采用无源干扰的方式产生欺骗和压制性干扰的效果，这同样可以破坏和扰乱雷达系统的正常工作，在某些方面甚至更具优势，例如大部分无源干扰措施能够同时干扰各种频率、极化和技术体制的雷达，而且无源干扰材料通常制造简单，使用方便，研制周期短，成本低廉。

无源干扰技术和采用的无源干扰材料很多，但是目前适合电子战无人机的无源干扰技术主要为箔条干扰。作为干扰材料的箔条为金属涂敷的丝、带、片，通过集中施放或大空域分布，形成假目标或大范围压制性干扰。

1. 箔条干扰原理

在箔条干扰中，箔条的长度通常为被干扰雷达波长的一半，主要是通过对雷达发射的电磁波谐振产生强烈反射来实施干扰，所以也称偶极子反射体。

目标的雷达反射截面积 σ 可以定义为目标散射总功率 P_2 与入射功率密度 S_1 的比值：$\sigma = P_2/S_1$，如果测得入射波的电场强度 E_1，又在距离 R 处测得散射波的电场强度 E_2[10]，则有：

$$S_1 \propto E_1^2, \quad S_2 \propto E_2^2, \quad P_2 = 4\pi R^2 S_2, \quad \sigma = 4\pi R^2 \frac{E_2^2}{E_1^2} \qquad (4\text{-}97)$$

对半波长箔条，如图 4-22 所示，入射波与箔条的夹角为 θ，产生的感生电流为：

$$I_0 = \frac{\lambda E_1}{\pi R_\Sigma} \cos\theta \qquad (4\text{-}98)$$

式中，$R_\Sigma = 73\,\Omega$，为半波振子的辐射电阻。

该感应电流在距离 R 处产生的电场强度为：

$$E_2 = \frac{60 I_0}{R}\cos\theta = \frac{60\lambda E_1}{\pi R R_\Sigma}\cos^2\theta \qquad (4\text{-}99)$$

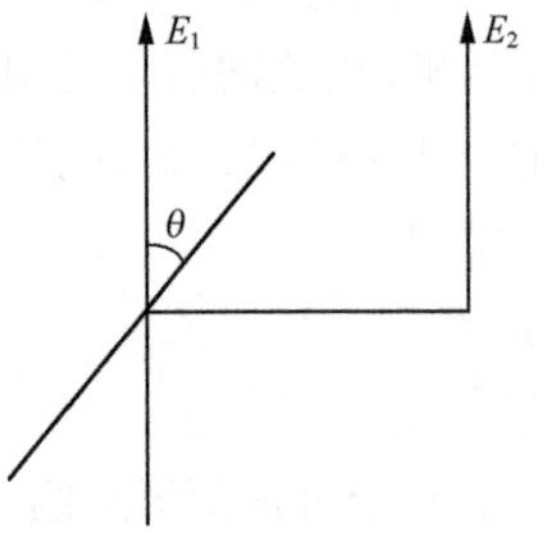

图 4-22 半波振子的雷达截面积

综合上述各式，可以得到单根箔条在特定空间夹角 θ 时的雷达截面积为：

$$\sigma_\theta = 0.86\lambda^2\cos^4\theta \qquad (4\text{-}100)$$

考虑到箔条在三维空间中均匀分布，其平均雷达截面积应为 σ_θ 在空间立体角中的平均值：

$$\bar\sigma_1 = \int_\Omega \sigma_\theta W(\Omega)\mathrm{d}\Omega = \frac{1}{4\pi}\int_0^{2\pi}\mathrm{d}\varphi\int_0^\pi 0.86\lambda^2\cos^4\theta\sin\theta\mathrm{d}\theta = 0.172\lambda^2 \qquad (4\text{-}101)$$

雷达分辨单元中箔条的雷达截面积 $\bar\sigma_1$ 是目标雷达截面积 σ 的 K_J 倍以上，箔条才能有效遮挡目标回波，若 N 是雷达分辨单元内的箔条平均数，则有：

$$N \geqslant K_J \frac{\sigma}{\bar\sigma_1} \qquad (4\text{-}102)$$

上述分析适用于箔条均匀散开后的理想情况，这是因为在箔条施放的初期，由于箔条尚未分散均匀，此时空间密度很大，所以形成的雷达截面积也比理想情况小。

2. 箔条干扰的战术应用

① 为了增加箔条干扰的雷达截面积，可以增大单根箔条的宽度，但同时其重量也将增加，箔条沉降速度也相应加快，置空时间缩短。

② 单一长度的箔条遮盖的频带宽度有限，所以也可采用 5 ~ 8 种不同长度的箔条混合包装来增加遮盖的频带宽度。

③ 轻质短箔条在施放后，会以水平取向旋转地下降，如果此时雷达波束对箔条云的仰角约为 90°，则对箔条对水平极化和垂直极化雷达的回波相位差不大；如果雷达波束对箔条云的仰角较低时，则箔条对水平极化雷达的回波较强，而对垂直极化雷达的回波较弱，此种情况下，为干扰垂直极化的雷达，可以在箔条的一端适当配重，使箔条下落时垂直取向。由于并非总能获知雷达的极化方式，所以这两种箔条通常混合使用。此外，10 cm 以上的长箔条在空中运动的规律是随机的，所以可用来干扰各种极化的雷达。

④ 在掩护机群突防时，可利用无人机在突防方向的空域中大量投放箔条，形成箔条干扰"走廊"。为了增加箔条干扰的频谱宽度，还可以同时发射有源干扰信号，有源干扰信号也会被箔条散射，此时目标雷达收到的回波即为箔条散射的雷达信号和箔条散射的有源干扰信号的叠加。

| 参考文献 |

[1] 赵国庆. 雷达对抗原理[M]. 2 版. 西安: 西安电子科技大学出版社, 2012.

[2] 李晖, 潘峰. 声表面波器件的研究进展[J]. 真空科学与技术学报, 2001, 21(5): 376-380.

[3] 李康, 丁国如, 李京华, 等. 无源定位技术发展动态及其应用分析[J]. 航空兵器, 2021, 28(2): 104-112.

[4] 丁鹭飞, 耿富录, 陈建春. 雷达原理[M]. 4 版. 北京: 电子工业出版社, 2009: 219-255.

[5] 王志刚. 随机过程[M]. 合肥: 中国科学技术大学出版社, 2018.

[6] 张尉, 张兴敢. 空管一次雷达[M]. 北京: 国防工业出版社, 2015.

[7] 赵小艳, 李继成. 常微分方程求解中常数变易法思想的理解与应用[J]. 高等数学研究, 2019, 22(3): 44-46

[8] 崔炳福. 雷达对抗干扰有效性评估[M]. 北京: 电子工业出版社, 2017.

[9] 蔡幸福, 高晶. 合成孔径雷达侦察与干扰技术[M]. 北京: 国防工业出版社, 2018.

[10] 陈静. 雷达箔条干扰原理[M]. 北京: 国防工业出版社, 2007.

第 5 章

机载导航对抗任务载荷原理

导航对抗又称导航战，是电子对抗的一个新兴研究方向。电磁波发现后的第一个应用领域是通信，而第二个应用领域就是导航。随着各类导航系统在军事上的应用，针对导航系统的对抗问题也得到越来越多的关注和研究。随着无人机技术的迅速发展，导航对抗任务载荷也由陆基平台任务载荷发展到机载任务载荷，进一步提升了导航对抗能力。

|5.1 导航对抗的基本概念|

5.1.1 导航对抗的起源

导航对抗最早可追溯到第二次世界大战时期，德国对英国发动的空袭闪击战，当时德国空军进行夜间轰炸所面临的主要障碍是没有精确的导航支援，为此他们积极地寻求解决这一问题的办法，引入了洛伦兹系统。洛伦兹系统工作于 38 MHz 的频率上，用来帮助实施盲降的飞机在着陆前的下降过程中校准它的航向。在机场跑道的起始处，设立了一个有三副天线的无线电发射机，这些天线可以发射两束重叠的无线电波。其中一束电波是用一系列的"长画"来调制的，另外一束电波是用一系列的"点"来调制的，类似于莫尔斯电码中的"点"和"画"。德国空军的许多轰炸机装备了这种洛伦兹接收机。如果轰炸机的航向与电波波束的指向保持一致，飞行员的耳机中就会听到一种持续不变的音调，如果航向偏左或是偏右，飞行员会听到"点"或者"画"的音调。洛伦兹系统是一个巨大的创新，最终导致了仪表着陆系统的产生。此外，使用与盲降系统相同的一套接收机，洛伦兹系统还能够为轰炸机实施精确轰炸提供导航支持。涅克宾系统就是其中的一个，它是一种改进型的洛伦兹系统，其天线系统体积更大，方向性更强，并且易于操纵，可以在更远的距离上产生一个更窄（只有 0.3° 宽）的波束。涅克宾系统能够向轰炸目标发出两束波束，轰炸机沿着其中一条具有引导功能的波束的中间方向飞向目标，这束电波的前进方向正好通过目标的正上方，它与另外一束电波在目标上空相遇交叉，这个交叉的地方就是轰炸机投弹的地方。

针对德国利用导航系统实施的精确轰炸行动，英国开展了针对性的对抗行动。英国在三架过时的老轰炸机上安装了无线电接收机，经过多次的努力，实现了对涅克宾系统发射的电波波束的探测，并在 31.5 MHz 的频率上找到了预期中的信号调制的特征。随后，英国从医院征用了一批高频电疗机，它们可以在涅克宾系统工作频率附近产生噪声，让德国飞行员听不清耳机中的信号到底是"点""画"还是连续音调，但这些高频电疗机的功率有限，有效干扰范围很小。后来英国又研制出了针对涅克宾系统的大功率干扰机，这种干扰机的原理就是在涅克宾系统的工作频率上用更大的功率发射"画"信号，这样，德国飞行员在本应听到连续音调的正确航线上会听到干扰机发送的"画"信号，使轰炸机的航向偏离轰炸目标。

此后，德国又研发了多个更为先进的导航系统用于引导轰炸机进行轰炸，而英国也有针对性地采取了对抗行动，这场围绕无线电导航波束展开的激烈对抗可以看作是导航对抗最早的战例。

GPS 的重要性和脆弱性则直接引出了"导航战"的概念。1995 年，美国国防部指定罗克韦尔（ROCKWELL）公司牵头，成立一个由几家公司参加的研究小组，开始一项为期 13 个月的有关"导航战"的研究计划，并于 1997 年 4 月，在英国召开的 GPS 应用研讨会上，正式提出了"导航战"的概念。

5.1.2 导航对抗的定义和内涵

导航对抗是使用电子技术手段对敌方无线电导航设备进行侦察、干扰和摧毁，以削弱、破坏其正常使用，保护己方无线电导航设备的正常使用而采取的战术技术措施和行动。

导航对抗的内涵包含保护与阻止两个重要的基本要素，即防御性导航对抗和攻击性导航对抗两大类。防御性导航对抗的目的是防止敌方使用各种攻击性技术来干扰或摧毁己方和友军的导航业务。攻击性导航对抗的目的是在有限区域内使敌方导航系统失去能力，而在其他区域则不受影响，或保证授权用户正常使用而使非授权用户不能正常使用导航信号。

1. 防御性导航对抗

防御性导航对抗是使用电子或其他技术手段，在敌方或己方实施导航对抗侦察及导航干扰时，保护己方导航系统、导航设备及相关武器系统或人员的作战效能的各种战术技术措施和行动。

防御性导航对抗可分为导航反侦察和导航反干扰。导航反侦察是为防止己方导航信号和导航设备的技术参数、数量、配置和部署变动等情报被敌方电子侦察而采取的战术技术措施。而导航反干扰是为消除或削弱敌方导航干扰的有害影响，保障己方导航设备的正常工作而采取的战术技术措施。

（1）导航反侦察

导航系统类型多样，有的导航系统本身不向外辐射电磁波，因此本身就具有反电子侦察的能力，如惯性导航系统（inertial navigation system，INS）。

而大多数的无线电导航系统只有导航台向外辐射信号，导航接收机仅接收导航信号。因此，对这类导航系统的侦察主要是对导航台及对其辐射的导航信号进行侦察，卫星导航系统、罗兰 C 导航系统就属于这类系统。以 GPS 为例，其采用的反侦察技术主要是采用编码和加密技术，保证导航信号不会被对方侦测破译。GPS 在早期使用的军码信号是 P 码信号，为了提高其反侦察能力，又对 P 码信号进行了加密，形成了新的 P(Y)码信号，使破译该信号编码的难度更大。在 GPS 的现代化计划中，GPS 又播发了一个新的军用 M 码信号，该信号不再采用原来的 BPSK-R 调制方式，而是采用了更为先进的 BOC 调制方式，从而进一步增强了信号的反侦察能力。

（2）导航反干扰

相比于反侦察技术，导航系统应用更多的是各种反干扰技术，尤其是卫星导航系统。这里以 GPS 为例，介绍其导航反干扰所采用的一些技术。

① 改进 GPS 接收机。对精密轻型 GPS 接收机（PLGR）进行改进。PLGR 为手持式接收机，有 5 个信道，具备差分功能，质量小于 2.7 kg，天线可内置或分离，采用 RS-232 和 RS-422 数据接口，但只能在 L1 频率上单频工作。PLGR 的改进型为 PLGRU，工作在 L1 和 L2 双频上。试验证明，在实际环境中，当 PLGR 已不能工作时，PLGRU 还能继续工作，说明改进后提高了抗干扰能力。另外，PLGR 为重新捕获 P(Y)码，最多只允许处于备用状态 1 h。而 PLGRU 允许处于备用状态 98 h 还能重新捕获 L1 P(Y)码，允许处于备用状态 4 h 还能重新捕获 L2 P(Y)码。这也表明 PLGRU 对电池的消耗大大降低了。

② 用 GPS 与 INS 组合导航技术。在众多的导航反干扰技术中，最引人注目的是 GPS 与 INS 的组合使用，该组合不仅可在导航方面取长补短，而且使抗干扰

能力得到大大加强。因为 GPS 与 INS 组合以后，就可以用 INS 提供的平台速度信息来辅助 GPS 接收机的码环和载波环，使环路的跟踪带宽可以设计得很窄，进一步抑制带外干扰，提高 GPS 接收机输入端上的信号/干扰比（S/J）（简称信干比），从而使接收机的抗干扰能力提高 10～15 dB。GPS 与 INS 的组合还使干扰机在察觉受到强压制性干扰时，干脆断开 GPS 通道，由惯性导航系统继续完成导航任务，且在干扰消失后，来自 INS 的速度辅助信息又可协助 GPS 迅速重新捕获信号。这样 GPS 与 INS 组合导航系统的最大误差不会大于 INS 的累积误差，使导航系统的可靠性得到大大加强。目前这种组合导航方式已在各类军用飞机、军舰、巡航导弹、精确制导炸弹等平台和武器装备方面获得了广泛应用。

③ 采用自适应调零天线。自适应调零天线是提高 GPS 接收机抗干扰能力的主要方法[1]。一般 GPS 接收机采用单一天线，而自适应调零天线是包括多个阵元的天线阵，阵中各天线与微波网络相连，而微波网络又与一个处理器相连，处理器对从天线经微波网络送来的信号进行处理后反过来调节微波网络，使各阵元的增益和（或）相位发生改变，从而在天线阵的方向图中产生对着干扰源方向的零点，以降低干扰机的效能。可能抵消的干扰源数量等于天线阵元数减 1，如天线阵元数为 7，则最多只能抵消来自不同方向的 6 个干扰。如果做得好，自适应天线可以使 GPS 接收机的抗干扰能力提高 40～50 dB。例如，波音公司对联合直接攻击弹药进行修改，它把原用的单一 GPS 天线改成了 4 副天线，其中 3 副天线等间隔地分布在一个直径 6 in（1 in≈2.54 cm）的半球上，第 4 副布置在半球的顶上，同时还增加了一个由哈里斯公司研制的抗干扰电子模块，模块包含有射频电路和数字电路板，体积为 7 in×8 in×1 in，质量为 1.8～3.6 kg，功耗 10～15 W。该抗干扰电子模块再与波音公司的制导单元相集成（制导单元使用了柯林斯公司的 GPS 接收机和霍尼韦尔公司的激光捷联惯导），相互为紧耦合组合。1998 年在白沙导弹试验场对这种改进的联合直接攻击弹药进行了试验，试验飞机在 14 436 m 的高空投弹。当干扰机工作在小功率时，目标命中误差为 3 m。当用大功率干扰机，在用 110 m/h 的风切变时，目标命中误差为 6 m。

自适应调零天线是一种自适应的空域滤波技术，其技术基础是自适应阵列天线。自适应空域滤波技术与自适应时域滤波技术是等价的。自适应时域滤波器在时间域进行采样，对某些频率分量进行滤波。自适应空域滤波器则在空间域进行采样（阵列的作用），对某些方向的信号进行滤波。

它的优势还体现在以下三个方面。

（a）不需要知道信号和干扰的任何先验信息，如信号和干扰的方向、调制样式等参数。

（b）对阵列结构没有特殊要求，不需要知道阵列的结构和参数，阵列的单元天线可以任意放置和移动，这样它就可以完全利用已有的天线阵列而不需要做其他变动。

（c）不需要对阵列通道间的幅相误差、阵元间的互耦等进行校正，这样不仅可以简化系统设备，而且也避免了由于校正不完全带来的性能损失。

④ 采用 P(Y)码的直接捕获技术。现有 P(Y)码接收机要先捕获 C/A 码才能转入跟踪军用的 P(Y)码，但 C/A 码只有 25 dB 的抗干扰能力，而 P(Y)码有 42 dB 的抗干扰能力。因此，军用码的直接捕获技术可使接收机的抗干扰能力提高 17 dB。目前 P(Y)码的直接捕获技术有两种：一种是采用小型化的高稳定时钟；另一种为多相关器技术，据称可采用 1 023 个并行相关器工作。例如，新一代军用机载 GPS 接收机（MAGRU）使用的就是多相关器技术，可直接捕获 P(Y)码。

⑤ 采用抗干扰信号处理技术。信号处理技术也可以带来 10 dB 以上的抗干扰效果。信号处理技术对窄带干扰有较为显著的抑制能力，例如，自适应非线性数模转换器可以检测连续波干扰和保护预相关数模转换器；瞬时滤波技术可对抗窄带射频干扰等。GPS 接收机抗干扰滤波器处理技术可以分为频谱滤波、空间滤波和时间滤波。

（a）频谱滤波可以在接收机的射频或中频进行，能抑制带外干扰和带内干扰。对于带外干扰，一般采用多级陶瓷谐振器（或螺旋谐振器）或者采用按用户要求设计的声表面波滤波器来提供高抑制度和良好的选择性。对有意干扰这样的带内干扰，只有采用计算复杂的高成本措施。

（b）空间滤波采用多副天线根据到达角对不需要的信号进行滤波。

（c）时间滤波将在时间域内对信号进行抗干扰处理。

此外，发展对干扰源的探测和定位及打击系统也是提升卫星导航反干扰的措施之一。

2. 攻击性导航对抗

攻击性导航对抗主要通过导航干扰技术实现。以对卫星导航干扰为例，卫星导航系统构成较为复杂，一般包括三个部分：空间星座、地面监控系统和用户设备（卫星导航接收机）。地面监控系统一般为固定站，空间星座的设计和运行一般是公开或可以侦测的，因此，战略打击上可以考虑对地面监控系统或对卫星实施硬摧毁。对卫星导航系统的电子干扰多集中在卫星导航系统构成的三个方面。

（1）对空间星座实施干扰

对空间星座的干扰有以下几种途径：发射专用卫星对地面注入站发送的上

行信号进行截获并分析，寻求对导航卫星的有效干扰，使导航卫星不能正常工作或发射错误导航信息，从而使用户得不到精确的导航信息甚至得到的是错误的导航信息；扰乱导航卫星上的对日定向系统，使其不能让太阳能电池帆板始终对准太阳，致使整个导航卫星电子设备因缺乏能源而不能正常工作；扰乱导航卫星姿态三轴稳定系统或推进系统，使导航卫星天线的辐射不能对准地面，从而让地面接收不到导航卫星下行的导航电文或使导航卫星偏离正确轨道位置；通过干扰降低导航卫星时钟校准参数的精度以及导航卫星星历中有关该卫星位置数据的精度。

（2）对地面监控系统的干扰

通过对地面监控系统通信数据的截获和分析研究，寻求对其信号中继的有效干扰，可以使其地面站之间无法传递信息和数据，导致地面监控系统不能正常工作，从而达到干扰的目的。

（3）对用户设备的干扰

对地面监控系统、空间星座进行战略打击或电子干扰，实施难度大，并非通常意义上的电子对抗。目前，卫星导航干扰主要是针对卫星导航系统的用户设备进行干扰，通过施放干扰信号，扰乱敌方卫星导航系统用户设备的正常工作，达到干扰的目的。根据干扰作用性质进行划分，卫星导航干扰可分为压制性干扰和欺骗性干扰两类。压制性干扰是卫星导航干扰设备发射某种干扰信号，以某种方式遮蔽敌方信号频谱，使敌方卫星导航用户设备降低或完全失去正常的工作能力。根据干扰信号带宽相对于导航信号带宽情况，压制性干扰又可分为瞄准式干扰（窄带干扰）和阻塞式干扰（宽带干扰）[2]。压制性干扰方法简单，但是随着抗干扰技术的发展，所需的干扰功率越来越大，干扰机的体积也越来越大，且隐秘性差。欺骗性干扰是指卫星导航干扰设备发射某种与敌方卫星导航信号相似的干扰信号，从而扰乱敌方卫星导航系统用户设备的正常工作。欺骗性干扰又可以分为生成式欺骗性干扰和转发式欺骗性干扰两种。生成式欺骗性干扰是指干扰设备自身产生敌方的模拟导航信号，达到欺骗敌方用户设备的目的，该干扰方式通常需要知道敌方卫星导航信号格式，若卫星导航信号采取了加密措施，实施起来难度较大。转发式欺骗性干扰是通过接收敌方的导航信号并进行一定的处理后转发给敌方的接收机，达到欺骗的目的，由于不需要知道敌方的导航信号格式，实现起来相对容易，但要解决转发后信号的保真及收发隔离等问题。

导航系统通常由导航台和导航终端构成，其中导航台不间断地向外辐射导航信号，而导航终端通过接收处理导航台辐射的导航信号实现对自身的定位。根据导航台所处位置可将导航系统分为陆基导航系统和星基导航系统，其中陆基导航系统的导航台通常位于陆地或舰船上，如塔康系统、罗兰导航系统等，而星基导航系统的导航台位于人造地球卫星上，大家所熟悉的各类卫星导航系统属星基导航系统。

广义上的导航对抗包括陆基导航对抗和星基导航对抗。目前电子对抗无人机导航对抗载荷主要针对卫星导航系统，因此本书重点关注卫星导航对抗载荷。

导航干扰对卫星导航用户设备定位的影响如图 5-1 所示。

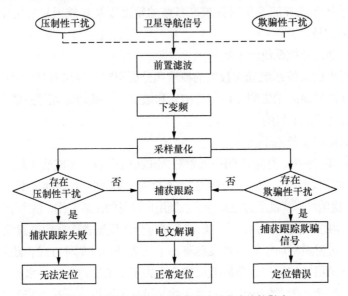

图 5-1 导航干扰对卫星导航用户设备定位的影响

| 5.2 机载压制性导航干扰 |

5.2.1 功能和分类

无人机机载压制性干扰通过发射强干扰信号，能使敌方电子信息系统、电子设备的接收端信噪比严重降低，有用信号模糊不清或完全淹没在干扰信号之中而难以或无法判别的一种电子干扰。压制性干扰利用干扰信号频率和卫星导航信号中心频率一致的特点，使卫星导航系统用户设备在接收到导航信号的同时接收到干扰信号，由于导航信号到达地球表面时功率极小，极易被大功率、同频段的信号掩盖，通过压制性干扰将使导航终端定位性能下降，甚至无法稳定定位。

压制性干扰信号的发射，其目的不在于传送某种信息，而是为了扰乱或破坏对方的卫星导航过程。压制性干扰以敌方的卫星导航系统用户设备为目标，千方百计地"深入"到敌方信息系统内部去，达到破坏敌方用户设备正常导航定位功能。因此，压制性干扰的特性是有源的、积极的，是主动进攻的有意干扰。

同其他电子信息系统和武器装备一样，压制性干扰的作用不仅取决于本身技术性能的优良，在很大程度上还取决于其战术使用方法的优劣。因此，压制性干扰技术的发展必须与导航对抗战术的发展紧密结合，是技术和战术的综合性对抗。

按照干扰信号频谱与目标卫星导航信号频谱的对应关系分类，无人机机载压制性导航干扰主要有窄带压制性干扰和宽带压制性干扰两类。

（1）窄带压制性干扰

无人机机载窄带压制性干扰是指信号频谱宽带远小于被干扰导航信号频谱宽度的干扰，窄带压制性干扰的极限便是载波干扰，即干扰信号是连续波信号，因此也被称为连续波干扰或单音干扰。

窄带压制性干扰是针对敌方某一重点导航工作频率实施的干扰，其优点是功率较为集中，可以形成较大的干扰功率，且邻近的频率信号不受影响或影响较小。窄带压制性干扰的主要技术指标包括干扰中心频率、干扰带宽、干扰样式、干扰功率、谐波与杂散抑制等，这些指标又是相互联系和相互制约的。

干扰中心频率通常与欲干扰的卫星导航系统的工作频率紧密相关，由于卫星导航系统的工作频率通常是固定的，因此干扰中心频率通常设置为该卫星导航系统的工作频率。

干扰带宽的大小与目标卫星导航系统的工作带宽紧密相关，当被干扰的导航信号频谱较宽，则窄带干扰信号的频谱宽度数值也会相对大一些。

干扰样式是指干扰时干扰机能够提供的干扰信号形式。一般希望干扰机能够提供的干扰样式多一些，并且干扰信号的参数可以调整，以便实施干扰时灵活地选用各种不同的干扰信号。无人机机载导航干扰样式包括噪声调频、单音干扰、多音干扰、扫频干扰等，这里仅对扫频干扰进行介绍。扫频干扰是一种时域和频域都分时的宽带干扰样式，扫频干扰信号一般是利用宽带混频器将中频的窄带干扰信号变频，得到时频干扰信号。改变混频器的本振频率，就可以实现扫频。本振频率可以通过压控振荡器改变，也可以通过频率合成器改变。当使用压控振荡器时，扫频函数为连续信号，本振频率连续变化，因此干扰信号的中心频率也连续变化，它可以采用锯齿波作为压控振荡器的控制电压。当使用数字频率合成本振时，本振频率步进变化，因此干扰信号的中心频率也步进变化。扫频干扰的扫频速度与本振置频速度（调谐速度）有关，同时也与被干扰的接收机的特性有关。当本振置频速度一定时，扫频速度需要考虑接收机的特性。由于扫频干扰对接收机而言，形成的是间断的干扰信号，当扫频速度太快时，接收机不能响应干扰，干扰效果下降或者无效。扫频干扰是一种时间和频率间断的干扰，只要扫频速度足够快，它可以实现在某个频段的宽带干扰。同时为了保证干扰效果，扫频速度会受到接收机建立时间的限制，因此在干扰时需要综合考虑，选择合适的扫频速度。

干扰功率指干扰机输出到干扰天线上的功率，通常希望干扰机的发射功率大些。在组织与实施干扰时，要注意干扰功率的合理使用及管理，尽可能充分发挥有限的干扰资源的作用。

干扰机辐射的无用谐波和杂散频率分量，不仅浪费干扰功率而且会对非目标信道造成干扰，因此，希望谐波与杂散输出电平越低越好。一般要求谐波与杂散抑制不小于 40 dB。

（2）宽带压制性干扰

宽带压制性干扰是指干扰信号频谱宽度远大于目标卫星导航信号的频谱宽度。宽带压制性干扰会占用较多的频谱资源，通常需要更大的干扰功率。宽带压制性干扰设备的主要指标与窄带压制性干扰设备相似，其产生方式也有多种，如可以利用噪声调频信号产生，也可以利用扫频方式产生，还可以利用梳状谱信号实现。

对卫星导航接收机进行噪声压制性干扰的原理如图 5-2 所示。

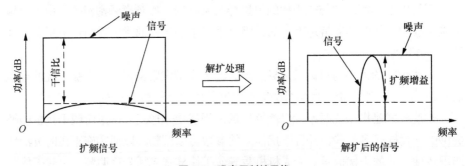

图 5-2　噪声压制性干扰

由图 5-2 所示可以看出，只有当经过卫星导航接收机载频捕获和解扩处理之后，干扰信号强度仍然比卫星导航信号的强度强时（即干扰的有效能量大于卫星导航信号的能量），压制性干扰才能起到作用。在这种情况下干扰信号与卫星导航信号的干信比（在接收机输入端）需要大于接收机的抗干扰容限，以 GPS 接收机为例，对于 P(Y)码接收机，其扩频处理的增益约为 53 dB，考虑到相关损耗和最小检测信噪比（14 dB）的要求，其抗干扰容限为 39 dB，因此，噪声的强度在解扩前必须比信号高出 39 dB，干扰才可能有效。因此，采用一般的压制性干扰，需要很大的干扰功率。C/A 码信号到达地面的最大功率为 P_{rm}=−153 dBw，P(Y) 码为 −155.5 dBw。采用压制性干扰时所需的等效干扰功率可由下式计算。

$$P_t = P_{rm} + G_p + L_j + K_j \qquad (5\text{-}1)$$

式中，K_j 为压制系数，通常取 K_j=0 dB；G_p 为 GPS 信号抗干扰裕度，对 C/A 码，G_p=33 dB，对 P(Y) 码，G_p=43 dB；L_j 为干扰路径损耗，由下式计算。

$$L_j = 32.4 + 20\lg R_j + 20\lg f + C$$

式中，R_j 为干扰距离；f 为工作频率；C 为附加损耗。

如果干扰信号采用某种特殊设计的波形时，就可能使它在经过接收机的扩频处理后，也具有一定的增益，虽然这个增益比真正卫星导航信号的增益要小，但有了它，就可以有效地减少干扰机的发射功率；而且一旦干扰机的发射功率降低了，卫星导航接收机的各种抗干扰措施（主要是针对强信号干扰）起到的作用也相对减弱。相关干扰信号就属于这种信号，通过产生与目标信号伪码相关性较强的伪码，就能实现对卫星导航接收机的有效干扰。这种干扰的效果如图 5-3 所示。

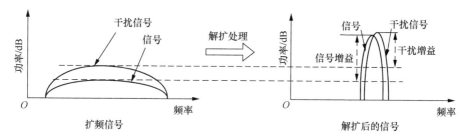

图 5-3 相关干扰时信号与干扰功率变化

采用这种相关干扰需要获得和卫星导航信号伪码相关性较强的干扰波形，这一方面需要通过侦察的手段获得伪码的结构信息，另一方面需要能够快速地获取或产生和伪码相关的信号。

相关干扰是针对卫星导航采用的抗干扰措施，以及针对直接序列扩频体制的弱点提出的。卫星导航的抗干扰措施，例如 GPS/INS 组合导航、自适应滤波和自适应调零天线的抗干扰能力都是以检测到干扰信号为基础的，相关干扰的隐蔽性会使这些抗干扰措施大打折扣。相关干扰还能破坏卫星导航接收机的相关特性，部分抵消其扩频增益带来的抗干扰能力。

相关干扰也可以在一定条件下看成是宽带压制性干扰，用相关干扰在一定条件可以起到较好的干扰效果，但相关干扰形成的起伏式的干扰幅度，与恒定幅度的干扰效果有差别。相关干扰形成的正、负相关峰，对调制信息的 1 码（+1）和 0 码（−1）的干扰效果不同。不过，序列干扰至少可以比宽带白噪声干扰节省 1/4 的干扰功率，且当干扰序列同信号序列有一定的相关时，还可部分抵消接收机的处理增益，从而进一步节省干扰功率。相关序列干扰的时域和频域结构与卫星导航信号相类似，使用户接收机很难抗拒。

5.2.2　干扰作用机理

卫星导航接收机是在噪声和干扰背景下进行信号检测的。当目标信号能量与噪声或干扰能量之比低于门限检测时，卫星导航接收机将会由于解调出的数据误码率过高而难以获得准确可靠的导航定位信息，从而失去作战效能。

1. 卫星导航接收机的组成及工作原理

虽然卫星导航接收机在设计构造和工作形式上会存在一些差异，但是它们内部软硬件的基本功能和工作原理却大体相近。这里首先简单地介绍现代卫星导航接收机的基本组成和工作原理。

如图 5-4 所示，一种典型卫星导航接收机的内部结构按其工作流程的先后顺序，通常包括射频前端处理、基带数字信号处理和定位导航运算三大功能模块。

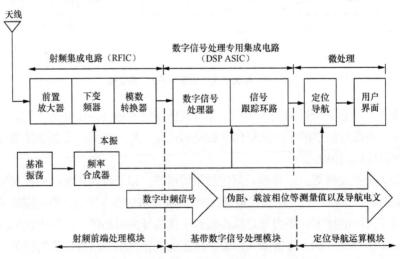

图 5-4　一种典型卫星导航接收机的三大功能模块

射频前端处理模块通过天线接收所有可见的卫星导航信号，经前置放大器的滤波放大后，再与本振产生的本振信号进行混频，经下变频器下变频成中频信号，最后经模数转换器将中频信号转变成离散时间的数字中频信号。

基带数字信号处理模块的主要功能是通过处理射频前端处理模块输出的数字中频信号，复制出与接收到的卫星信号相一致的本地载波和本地伪码信号，从而实现对卫星导航信号的捕获与跟踪，并从中获得伪距、载波相位等测量值以及解调出导航电文。由于接收到的载波信号上调制有伪码和导航电文，故为了从接收到的卫星信号中调解出导航电文，基带数字信号处理模块需要通过混频彻底地剥离数字中频信号中包括多普勒频移在内的载波，并且通过伪码相关运算再彻底地剥离信号中的伪码，而剩下的信号便是经调制的导航电文数据码。

基带数字信号处理模块通常表现为硬件与软件的结合，其中载波解调和伪码解扩通常由硬件形式的数字信号处理器来完成，而在微处理器中运行的信号跟踪环路控制软件则通过计算来调节数字信号处理器的各种操作。由于对数字中频信号的处理是由数字电路经过数字信号处理完成的，所以这种接收机也称为数字接收机。现代的卫星导航接收机基本上都是数字接收机。

接收天线能感应所有可见的卫星导航信号，因而由射频前端处理模块输出的数字中频信号也就包含所有可见的卫星导航信号。由于不同卫星导航信号的多普勒频移、伪码序列及其相位等信号参量各不相同，所以接收机必须对各个卫星导航信号分别进行独立的跟踪与处理。

卫星导航接收机基带数字信号处理模块通常采用信号通道的形式。信号通道是接收机接收部分的核心部件，是一种由硬件和相应的控制软件相结合的有机体，主要功能是跟踪、处理和测量卫星导航信号，以获得导航定位所需要的数据和信息。随着接收机的类型不同，接收机所具有的信号通道数目不等。每个信号通道，在某一时刻只能跟踪一颗导航卫星的一种频率信号，当某一颗导航卫星被锁定后，该卫星占据这一信号通道直到信号失锁为止。当接收机需同步跟踪多个卫星导航信号时，原则上可能采用两种跟踪方式：一种是接收机具有多个分离的硬件信号通道，每个信号通道都可连续地跟踪一个卫星导航信号；另一种是接收机只有一个信号通道，在相应软件的控制下，可跟踪多个卫星导航信号。目前大部分接收机均采用并行多通道技术，可同时接收多颗卫星导航信号。

卫星导航接收机在完成了对导航信号的捕获和跟踪处理之后，就可以通过定位导航运算模块进行导航信息的提取和最终位置的解算。

2. 压制性干扰对导航接收机前端的影响

目前卫星导航干扰的对象主要是各类卫星导航接收机，当遭受非常强的压制性干扰时，卫星导航接收机可能完全无法正常定位，当干扰强度不足以使定位失效的情况下，卫星导航接收机能够跟踪卫星信号但受干扰影响，伪距测量的误差会增加，而卫星导航接收机定位的准确性与伪距测量或载波相位测量的质量有较大关系，当干扰降低伪距和载波相位测量值或在载波相位测量值上引起周跳时，定位精度将降低。

卫星导航接收机的前端是受干扰源影响的第一级。前端对带内输入信号进行滤波，在执行模数转换之前将其解调为所选的中间频率。我们必须考虑前端模拟部分和模数转换之间可调增益控制前端的存在。可变增益放大器调节输入信号的功率，以优化模数转换的信号动态范围，从而最大限度地减少量化损失。

当卫星导航接收机前端接收带宽内无干扰时，接收的卫星导航信号功率电平低于基底热噪声的功率电平，可调增益几乎完全取决于热噪声。可调增益控制的主要作用是根据导航卫星的高度和天线增益的变化动态调整接收信号功率电平。

图 5-5 所示为无干扰时卫星导航信号模数转换输出的样本统计直方图。可以看出数据基本上呈正态分布。当卫星导航接收机前端接收带宽内存在干扰时，可调增益控制将压缩输入信号幅度以适应模数转换的最大动态范围，从而导致有用信号幅度的减小，甚至可能会消失，这是存在宽带干扰时可能发生的典型情况。

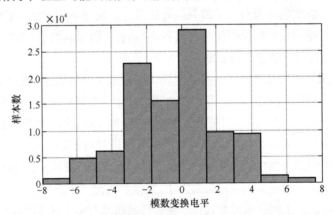

图 5-5　无干扰时卫星导航信号模数转换输出的样本统计直方图

当存在窄带干扰或单音干扰的情况下，模数转换输出端的数字信号的统计值也会受到影响。这可以从图 5-6 所示看到，在这种情况下，可调增益控制仍然能够压缩输入信号以避免更强的饱和，然而，卫星导航接收机在后续处理阶段可能仅仅对较低电平的卫星导航信号进行量化处理。

在存在更强干扰的情况，甚至前端的其他组件（如放大器）也可能在其标称指标区间之外工作时，就会产生非线性效应或截断现象，最终导致杂散谐波并与前端本身的有用信号混在一起。

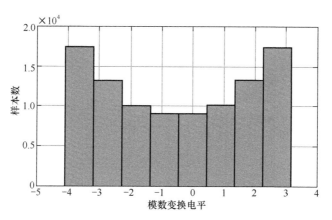

图 5-6　有干扰时卫星导航信号模数转换输出的样本统计直方图

3. 压制性干扰对信号捕获的影响

卫星导航接收机为了捕获卫星导航信号，一般需要同时复现导航卫星的伪码和载波。信号捕获的基本步骤是在对应于各个不同伪码、信号频率和码相位的三维搜索单元上进行的，当确定了需要搜索的是哪颗导航卫星后，信号的捕获就变成了在信号频率和码相位二维范围内的搜索。具体搜索过程为：首先确定卫星导航信号多普勒频移范围，在这一频移范围可任选一个载波频率（如果有一定先验信息，可以在某一特定的频率点），在这个频率下将本地载波和接收信号的两路正交分量相乘，解调后的两路信号和本地复制的伪码相乘得到两路基带信号；再将这两路基带信号进行一个或多个伪码周期的累加，若累加值大于预设的门限，则成功捕获到信号，若小于预先设置的门限，则移动 1/2 个码元，不断重复上述过程，直至整个码域搜索完毕，如果所有的码相位都已搜索完毕但仍然没有满足要求的相关峰出现，则更换当前的载波频率继续重复上述过程，直到满足要求的相关峰出现时，信号才被捕获。如果在此过程中已搜索完成当前所有可能的载波频率和伪码相位，但仍然没有满足要求的相关峰出现，则可以判断对这颗卫星导航信号的捕获失败了。图 5-7 所为卫星导航接收机针对某颗卫星导航信号的二维搜索。

对于某颗卫星导航信号，其二维搜索捕获过程可以用下面的互模糊函数表示：

$$\text{CAF}(\tau, f_{\text{d}}) = \frac{1}{N} \sum_{n=0}^{N-1} r[n]c[n-\tau] \tag{5-2}$$

式中，τ 表示伪码延迟；f_{d} 表示载波多普勒频移；$r[n]$ 表示卫星导航接收机收到的卫星信号，$c[n]$ 表示伪码；N 表示伪码长度。

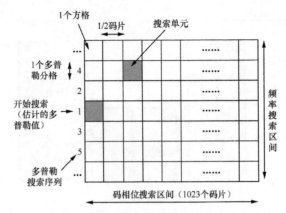

图 5-7　卫星导航接收机针对某颗卫星导航信号的二维搜索

定义捕获品质因数为互模糊函数的主峰值与噪声基底的比值，干扰信号功率大小会影响捕获品质因数的数值，图 5-8 所示为不同干扰条件下某颗卫星导航信号的捕获结果。

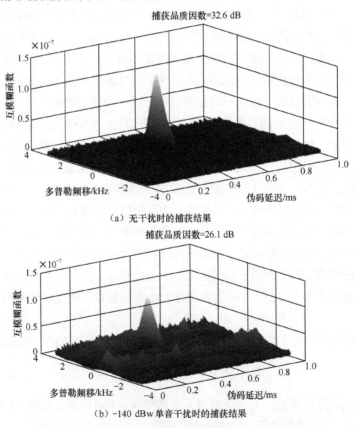

图 5-8　不同干扰条件下某颗卫星导航信号的捕获结果

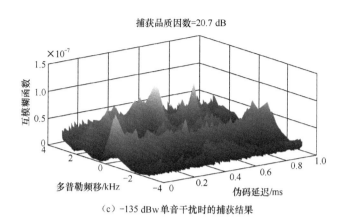

（c）-135 dBw 单音干扰时的捕获结果

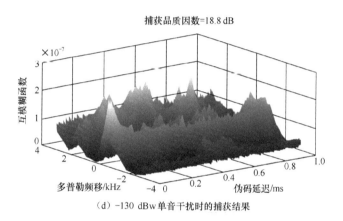

（d）-130 dBw 单音干扰时的捕获结果

图 5-8　不同干扰条件下卫星导航信号的捕获结果（续）

由图 5-8 所示可知，捕获品质因数值随着干扰功率的增加而减小，捕获品质因数值越大，互模糊函数主峰值越明显，表明越容易捕获到卫星导航信号。

4. 压制性干扰对信号跟踪的影响

卫星导航接收机在完成了信号的捕获以后，对载波频率的估计精度在几百赫兹左右，对伪码相位的估计精度在半个码片范围之内，这个精度不足以实现导航电文数据的解调。导航电文数据的解调要求本地复现的载波频率和接收信号的载波频率高度一致，本地复现的伪码相位与接收信号中的伪码相位也高度一致，即要求载波和伪码实现高精度同步。随着导航卫星和卫星导航接收机的相对运动，天线接收到的信号的载波频率和伪码相位会随着时间的推移发生改变，而且卫星导航接收机本地的时钟的钟漂和随机抖动也会影响对已捕获信号的锁定。因此要求卫星导航接收机在信号捕获后不仅能进一步减小载波频率和伪码相位的偏差，以便于信号的解调，而且还要求卫星导航接收机在载波频率或伪码相位改变时能够检测到并及时调节本地复现的载波信号和伪码相位以保证信号的连续解调，这些正是依靠信号跟踪回路来实现的。信号跟踪从其本质来说就是为了实现对信号的稳定跟踪而采取的一种对环路参数的动态调整策略。因此，信号跟踪的目的有两个：一个是实现对卫星导航信号载波分量的跟踪；另一个是实现对导航卫星定位中伪码分量的跟踪。所以在卫星导航接收机内部有两个跟踪回路（简称跟踪环），而且这两个跟踪环紧密耦合在一起，缺一不可。卫星导航接收机中的典型跟踪环如图 5-9 所示。

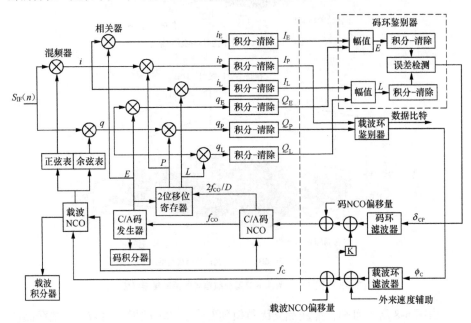

图 5-9　卫星导航接收机典型跟踪环

干扰信号对跟踪环路的影响主要体现在环路载噪比的降低，导致跟踪误差增大，当载噪比低于某一阈值时，会使跟踪误差超过接收机的跟踪门限，卫星导航接收机就会产生失锁现象。

卫星导航信号捕获、载波跟踪和数据解调的性能均取决于卫星导航接收机中每一相关器输出端的信干噪比（SINR）。用 ρ_c 表示相关器输出端的信干噪比[3]，则

$$\rho_c = \frac{2TC_s/N_0 \left[\int_{-\beta_r/2}^{\beta_r/2} S_s(f)\mathrm{e}^{\mathrm{j}2\pi f \tau}\mathrm{d}f \right]^2}{\int_{-\beta_r/2}^{\beta_r/2} |H_R(f)|^2 S_s(f)\mathrm{d}f + C_j/N_0 \int_{-\beta_r/2}^{\beta_r/2} |H_R(f)|^2 S_j(f)S_s(f)\mathrm{d}f} \qquad (5\text{-}3)$$

式中，T 为相关器积分时间；C_s 为接收机接收到（内部滤波前）的有用信号的功率；N_0 为噪声谱密度；$H_R(f)$ 为接收机的传输函数；$S_s(f)$ 为归一化到一定带宽

内单位面积上的信号谱密度；C_j 为干扰信号功率；β_r 为接收机带宽；$S_j(f)$ 为归一化到无限带宽单位面积上的所有干扰信号谱密度。

一般用载噪比来表征所接收卫星导航信号的质量，其中噪声是白色的，因而可以用标量的噪声密度来表征。而式（5-3）表明，任何非白干扰也必须被计算在内，且必须以其功率谱密度和功率来表征。因此，对干扰下相关器输出信干噪比的分析是非常麻烦的。若能虚构一个白噪声密度，代入式（5-3）后可产生与实际的混合白噪声和干扰相同的输出信干噪比，则利用这一虚构的等效白噪声得到的等效载噪比结果同样正确且可以直接用于分析。

当没有干扰且假设卫星导航接收机的带宽无限时，即时相关器（相对于超前和滞后相关器而言，此时相关器的时延 $\tau = 0$）输出的信噪比（SNR）为：

$$\rho_c = 2TC_s / N_0 \tag{5-4}$$

此时，载噪比可表示为：

$$C_s / N_0 = \frac{\rho_c}{2T} \tag{5-5}$$

当存在干扰时，等效载噪比为（此时的 ρ_c 用有干扰时的信干噪比代入）：

$$
\begin{aligned}
\left(C_s / N_0\right)_{\text{eff}} &= \frac{\rho_c}{2T} \\
&= \frac{C_s / N_0 \left[\int_{-\beta_r/2}^{\beta_r/2} S_s(f)\mathrm{d}f\right]^2}{\int_{-\beta_r/2}^{\beta_r/2} S_s(f)\mathrm{d}f + C_j / N_0 \int_{-\beta_r/2}^{\beta_r/2} S_j(f)S_s(f)\mathrm{d}f} \\
&= \frac{\int_{-\beta_r/2}^{\beta_r/2} S_s(f)\mathrm{d}f}{\dfrac{1}{(C_s / N_0)} + \dfrac{C_j / C_s}{\int_{-\beta_r/2}^{\beta_r/2} S_s(f)\mathrm{d}f / \int_{-\beta_r/2}^{\beta_r/2} S_j(f)S_s(f)\mathrm{d}f}} \\
&= \frac{\int_{-\beta_r/2}^{\beta_r/2} S_s(f)\mathrm{d}f}{\dfrac{1}{(C_s / N_0)} + \dfrac{C_j / C_s}{QR_c}}
\end{aligned} \tag{5-6}
$$

其中的抗干扰品质因数为：

$$Q = \frac{\int_{-\beta_r/2}^{\beta_r/2} S_s(f)\mathrm{d}f}{R_c \int_{-\beta_r/2}^{\beta_r/2} S_j(f)S_s(f)\mathrm{d}f} \tag{5-7}$$

Q 是一个无量纲的数，R_c 是扩频码速率。注意，增加 Q 值可提高 $\left(C_s / N_0\right)_{\text{eff}}$。

假定卫星导航接收机接收处理信号没有损失，信号进行了归一化处理 $\int_{-\beta_r/2}^{\beta_r/2} S_s(f) \, df = 1$，且用 dB 表示，则卫星导航接收机内部的等效载噪比为：

$$(C_s / N_0)_{\text{eff,dB}} = 10 \lg (C_s / N_0)_{\text{eff}}$$

$$= -10 \lg \left[10^{-\frac{(C_s/N_0)_{\text{dB}}}{10}} + \frac{10^{\frac{(C_j/C_s)_{\text{dB}}}{10}}}{QR_c} \right] \quad (5\text{-}8)$$

接收机内部的载噪比 $(C_s / N_0)_{\text{dB}}$ 可以由以下计算过程得到：

$$\begin{cases} (C_s / N_0)_{\text{dB}} = (C_s)_{\text{dB}} - (N_0)_{\text{dB}} \\ (C_s)_{\text{dB}} = (C_{Ri})_{\text{dB}} + (G_{SVi})_{\text{dB}} - L_{\text{dB}} \\ (N_0)_{\text{dB}} = 10 \lg \left[k (T_{\text{ant}} + T_{\text{receiver}}) \right] \\ T_{\text{receiver}} = 290 \left(10^{\frac{(N_f)_{\text{dB}}}{10}} - 1 \right) \end{cases} \quad (5\text{-}9)$$

式中，$(C_s)_{\text{dB}}$ 为卫星导航接收机内部恢复的来自导航卫星的信号功率；$(C_{Ri})_{\text{dB}}$ 为卫星导航接收机天线接收到的来自导航卫星 i 的信号功率；$(G_{SVi})_{\text{dB}}$ 指向导航卫星 i 的卫星导航接收机天线增益；L_{dB} 为卫星导航接收机的实现损耗，含 A/D 转换损耗；T_{ant} 为天线的噪声温度，通常为 100 K；T_{receiver} 为卫星导航接收机的噪声温度，为 169.6 K（$(N_f)_{\text{dB}} = 2$ dB 时）；$(N_f)_{\text{dB}}$ 为卫星导航接收机的噪声系数（290 K 时），低噪放卫星导航接收机的噪声系数一般为 2 dB。

（1）压制性干扰对载波跟踪的影响

卫星导航接收机正常工作时，载波相位跟踪环（PLL）、载波频率跟踪环（FLL）可以锁定信号。若载波环跟踪误差过大则环路会失锁，无法正常工作。当测量误差满足式（5-10）时，环路可以正常工作。

$$\begin{cases} \sigma_{\text{PLL}} = \sqrt{\left(\frac{360}{2\pi}\right)^2 \frac{B_n}{[C_s/N_0]_{\text{eff}}} \left(1 + \frac{1}{2T_{\text{coh}} \cdot [C_s/N_0]_{\text{eff}}}\right) + \sigma_v^2 + \theta_A^2} + \frac{\theta_e}{3} \leqslant 15 \\ \sigma_{\text{FLL}} = \frac{1}{2\pi T_{\text{coh}}} \sqrt{\frac{4B_n}{[C_s/N_0]_{\text{eff}}} \left[1 + \frac{1}{T_{\text{coh}} \cdot [C_s/N_0]_{\text{eff}}}\right]} + f_e/3 \leqslant \frac{1}{12T} \end{cases} \quad (5\text{-}10)$$

式中，B_n 为载波环的噪声带宽；T_{coh} 为预检测积分时间，一般取值为 20 ms；σ_v 为由振动引起的振荡器颤动误差，一般取值为 1.42°；θ_A 为阿仑方差引起的振荡器颤动误差，一般取值为 1.4°；θ_e 为 PLL 跟踪环的动态应力误差，一般取值为 5.12°；f_e 为在 FLL 跟踪环中的动态应力误差。

将受到压制性干扰后的等效载比 $\left(C_{\mathrm{s}}/N_0\right)_{\mathrm{eff}}$ 代入式（5-10），判断卫星导航接收机载波跟踪环是否超过失锁门限，一旦超过，便认定卫星导航接收机失锁，不能工作。

当采用噪声宽带干扰时，干扰对于卫星导航接收机载波跟踪环路的影响相当于高斯白噪声能量的增加。分析宽带干扰下的载波跟踪环性能，只需将式（5-10）中的高斯白噪声谱密度用高斯白噪声谱密度与宽带干扰的功率谱密度相加结果代替，此时宽带干扰的抗干扰品质因数 Q 可表示为：

$$Q = \frac{\beta_{\mathrm{r}}}{R_{\mathrm{c}}} \tag{5-11}$$

当采用单音窄带干扰时，且干扰频率对准卫星导航信号载波频率时，抗干扰品质因数 Q 为：

$$Q = \frac{1}{R_{\mathrm{c}} S_{\mathrm{s}}(f_{\mathrm{j}})} \tag{5-12}$$

式中，f_{j} 为干扰信号频率。

（2）压制性干扰对伪码跟踪的影响

卫星导航接收机的码跟踪环通常采用延迟锁定环（DLL），比较常用的鉴别器是相干超前减滞后鉴别器和非相干超前减滞后鉴别器，虽然相干与非相干超前减滞后处理码跟踪精度的影响因素一致，但表达式不同。非相干超前减滞后处理是通过超前减滞后支路的功率差分来实现的，它的缺点是经过平方器后丢失相位信息而引起平方损耗，但其不依赖载波相位信息进行相干处理，所以使用范围更广。

当采用非相干超前减滞后鉴别器时，热噪声引起的码相位测量误差均方差为：

$$\sigma_{\mathrm{tDLL}} = \begin{cases} \sqrt{\dfrac{B_{\mathrm{n}}}{2C_{\mathrm{s}}/N_0} D\left[1 + \dfrac{2}{(2-D)T_{\mathrm{coh}}C_{\mathrm{s}}/N_0}\right]}, & D \geqslant \dfrac{\pi R_{\mathrm{c}}}{B_{\mathrm{fe}}} \\[4mm] \sqrt{\dfrac{B_{\mathrm{n}}}{2C_{\mathrm{s}}/N_0}\left(\dfrac{1}{B_{\mathrm{fe}}T_{\mathrm{c}}} + \dfrac{B_{\mathrm{fe}}T_{\mathrm{c}}}{\pi-1}\left(D - \dfrac{1}{B_{\mathrm{fe}}T_{\mathrm{c}}}\right)^2\right) \times \left[1 + \dfrac{2}{(2-D)T_{\mathrm{coh}}C_{\mathrm{s}}/N_0}\right]}, \\[1mm] & \dfrac{R_{\mathrm{c}}}{B_{\mathrm{fe}}} < D < \dfrac{\pi R_{\mathrm{c}}}{B_{\mathrm{fe}}} \\[4mm] \sqrt{\dfrac{B_{\mathrm{n}}}{2C_{\mathrm{s}}/N_0}\left(\dfrac{1}{B_{\mathrm{fe}}T_{\mathrm{c}}}\right)\left[1 + \dfrac{2}{T_{\mathrm{coh}}C_{\mathrm{s}}/N_0}\right]}, & D \leqslant \dfrac{R_{\mathrm{c}}}{B_{\mathrm{fe}}} \end{cases} \tag{5-13}$$

式中，B_{n} 为码跟踪环噪声带宽；B_{fe} 为双边前端带宽；T_{c} 为伪码码元宽度；D 表示

前后相关器间距。

当码跟踪环受到压制性干扰时，会产生附加的、随机的和零均值的码跟踪误差，可以用码跟踪误差的标准差来度量干扰的影响。假设 $S_j(f)$ 是归一化为无穷带宽上单位面积内的干扰功率谱密度，$S_s(f)$ 是归一化的信号功率谱密度。在 D 个扩频码周期的超前减滞后的间隔下，通过超前减滞后的功率差分，可推导出干扰条件下非相干超前减滞后处理产生的码跟踪误差为：

$$\sigma_{\mathrm{NELP}} \approx \sigma_{\mathrm{CELP}} \sqrt{1 + \frac{\int_{-\beta_r/2}^{\beta_r/2} S_s(f)\cos^2(\pi f D T_c)\mathrm{d}f}{T\dfrac{C_s}{N_0}\left(\int_{-\beta_r/2}^{\beta_r/2} S_s(f)\cos(\pi f D T_c)\mathrm{d}f\right)^2} + \frac{\int_{-\beta_r/2}^{\beta_r/2} S_j(f)S_s(f)\cos^2(\pi f D T_c)\mathrm{d}f}{T\dfrac{C_s}{C_j}\left(\int_{-\beta_r/2}^{\beta_r/2} S_s(f)\cos(\pi f D T_c)\mathrm{d}f\right)^2}}$$

(5-14)

式中，σ_{CELP} 为干扰下相干超前减滞后处理的码跟踪标准差：

$$\sigma_{\mathrm{CELP}} \approx \frac{\sqrt{B_n}}{2\pi\int_{-\beta_r/2}^{\beta_r/2} f S_s(f)\sin(\pi f D T_c)\mathrm{d}f} \sqrt{\int_{-\beta_r/2}^{\beta_r/2}\left[\left(\frac{C_j}{N_0}\right)^{-1} + \frac{C_j}{C_s}S_j(f)\right]S_s(f)\sin^2(\pi f D T_c)\mathrm{d}f}$$

(5-15)

由式（5-15）可知，定量分析干扰对码跟踪精度的影响，比评估干扰对信号捕获、载波跟踪的影响复杂很多。

当采用噪声宽带干扰时，分析宽带干扰对接收机码跟踪环的影响，同样可将表达式中的高斯白噪声谱密度用高斯白噪声谱密度与宽带干扰功率谱密度相加结果代替，求得宽带干扰的码跟踪误差。

窄带干扰不能建模为白噪声，属于非白干扰，与对等效载噪比的影响方式有着根本的区别，这种影响不仅取决于信号与干扰的功率谱、预相关滤波器，还取决于鉴别器设计细节和码跟踪环路带宽。假设窄带干扰中心频率为 f_j，干扰功率为 C_j，且超前减滞后间距 D 较小时，可得窄带干扰下码跟踪环的误差表达式为：

$$\sigma_{\mathrm{NELP,N}} = \frac{\sqrt{B_n}}{2\pi\beta_s} \sqrt{\left[\left(\frac{C_s}{N_0}\right)^{-1} + \frac{C_j}{C_s}\frac{f_j^2 S_s(f_j)}{\beta_s^2}\right]\left[1 + \frac{1}{T_{\mathrm{coh}}\dfrac{C_s}{N_0}\eta} + \frac{S_s(f_j)}{T_{\mathrm{coh}}\dfrac{C_s}{C_j}\eta^2}\right]}$$

(5-16)

式中，$\beta_s = \sqrt{\int_{-\beta_r/2}^{\beta_r/2} f^2 S_s(f)\mathrm{d}f}$ 表示预相关带宽上计算的信号均方根带宽；$\eta = \int_{-\beta_r/2}^{\beta_r/2} S_s(f)\mathrm{d}f$ 为信号功率中通过预相关带宽的部分。

干扰下的载波环跟踪误差通常比码跟踪误差小几个量级，所以通常采用载波环对码环进行辅助，当干信比继续增加，载波环跟踪误差和码跟踪误差都会大幅度增大，即干扰功率越大，干扰效果越好。

（3）压制性干扰对定位精度的影响

卫星导航定位精度主要取决于伪距测量精度和导航卫星的几何精度因子GDOP：

$$\sigma_p = GDOP \cdot \sigma_{UERE} \tag{5-17}$$

式中，σ_p 表示卫星导航接收机的定位误差；GDOP 描述了卫星导航接收机和导航卫星的空间相对位置关系对定位误差的影响；σ_{UERE} 为伪距测量误差。

GDOP 是衡量定位精度很重要的参数，它代表伪距误差造成的卫星导航接收机与空间卫星间的距离矢量放大因子。本质上，GDOP 的数值描述了参与定位的导航卫星空间分布情况的好坏程度，GDOP 越大，代表导航卫星的空间分布越集中在一个区域，导航卫星与导航卫星接收机所勾勒的立体体积越小，卫星导航接收机至导航卫星的角度就会十分相似，会导致定位的精度变差。对应定位几何精度因子优劣的情况如图 5-10 所示。

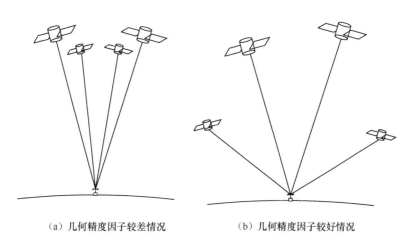

（a）几何精度因子较差情况　　　　（b）几何精度因子较好情况

图 5-10　不同的几何精度因子对应的卫星分布

压制性干扰信号较强时，会导致卫星导航接收机接收的导航信号质量变差，进而使伪距测量误差增大，严重时会使误差增大到卫星导航接收机无法正常定位的程度。

|5.3 机载欺骗性导航干扰|

5.3.1 功能和分类

机载欺骗性导航干扰是向被欺骗目标发射与真实卫星导航信号同频，包含导航信息的虚假导航信号，通过特定技术措施侵入被欺骗卫星导航接收机的卫星信号跟踪环路，使其失锁正常的卫星导航信号，转而采用伪卫星信号进行定位，达到诱骗其做出错误定位、测速或授时的目的。

欺骗性导航干扰入侵卫星导航接收机跟踪环路可以通过真、伪导航信号在卫星导航接收机跟踪环路中产生相关峰的相对运动，并由欺骗峰凭借功率优势，逐渐将真实峰剥离跟踪环路，进而控制跟踪环路，达成欺骗目的；也可采用压制性导航干扰直接导致被欺骗卫星导航接收机跟踪环路失锁正常卫星导航信号，然后利用欺骗信号的功率优势使其在重捕获过程中锁定欺骗信号，最终达成欺骗目的。欺骗性导航干扰主要分为生成式欺骗性干扰和转发式欺骗性干扰。

从卫星导航定位的工作原理可以知道，根据几何学原理，三个球面性相交一点。所以要确定空间某一点，必须确定三个球各自的球心位置和球半径。用户卫星导航接收机以导航卫星位置为球心（该位置由卫星发送的导航电文给出），以该卫星到用户接收点的距离为球半径，通过测量多颗卫星导航信号的传播时间得到多个"伪距"，再通过计算，就可确定用户卫星导航接收机所处的坐标位置，据此，欺骗性导航干扰可以有"生成式"和"转发式"两种体制。两种方式都通过改变"伪距"实施欺骗，从几何学原理可以知道，若分别处理各个卫星导航信号的传播时延，则可使被干扰的卫星导航接收机测得的位置发生各种变化。"转发式"干扰利用信号的自然时延，改变卫星导航接收机测得的"伪距"，技术上也相对容易实现。

欺骗性导航干扰主要依据对卫星导航信号及其结构的了解，拟合出符合卫星导航信号接收规范的伪码，使卫星导航接收机不能识别真实信号与欺骗信号，从而造成卫星导航接收机解算出错误的定位、时间和导航信息。欺骗性导航干扰因其具备优异的隐蔽性，既不易引起目标的察觉，又能使某些抗干扰设备（自适应调零天线、抗干扰数字滤波器以及干扰源探测器等）失效，因此欺骗性导航干扰的破坏性和威胁性更大。

5.3.2　生成式欺骗性干扰

生成式欺骗性干扰是在已知伪码产生方式的前提下，卫星导航干扰设备通过接收真实导航信号，推算出被欺骗对象接收到的导航信号，从而自主产生并发射与真实信号相似的欺骗信号[4]。生成式欺骗性干扰如图 5-11 所示。

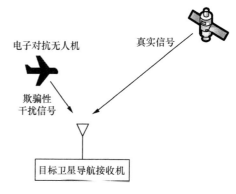

利用导航信号伪码的周期重复特性，欺骗信号可以在一个伪码周期内与真实信号自动实现相互匹配，并通过稍高于真实信号的功率将卫星导航接收机伪码跟踪环路牵引至跟踪欺骗信号。同时，由于欺骗信号伪码的周期重复特性，如果在一个伪码周期内欺骗不成功，该欺骗信号还可以自动在下一个伪码周期实施牵引，直至成功引导目标卫星导航接收机。

图 5-11　生成式欺骗性干扰

一旦欺骗信号成功牵引目标卫星导航接收机伪码跟踪环路，欺骗者则可以通过调整其发射的欺骗信号伪码相位控制目标卫星导航接收机的定时、定位结果，从而达到欺骗目标卫星导航接收机的目的。

生成式欺骗性干扰技术的优势在于信号是由自身产生的，欺骗者可以自行设置信号中的导航电文、篡改信号的发射时间，这就使信号的发射不仅可以滞后于真实信号，还可以超前于真实信号到达目标卫星导航接收机，即可通过改变到达时间和篡改卫星位置两条途径对目标卫星导航接收机实现欺骗。

然而，生成式欺骗要求必须完全掌握导航信号结构，如伪码结构、导航电文等，对于军码来说，除军方外的个人和组织难以得到相关的技术资料，难以实现军用信号的生成式欺骗性干扰，因此对卫星导航的生成式欺骗性干扰仅限于民用信号。

生成式欺骗性干扰设备通常由接收机模块、欺骗信号生成模块以及发射模块组成。接收机模块主要用于监测当前卫星导航信号，通过接收真实卫星导航信号，解算出信号发射时刻、电离层时延和对流层时延，估算目标接收机处接收到的卫星导航信号功率，将得到的参数传递给欺骗信号生成模块，欺骗信号生成模块根据这些参数产生欺骗性干扰信号，发射模块根据测出的与目标卫星导航接收机的距离，将欺骗性干扰信号发射出去。

为使生成式欺骗性干扰得到预期效果，首先需要估计出目标卫星导航接收机接收的卫星导航信号参数，如信号功率、码相位、多普勒频率以及预测导航电文，使生成的欺骗性干扰信号到达目标卫星导航接收机天线相位中心时与真实信号码相位对准，这一步也称为信号同步过程。其次，当真实信号与欺骗信号码相位对准后，逐步增加欺骗信号功率和码率，利用欺骗信号的功率优势，不断剥离真实信号相关峰。

生成式欺骗性干扰信号的生成需要解决以下几个导航信号关键参数的估计问题。

（1）信号功率估计

在复杂环境下，特别是多径干扰严重的情形下，卫星导航信号功率起伏较大，因此欺骗信号功率通常不能设为一个经验值。由于卫星距离地面很远，在开阔的环境里，到达地面的信号功率起伏不大，如果无人机欺骗性干扰设备与目标卫星导航接收机距离较近，则可以把卫星到无人机欺骗性干扰设备和到目标接收机的自由空间传播损耗看成是相等的，认为无人机欺骗性干扰设备处的信号功率就是目标卫星导航接收机处的信号功率。当无人机欺骗性干扰设备与目标卫星导航接收机距离较远时，还要考虑欺骗信号发射到目标卫星导航接收机的传输损耗，而传输损耗是无人机欺骗性干扰设备到目标卫星导航接收机之间的径向距离的函数。

（2）码相位估计

首先欺骗性干扰设备需要计算可见卫星的位置，因为码相位估计需要计算伪距。伪距中包括了卫星与目标卫星导航接收机的距离、电离层时延和对流层时延。实际中可以用卫星到欺骗性干扰设备的电离层时延和对流层时延替代卫星到目标卫星导航接收机的大气时延，这在局部范围内是完全可行的。此外，欺骗性干扰设备获取每颗卫星的星历所需时间一般不会不超过 1 min，故基于导航数据结构及其良好的稳定性来预测导航数据，且卫星星历按偶数小时更新，为生成式欺骗性干扰提供了基本条件。

（3）多普勒频率估计

根据测得的目标卫星导航接收机的位置和速度信息，加上卫星的位置和速度信息，可算出两者之间的相对运动，得出多普勒频率。

5.3.3 转发式欺骗性干扰

对卫星导航系统的转发式欺骗性干扰就是利用转发干扰设备接收真实卫星导航信号，通过自身设备的精密时延控制，在对卫星导航信号不做任何处理的情况下，直接通过发射机转发信号到目标卫星导航接收机实现的干扰。经转发后，信号传输距离大于直达信号传输距离，从而让目标卫星导航接收机对欺骗信号的伪距测量值大于真实直达信号，导致目标卫星导航接收机的钟差计算错误，最终得到错误的伪距测量值，达到欺骗目的。

转发式欺骗性干扰的优势在于，转发式干扰不需要知道信号伪码，不需要完全掌握信号结构，所以不受军码加密的限制，从而对军民信号均适用，是当前卫星导航系统军事应用面临的首要欺骗攻击方式。

但相比于生成式欺骗性干扰，转发式欺骗信号到达目标卫星导航接收机的时延一定大于真实信号到达目标卫星导航接收机的时延。同时转发式欺骗性干扰只能通过改变伪距测量值来实现欺骗目的，故控制的灵活性相对较差。

当欺骗性干扰信号侵入被欺骗目标的跟踪环路后，被欺骗目标会使用该虚假观测量解算出错误的定位结果。由于欺骗性干扰信号功率接近正常卫星导航信号，被欺骗目标难以察觉，干扰效果好，战场生成能力强。

当被欺骗目标进入干扰作用范围时，就会形成图 5-12 所示的态势。

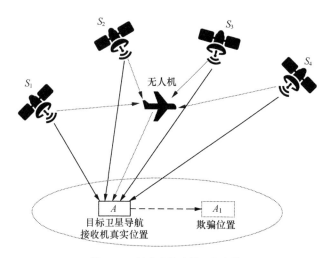

图 5-12　转发式欺骗性干扰态势

A—目标卫星导航接收机位置；A_1—卫星导航接收机受欺骗后位置；S_i（i=1,2,3,4）—导航卫星位置

目标卫星导航接收机没有受到欺骗性干扰时，假设点 A 的坐标为 (x_A, y_A, z_A)，卫星导航接收机钟差为 t_u，对四颗导航卫星进行伪距测量，得到方程组：

$$\rho_i = \|S_i - A\| + ct_u, i = 1,2,3,4 \tag{5-18}$$

式中，S_i 为第 i 颗导航卫星位置；ρ_i 为第 i 颗导航卫星到目标卫星导航接收机的伪距值；A 为目标卫星导航接收机坐标；c 为光速，根据伪距测量方程得到点 A 的伪距测量方程：

$$\rho_1 = \sqrt{(x_1 - x_A)^2 + (y_1 - y_A)^2 + (z_1 - z_A)^2} + ct_u$$

$$\rho_2 = \sqrt{(x_2 - x_A)^2 + (y_2 - y_A)^2 + (z_2 - z_A)^2} + ct_u$$

$$\rho_3 = \sqrt{(x_3 - x_A)^2 + (y_3 - y_A)^2 + (z_3 - z_A)^2} + ct_u \qquad (5\text{-}19)$$

$$\rho_4 = \sqrt{(x_4 - x_A)^2 + (y_4 - y_A)^2 + (z_4 - z_A)^2} + ct_u$$

也可以写成：

$$\rho_i = \sqrt{(x_i - x_A)^2 + (y_i - y_A)^2 + (z_i - z_A)^2} + ct_u, i = 1, 2, 3, 4 \qquad (5\text{-}20)$$

式中，(x_i, y_i, z_i) 为第 i 颗导航卫星的三维坐标，其坐标值可利用接收信号中的导航电文计算得到，伪距 ρ_i 可由卫星导航接收机测量得到。通过求解方程可得到卫星导航接收机的定位信息，这就是伪距定位的基本原理。

当目标卫星导航接收机受到转发式欺骗性干扰时，卫星导航接收机处于干扰源有效干扰范围内，此时卫星导航接收机接收到的卫星导航信号不再是直达信号，而是经干扰源转发后的欺骗信号。我们假设干扰源接收天线和发射天线的传输时延为 t_1，发射天线传输到卫星导航接收机的路径时延为 t_2，而干扰源添加的人为时延为 t_3。此时对于目标卫星导航接收机来说，定位表达式变为：

$$\rho_1 + c(t_1 + t_2 + t_3) = \sqrt{(x_1 - x_A)^2 + (y_1 - y_A)^2 + (z_1 - z_A)^2} + ct_u$$

$$\rho_2 + c(t_1 + t_2 + t_3) = \sqrt{(x_2 - x_A)^2 + (y_2 - y_A)^2 + (z_2 - z_A)^2} + ct_u$$

$$\rho_3 + c(t_1 + t_2 + t_3) = \sqrt{(x_3 - x_A)^2 + (y_3 - y_A)^2 + (z_3 - z_A)^2} + ct_u \qquad (5\text{-}21)$$

$$\rho_4 + c(t_1 + t_2 + t_3) = \sqrt{(x_4 - x_A)^2 + (y_4 - y_A)^2 + (z_4 - z_A)^2} + ct_u$$

假设每颗导航卫星的转发时延是相同的，令 $t_u - t_1 - t_2 - t_3 = t_x$，式（5-21）又可写为：

$$\rho_i = \sqrt{(x_i - x_A)^2 + (y_i - y_A)^2 + (z_i - z_A)^2} + ct_u \qquad (5\text{-}22)$$

$$\rho_1 = \sqrt{(x_1 - x_A)^2 + (y_1 - y_A)^2 + (z_1 - z_A)^2} + ct_x$$

$$\rho_2 = \sqrt{(x_2 - x_A)^2 + (y_2 - y_A)^2 + (z_2 - z_A)^2} + ct_x$$

$$\rho_3 = \sqrt{(x_3 - x_A)^2 + (y_3 - y_A)^2 + (z_3 - z_A)^2} + ct_x \qquad (5\text{-}23)$$

$$\rho_4 = \sqrt{(x_4 - x_A)^2 + (y_4 - y_A)^2 + (z_4 - z_A)^2} + ct_x$$

受欺骗后的目标卫星导航接收机很有可能将坐标定位到点 A_1，从而得到错误的定位信息。转发干扰设备接收导航卫星发射的真实信号，经一定的时延放大后发射出去，使干扰有效区域内的目标卫星导航接收机接收到该转发信号。由于欺骗信号功率通常要比正常卫星导航信号功率高，所以目标卫星导航接收机对信号进行捕获时完全有可能捕获到该欺骗信号，欺骗信号相对正常卫星导航信号增加了时延，从而使目标卫星导航接收机伪距测量值发生变化，给出错误的导航定位结果，达到了欺骗目的。

参考文献

[1]　毛虎, 吴德伟, 卢虎. GPS 信号的脉冲干扰效能分析[J]. 电子科技大学学报, 2019, 48(4): 518-525.

[2]　BORIO D. GNSS acquisition in the presence of continuous wave interference[J]. IEEE Transactions on Aerospace and Electronic Systems, 2010, 46(1): 47-60.

[3]　KAPLAN E D, HEGARTY C. Understanding GPS: Principles and Applications[M]. Norwood, MA: Artech House, 2005.

[4]　何亮, 李炜, 郭承军. 生成式欺骗性干扰研究[J]. 计算机应用研究, 2016, 33(8): 2405-2408.

第 6 章

机载成像侦察任务载荷原理

自然界的任何物体都会以某种形式发出电磁波，并且与其所处背景环境的电磁波特性有所差异。这种差异可能包含声、光、电、磁、热、力等多个方面，可以依靠技术手段、仪器设备等检测出来，是可以从背景中检测出目标的基本依据。现代成像侦察系统的大概工作过程为：目标及其背景环境的电磁波特征信息以辐射、反射和散射等形式发出，工作在特定波段的成像探测系统对接收到的电磁波信号进行加工处理，生成可视化的图像或视频数据，同时根据作战需要进行直观显示、数据存储和情报分发。因此，成像侦察的物理基础就在于对电磁波的接收、处理和分发过程上。

目前在无人机机载侦察任务载荷方面，除了电子侦察以外，伴随着传统民用遥感技术的大量应用以及探测器技术的发展，各类成像侦察载荷和无人机机载平台吊舱的一体化设计发展迅猛，不仅传统的可见光航空相机有了长足进步，各种技术特点鲜明、性能优越的多光谱/高光谱相机、主动红外成像系统、热成像系统、微光电视、红外成像侦察告警仪以及非成像类的激光指示器、敌我目标识别等也在加速应用，而更为先进的合成孔径雷达成像技术、激光雷达成像技术也开始在无人机上出现，大大扩展了传统光电成像侦察的能力。

|6.1 可见光成像侦察|

可见光辐射一般指太阳辐射光谱中波长为 $0.38 \sim 0.76\ \mu m$ 波段的光辐射，处于人眼可视的范围，由红、橙、黄、绿、蓝、靛、紫七色光组成。可见光成像侦察是指成像传感器工作波段在可见光波段的技术。

因为传统感光胶片的感光范围设计在可见光波段，所以可见光波段是传统航空摄影、摄像侦察和航空摄影测绘等应用形式中最常用、最主要的工作波段。经过多年的发展，可见光成像技术非常成熟，可以获得具有很高地面分辨率的黑白全色或彩色影像，图像的判读性能也相对较高。可见光成像侦察的辐射光源是太阳，因此会极大地受到光照和气象条件的影响。伴随着红外成像、多光谱成像技术的相继出现，该工作波段已经逐渐外延到近红外区0.9 μm 处，在成像方式上也从单一的波段成像发展为波段分布更高、波段更宽、波段数划分更细更多的红外扫描及多光谱、高光谱和超光谱扫描等，成像能力得到大大提高。

6.1.1 可见光成像的基本原理

成像传感器是成像侦察系统的核心器件，决定了成像侦察系统的分辨率、帧频、信噪比、动态范围和功耗等重要性能指标。传统的机载可见光成像侦察主要有相机航拍侦察方式和电视摄像侦察方式两种，前者主要使用普通的感光胶片记录瞬时静态的影像数据，后者主要使用基于电子扫描和光电摄像管的电视装置记录连续动态的影像数据。由于现代战争对战场情报信息的要求越来越高，尤其需要侦察系统能提供大数据量、高分辨率、高灵敏度和实时快速的可视化情报数据。作为成像传感器的核心，传统的胶片式相机和电子扫描式电视装置已远远不能满足作战需求。

目前普遍使用的成像传感器主要有电荷耦合器件（charge coupled device，CCD）和互补金属氧化物半导体器件（complementary metal oxide semiconductor，CMOS）两种。CCD 的出现具有划时代的意义，在民用光学遥感、光电望远镜和高速摄影等方面发展迅速，在军用的各种光电探测器件上也得到广泛应用。早期CMOS 技术水平比较低，生产制备工艺能力也比较弱，分辨率、信噪比、灵敏度和成像质量等多个关键性能指标不如 CCD，因此一直发展比较慢。但是随着工业图像市场需求的发展，在一些需要提高生产率、质量和生产制备经济性的全新自动化解决方案下，CMOS 得到了充分的市场刺激。另外，市场上数码相机和手机相机的广泛应用也是一个巨大的推动力，使 CMOS 伴随着大规模集成电路技术的突飞猛进，综合性能已经在多个应用领域赶超 CCD，尤其是在中低分辨率领域优势明显。这两种传感器各有优缺点。例如，基于实现原理，CMOS 像元比 CCD 传感器复杂，像素尺寸很难达到 CCD 的水平，因此在面积相同的情况下，CCD 的分辨率通常会优于 CMOS。目前，一般认为在相似条件下的 CCD 综合性能要优于CMOS 。本节只介绍 CCD 的相关知识。

1. CCD 的基本概念

CCD 是 20 世纪 70 年代初由美国贝尔实验室开发的一种新型半导体器件，这种器件用电荷量表征信号大小，用耦合方式传输信号，有自扫描、光电转换、信息存储、延时和电信号按序传送等功能，具有工作频段范围宽、畸变小、体积小、重量轻、系统噪声低、功耗小、寿命长、可靠性高等一系列优点，并可制备高集成度组件，展现出相对传统成像器件无以伦比的优越性能，是目前数字化图像采集和处理必不可少的关键器件之一，具有极广泛的应用前景。

具体说来，相对于传统感光和电子扫描成像方式器件，CCD 具有以下显著优点[1]。

① 高分辨率：像元的大小为微米级，可准确描绘物体的精细特征，通过提升细节也可整体提高影像品质。单个像元的尺寸从早期的 1 in 始终保持逐渐减小的趋势，像元间隔也越做越小，单位面积上的像元数量也相应地逐渐增多，使成像分辨率越来越高。

② 高信噪比、高灵敏度：读出噪声和暗电流噪声都很低，因此灵敏度和信噪比都很高，0.000 3 ~ 0.000 5 LUX 甚至接近 0 LUX 的低强度入射光也能被检测到，同时不会使弱信号被噪声掩盖，因此其应用基本不受光照和气象条件限制。

③ 动态范围广：经过数字化处理过程，其动态范围可以达到 400%，专业级别甚至可以达到 600%，可适应弱光到强光的大范围变化，从而提高了系统对环境的适应能力，不会因光强变化大造成信号反差现象。

④ 良好的线性输出特性：入射光强和输出信号的强弱成良好的线性关系，从而能均匀、稳定地反映图像的细节层次，也能降低信号补偿处理的成本。

⑤ 光电转换效率高：不但低强度光可以被接收和检测到，光子转换效率也很高，可以正确地被转换和记录下来，如果再配合增强器件，即使在黑夜远处的目标环境仍然可以被拍摄下来。

⑥ 电荷传输效率高：该效率系数会直接影响信噪比、解像率等关键指标，若电荷传输效率不高，损失大，可能使输出图像的质量下降。

⑦ 感光面积大：先进的半导体技术已经可以制备出大面积的晶片，成为专业级光学设备的必备器件。

⑧ 光谱响应范围广：能检测从可见光到红外波段，增强了系统对环境的适应能力，也扩大了系统的应用领域。

⑨ 体积小、重量轻、能耗低：便于批量生产，有利于参与制备高集成度器件，便于系统集成，适用于各种应用环境。

⑩ 易用性好：品质稳定、坚固，可靠性高，使用方便，保养简单。

2. CCD 的工作原理[2]

（1）CCD 的基本单元

金属-氧化物-半导体（metal-oxide-semiconductor，MOS）电容器是 CCD 的最基本单元，CCD 的本质就是由 MOS 电容器按照一定规律组成的阵列。首先在 P 型或 N 型硅衬底表面上用氧化的方法生长一层很薄（厚 100～150 nm）的二氧化硅；然后在二氧化硅薄层上依序逐层沉积并光刻腐蚀出金属或掺杂多晶硅电极（栅极），衬底接地，栅极外接偏置电压；最后将这些 MOS 电容器按照一定规律组成阵列，配合适当的输入、输出电路就构成了基本的 CCD 移位寄存器。

（2）CCD 的工作流程

CCD 的工作流程主要有下面四步（见图 6-1）。

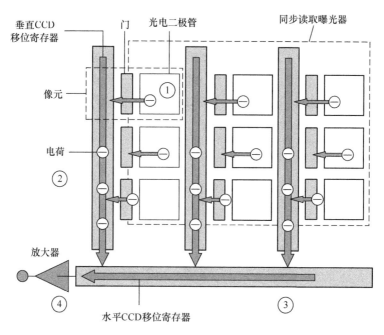

图 6-1　CCD 的工作流程

① 电荷产生：MOS 电容器是基本单元，当入射光进入 MOS 电容器，光子穿过透明电极及氧化层，进入硅衬底。硅衬底中处于价带的电子将吸收光子能量而跃入导带，这个电子跃迁就会形成电子-空穴对。这些电子-空穴对在外加电场的作用下，分别向电极的两端移动，形成信号电荷。这个过程就是通常所说的光生伏

特效应，光子激发电子，光能量转化为电能量，完成最基本的光电转换。

② 电荷存储：对金属栅电极施加时钟脉冲，栅极下的电势将增大，成为光生电荷聚集的地方，称为势阱；其附近的电极处于低电位，形成势垒。随着电荷在势阱里逐渐增多，电势将逐渐降低，势阱将逐渐填满，不能再继续收集电荷，达到饱和。电荷聚集处会形成电荷包，每个电荷包即对应一个像元。

③ 电荷耦合：周期性地改变对金属栅电极施加的时钟脉冲的相位和幅度，势阱深度将会随时序做相应变化，存储起来的电荷包就会沿半导体表面按一定方向，从一个像元转移到相邻的下一个像元，这个过程依次进行，直到全部电荷包定向输出完成。通常把 CCD 电极分为若干组，每一组称为一相，并施加同样的时钟脉冲。CCD 的内部结构决定了使其正常工作所需要的相数。对于大多数普通结构的 CCD，为了使电荷包单向移动，最少需要三相，三相 CCD 是最简单的对称式电极结构。

④ 电荷检测：电荷包在时钟脉冲驱动下转移到输出端的最后一个时钟电极时，需要无损地检测出电荷包。由于在输出端，电荷转移与时钟脉冲不可避免地存在电容耦合，因此选择适当的输出类型电路可以尽可能地减小时钟脉冲容性馈入输出电路的程度。电荷检测一般有两种输出类型：电流输出和电压输出。电流输出法常用反偏二极管，外加体外放大器完成。电压输出法常用浮置栅放大器或浮置扩散放大器完成。根据输出类型电路的不同，这个过程就是将转移到输出级的电荷转化为电流或者电压的过程。

3. 线阵 CCD 和面阵 CCD

按照传感器像元排列结构，CCD 可以分为线阵和面阵，二者适用于不同的场合。

（1）线阵 CCD

线阵 CCD 的光敏单元以一维线性排列，每个光敏单元对应的移位寄存器也是并行一维排列的。因为是一维，像元数可以排列得很多，在同等测量精度的前提下，其测量范围可以做得较大，分辨率高。由于结构相对简单，光电转换速度和自扫描速度都很快、频率响应快、帧率高，能够实现动态测量。一维上的像元可以比较灵活地部署，也可以在低照度下工作，同时工艺成本也低。因此，线阵 CCD 特别适用于一维目标的测量，广泛应用在产品尺寸测量和分类、非接触尺寸测量、条形码等许多领域。

如果要用线阵 CCD 获取二维图像，就必须配以扫描装置或者进行扫描运动。在扫描过程中，为了能确定图像中每一像素点在被测目标上的相对位置，还必须配以光栅等辅助器件，用于记录每一扫描行的坐标。因此，一般看来，由于扫描运动和位置反馈器件的存在，导致使用线阵 CCD 获取二维图像有以下不足：大大降低了图像获取的时间，成像效率低；图像精度可能受扫描控制精度的影响而变低；系统复杂度提高，工艺成本相应提高，应用难度增加。

在军事成像侦察应用中，往往有同时需要大视场和高分辨率但是对响应时间要求不高的需求，利用线性 CCD 的一维高分辨率优势，采用高于面阵 CCD 像元间距制造精度的光栅尺来定标，辅助以高稳定度的扫描控制机制，优化运动影响消除算法，可以获得优于面阵 CCD 的对大视场的、高分辨率图像，因此在机载或者星载应用很广。

（2）面阵 CCD

按照一定的方式将一维线阵 CCD 的光敏单元及其对应的移位寄存器排列成二维阵列，就可以构成二维面阵 CCD。根据信号电荷读出方式的不同，面阵 CCD 根据自身结构的差别又可分为全帧转移（full-frame transfer）、帧转移（frame transfer）和行间转移（interline transfer）。显然，面阵 CCD 结构比线阵 CCD 复杂得多，但是由于二维排列以及处理电路的结构特点，可以瞬时获得整个二维图像，成像效率高，成像结果直观。同时，由于不用扫描装置或做扫描运动，其成像结果也更准确，应用简单。面阵 CCD 的显著缺点是每一行的像元数比线阵 CCD 少，一维分辨率低。但是现在随着 CCD 工艺的突飞猛进，面阵 CCD 的像元间隔越来越小，面积越来越大，分辨率也越来越高，成像质量越来越好，在更强调快速响应的军事成像侦察需求下优势明显，因此在机载或者星载应用上同样很广。

4. 图像采集系统工作过程

图像采集是指利用 CCD 成像传感器为核心器件对目标和背景的图像信息进行采集。CCD 图像采集系统的组成如图 6-2 所示[3]。

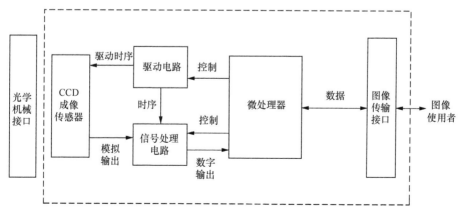

图 6-2　CCD 图像采集系统的组成

① 光学机械接口用于提供前端光学系统、成像传感器和电路系统之间的机械连接，构成光电通路，确保耦合，常见的有 F 型、C 型、CS 型等形式。

② CCD 成像传感器是系统完成光电转换的关键基础器件。

③ 驱动电路由晶振、时序信号控制器等组成，主要为 CCD 正常工作提供所需的基础时钟脉冲驱动信号和输出控制信号，同时也可为信号处理电路提供钳位、复合同步/消隐、采样/保持等信号。

④ 信号处理电路主要完成 CCD 成像传感器输出原始电信号的模数变换以及数字图像、视频信号的滤波、增强和合成等功能。

⑤ 微处理器是系统控制核心，控制整个图像采集系统的工作流程，也提供人机交互功能。

⑥ 图像传输接口用于把图像数据通过各种标准、非标准的媒质，以有线或无线方式传输、分发到图像使用者，并可利用此接口实现远程实时监控。

6.1.2　机载可见光成像侦察的工作方式

机载可见光成像侦察的工作方式主要有相机摄影侦察和电视摄像侦察两种。

1. 相机摄影侦察

这种方式是航空侦察中最常见的一种侦察手段[4]。将可见光相机或者包含有相机的一体化光电吊舱部署在无人机平台上，按照无人机任务设计和航路规划，对任务目标及其环境实施照相侦察，获取目标及其环境的可见光图像，并结合导航定位系统，在图像上附加标记地形、地物特征及其相互关系等，形成综合图像情报，最终利用这些情报进行目标搜索、识别、定位、跟踪、打击和评估。在 CCD 技术大规模应用之前，传统的航空摄影技术依赖于普通的胶片记录影像，胶片信息容量小，处理周期长。现在广泛采用了 CCD 成像传感器，成像侦察效果显著提升。

相机摄影侦察的直接目的是为了获得更好的静态图像数据。为了能够使静态图像数据更有利于后期的处理与判读，一般需要采取下面措施。

① 选用高性能航空相机。航空相机不仅承担基本的照相任务，还具备一定的定位和测图功能[5]，是整个机载测量系统的有机组成部分，因此对于相机的性能要求比普通相机高得多。航空相机要能适应空中运动姿态多变的特殊条件，能提供高质量的光学图像，具有稳定而可靠的工作性能，获得的图像才能具有分辨率高、信息量大、清晰准确不失真、直观易判读的优点。

② 在战术运用上，应对无人机做高效的任务和路径规划。可以利用数字地形图对飞行区域的地形地貌进行预先分析，提高其航拍飞行的有效性。高稳定度的挂载平台或者吊舱也有助于减小飞机运动和飞行姿态对成像的影响，拍照时尽可能创造目标点、光轴、像点共线的条件，利于减小图像变形、失真，可提高获取图像的解算精度。此外，需要充分考虑侦察时段的光照和气象条件以及地形地物对目标的遮挡情况，确保光照条件良好，大气条件稳定，目标有足够且稳定的受光照度，才能容易收到较好的成像效果。

根据侦察任务的不同，航空相机的选型和运用方式有以下分类。

① 按照相机的感光波段和导致成像结果的可视化差异分类，可分为全色黑白摄影、黑白红外摄影、彩色红外摄影和多光谱摄影等。

② 按照无人机平台高度分类，可分为高空摄影、中空摄影和低空摄影。

③ 按照拍摄时主光轴和铅垂线的倾斜角分类，可分为垂直摄影（倾斜角<3°）和倾斜摄影。

④ 按照任务需求和运用方式分类，可分为单片摄影、航线摄影和区域摄影。

（a）单片摄影：单独拍摄特定目标的摄影称为单片摄影，一般只摄取一张或一对照片。

（b）航线摄影：沿一条既定的飞行航线，对地面狭长区域或沿线地物（铁路、公路和河流等）进行连续摄影，基本要求是能够覆盖任务区域的某一维度上的最大纵深。获得的是一组按时序和航迹有序排列的影像序列，为了使影像序列上的地物能相互衔接，航向重叠一般应达到 60%，有助于后期融合处理影像序列时能进行良好的图像拼接。

（c）区域摄影：沿数条既定的航线，对较大面积的区域进行连续摄影，基本要求是能够覆盖任务区域的两个维度（即整个区域），获得的是一组按时序和航线有序排列的影像矩阵。为了使影像矩阵上的地物能相互衔接，以便后期融合处理影像矩阵时能进行良好的图像拼接，需要对无人机做良好的路径规划，各条航线应互相平行；在同一条航线上，相邻摄影之间的航向重叠一半应达到 60%；相邻航线之间也必须要有一定的区域重叠，这种重叠称为旁向重叠，一般应为 20%。实施区域摄影时，无敌情情况下，为简化操作，可以要求航线与纬线平行，即按东西方向飞行，但绝大多数情况下，应按照规划航线飞行。

根据任务需求和运用方式的不同，相机相应地可以分为单镜头框幅航空相机、多镜头框幅航空相机、条带航空相机和全景航空相机。其中以单镜头框幅航空相机最为常见，用于单目标单片摄影；多镜头框幅航空相机用于对单目标或者多目标进行多片摄影，有利于增加对目标图像判读的丰富性；条带航空相机主要用于航线摄影；全景航空相机主要用于区域摄影。

2. 电视摄像侦察

在 CCD 技术大规模应用之前，传统的航空摄影不能反映连续动态信息，不能实时记录声音信息。为了解决这些问题，传统的电视摄影侦察采用了基于电子扫描系统和光电摄像系统的模拟式电视图像摄取设备，对动态场景进行图像和声音信息的连续摄取、记录、转换、传送以及接收方的接收、显示等。从 20 世纪早期的机械扫描电视技术开始，到中期的机械黑白电视，到中后期非常成熟的 NTSC 制式彩色电视技术，电视摄像机广泛应用于航空侦察领域，视频情报的真实性和实时性得到了大大的提高。随着近三十年来数字处理技术的高速发展，现在更多视频情报的获取由传统模拟制式的电视转交给更先进的数字电视系统来完成。和模拟体制相比，数字电视系统具有抗干扰能力强、适合远距离传输、图像质量高、数字化存储容易、便于加密以及和其他数字化设备协作能力强等优点。

在底层感光器件上，数字电视摄像机目前多采用 CCD，和同样采用了 CCD 技术的相机摄影相比，在设备取景方式、拍摄角度、拍摄实施方式、感光材料分类等方面没有本质区别，主要区别在于多了声音信息的同步记录，以及工作流程上的不同。采用了 CCD 器件的数字电视摄像侦察的主要工作流程如下[4]。

（1）电视信号摄取

电视信号主要由无人机机载电视摄像机获取，电视摄像机的任务是把自然景物的光图像分解并转换为由电压或电流代表的电信号。当景物的反射或者散射光进入电视摄像机镜头后，首先在 CCD 上形成与景物光图像相对应的二维电荷图像。这个电荷图像利用电荷耦合转移方式，形成随时间变化的一维函数的电信号。这个过程连续进行，就可以产生连续的图像信号，达到传送图像的目的。直接由 CCD 上产生的电信号很微弱，并且带有很多杂波、失真等缺陷，因此在摄像机中还有各种处理电路，对信号进行放大、去杂波、校正、补偿、变换等一系列过程，最后输出理想的、符合标准的全数字电视信号。

（2）编辑记录

无人机电视摄像系统获取的信号传输主要分为两路：一路通过无线链路直接传输至地面，另一路传输至机载记录设备。因此，无人机的编辑记录方式主要有两种：一种是把电视图像记录在机载电子盘或视频记录仪上，以便在无线电受到干扰时仍然能够获取完整的电视图像；另一种是将通过无线链路传输至地面的图像直接记录在磁带等介质上。在这种条件下，还可以将实时的光电状态等参数信息以字符的形式叠加在电视图像上，以便后期编辑、观察分析时使用。待无人机电视侦察任务结束后，再从记录设备上采集电视信号，并将重要地域的侦察图像进行编辑加工，以便向需求单位通报或共享侦察情报信息。

（3）发送传输

数字电视侦察的技术难点在于数字化传输，也是体现系统技术先进性的所在。数字化传输由信源编译码、信道编译码、调制与解调等部分组成，其中信源编译码是关键部分，是对图像或视频信号的压缩编码技术。信号的数字化完成以后，无人机数字电视摄像系统依靠无线通信链路，即利用微波技术将机载条件下的电视图像通过机载无线发射机发送至地面。对于小型无人机来说，由于其无线电链路仅完成对无人机的测控功能，因此电视图像需要利用专门的无线图传设备来进行传输。

（4）接收重现

接受重现是发送传输的逆过程：地面无线接收设备对电视信号进行良好接收，然后对信号进行解调和解码，最后利用电视监视器或者视频播放软件进行显示和播放。

（5）控制与处理

电视摄像系统要实现实时侦察与跟踪定位任务，必须有相应的电视摄像控制系统和电视图像数据处理系统。光电转台（云台）及机载控制处理设备是无人机电视摄像系统的重要组成部分。光电转台能够根据地面站（或遥控器）发送的方向、俯仰等和角度参数自动调整电视摄像机的光轴指向，从而保证电视摄像系统的光学中心始终指向要侦测的目标，进而实现对目标的跟踪和定位功能；机载控制处理设备能够根据地面发送的电视摄像机焦距大小、图像校正等指令，自动调整电视图像的视场大小、图像对比度、清晰度等。

对于可见光系统、多光谱和红外等系统，除了基于工作频段不同的物理学基础有区别外，其工作流程没有本质区别。

6.2　红外成像侦察

红外线又称红外辐射，是指波长为 $0.76 \sim 1\,000\ \mu\text{m}$ 的电磁波（见图 6-3）。其中，波长为 $0.76 \sim 3\ \mu\text{m}$ 的部分称为近红外，波长为 $3 \sim 6\ \mu\text{m}$ 的部分称为中红外，波长为 $6 \sim 15\ \mu\text{m}$ 的部分称为远红外线，波长为 $15 \sim 1\,000\ \mu\text{m}$ 的部分，称为极远红外。

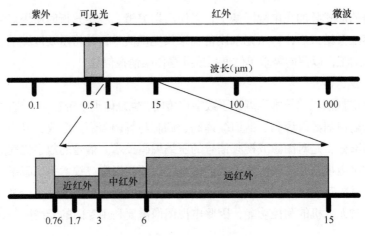

图 6-3 红外光谱分布

6.2.1 红外辐射的基本原理

1. 红外辐射的基本概念

自然界中存在最广泛的一种电磁波辐射就是红外辐射，它在电磁波谱中的大概位置是处于无线电波和可见光之间的区域。任何在绝对零度以上的物体，组成其基本物质的分子和原子都会做无规则的热运动，从而不停地辐射出一定强度的红外能量。分子和原子的运动越强烈，辐射能量越强，反之则越小。物体辐射红外能量的大小以及波长分布与它的表面温度紧密相关。因此，通过对物体自身辐射红外能量的测量，就可以准确地测定其表面温度，这就是红外辐射测温的依据。

下面来介绍红外辐射的几个基本概念[2]。

（1）黑体

黑体是一种假想的能够全部吸收和全部辐射红外电磁波的理想体，其红外吸收和辐射能力与温度无关。黑体的红外辐射率和吸收率为 1，客观世界不存在，其物理意义是为衡量自然界各种物质的红外辐射和吸收能力建立的一个基本标准。而自然环境下，一般物体的红外辐射率和吸收率都小于 1，并且其辐射和吸收能力都与物体表面温度和波长有关。

在理论和工程实践中，经常采用物体的比辐射率来定量描述物体辐射和吸收红外电磁波的能力。

$$\varepsilon = \frac{I}{I_b} \qquad (6\text{-}1)$$

比辐射率 ε 表示的是物体实际红外辐射 I 与同温度下黑体红外辐射 I_b 的比值，显然，所有物体的比辐射率应都小于 1，部分常见物体在不同表面状态的比辐射率如表 6-1 所示。

表 6-1　部分常见物体在不同表面状态的比辐射率

材料	表面状态	温度/℃	比辐射率 ε
铝	抛光	100	0.05
	氧化	100	0.55
铸铁	抛光	40	0.21
	氧化	100	0.64
钢	抛光	100	0.07
	氧化	200	0.79
砖	粗糙	20	0.93
混凝土	粗糙	20	0.92
石墨	粗糙	20	0.98
玻璃	抛光	20	0.94
泥土	干燥	20	0.92
木材	抛光	20	0.90
水	液态	20	0.96
人体	皮肤	32	0.98

（2）基尔霍夫定律

同温度物体的红外辐射能力正比于其红外吸收能力；当处于红外辐射平衡状态时，物体吸收的红外能量恒等于其辐射的红外能量。

推论：性能好的反射体或透明体，必然是性能差的辐射体。

（3）斯蒂芬-玻耳兹曼定律

物体辐射的红外能量密度 W 与其自身的热力学温度 T 的 4 次方成正比，并与它表面的比辐射率 ε 成正比：

$$W = \varepsilon\sigma T^4 \tag{6-2}$$

式中，σ 为斯蒂芬-玻耳兹曼常数，$\sigma = 5.6697\times10^{-12}\,\mathrm{W/（cm^2 \cdot K^4）}$。

推论：物体的温度越高，红外辐射能量越多。

（4）维恩位移定律

物体的红外辐射能量密度大小随波长（频率）不同而变化。与辐射能量密度最大峰值相对应的波长为峰值波长。

维恩通过大量实验得出了峰值波长 λ_{max} 和物体热力学温度 T 之间的关系为：

$$\lambda_{max} = 2\,897/T \qquad\qquad （6\text{-}3）$$

常见物体的峰值波长和热力学温度如表 6-2 所示。

表 6-2 常见物体的峰值波长和热力学温度

物体名称	T/K	$\lambda_{max}/\mu m$
太阳	11 000	0.26
融化的铁	1 803	1.61
融化的铜	1 173	2.47
融化的蜡	336	8.62
人体	305	9.50
地球大气	300	9.66
冰	273	10.6
液态氮	77.2	37.53

（5）红外辐射的大气窗口

在大气中传输时，大气中的水蒸气、二氧化碳、臭氧、氧化氮、甲烷和一氧化碳等气体的分子会有选择性地吸收特定波长的红外辐射，红外辐射的波长不同，其吸收和衰减特性也不同。如图 6-4 所示，对波长为 1～15 μm 的红外线，大气有三个吸收较少的波段，分别为 1～3 μm、3～5 μm、8～14 μm，这3 个波段也被称为大气窗口，因此大多数红外探测系统都选用这些波段。

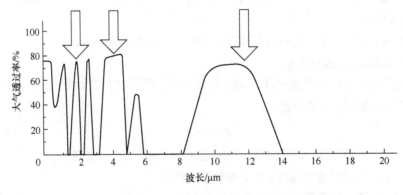

图 6-4 1～15 μm 红外辐射大气窗口

（6）红外辐射的介质传输特性

许多对可见光透明的介质，对红外辐射却是不透明的。通常把可以透过红外辐射的介质称为红外光学材料。红外光学材料可以分为晶体材料、玻璃材料和塑性材料三种，不同种类的材料对特定波长范围的红外辐射有较高的透射率。

2. 红外成像的基本特点

在自然环境中，一切物体都会辐射红外线，且不同物质、不同温度下红外辐射的特征各不相同，因此可以利用高灵敏度的红外传感器来接收和测量目标本身与其背景的红外辐射能量，把目标和背景因温度和辐射率不同产生的红外辐射空间分布特征通过成像处理技术（简称为热成像技术）转换成人眼可视化的伪彩色图像。在这种伪彩色图像上，可以通过人眼直观地看到或者由图像处理算法解算得出目标和其背景之间的特征一定会有差异，从而为发现和识别目标提供依据。

在同一时刻分别对目标进行红外成像和可见光成像，获取的图像将完全不同，前者不是人眼直接能看到的图像，而是对应目标表面温度分布的图像。如果成像时刻光照条件或气象条件不好，可见光的成像性能将大幅度衰减，但对红外成像的影响则不会太大。二者的成像结果也可以相互比对和相互印证，从而可以增强对图像的判读性。

（1）红外成像技术的显著优点

① 一般情况下，红外成像技术是利用目标天然地辐射出一定特征的红外能量来成像，本身不辐射电磁波，是一种非接触式的被动成像机制，因而隐蔽性好，不容易被发现。这一点和可见光是相似的。在某些特定需求情况下，也会有主动式红外成像，当然，主动式红外成像容易被发现。

② 红外成像技术不易受电磁干扰，可以远距离精确跟踪具有显著热特征的目标。例如，机载红外精确制导器件，可以实现简单点源制导或者复杂成像制导，而不会轻易地被其他电磁波干扰，并可同时跟踪多个热目标，从而赋予机载系统更高的智能性或更好的打击效果。若要干扰红外成像制导，则只能用特制的光电干扰设备发出强烈的红外辐射对红外精确制导器件进行致眩、致盲、饱和或欺骗干扰。

③ 由于目标红外辐射的天然存在，红外成像技术能真正做到 24 h 全天候监控。任何电磁波在大气中传输，都会因大气的吸收和散射效应而损失能量，红外也不例外。但是由于三个大气窗口的存在，机载系统利用这三个窗口，可以在完全无光的夜晚，或是在云、雨、雪等密布的恶劣气象条件下，清晰地侦察和监视目标。

④ 红外成像技术的探测能力强，作用距离远，具有穿透性。由于红外辐射及其大气传输的基本特点，红外成像技术可以对远距离的低热目标进行侦察，且随着 CCD 技术的迅速发展，灵敏度越来越高，探测能力越来越强，可以做到在敌方防卫武器射程之外实施侦察。如大型长航时无人机可在高空穿越云层安全放心地对地面目标进行详尽侦察，而不用担心被地面发现或者打击。此外，红外对很多介质的穿透性，让其可以发现隐蔽在沙下的坦克、树丛中的装甲车、水表以下的潜艇或者地下基地、机库等目标，这些都是可见光成像无法具备的能力。

⑤ 红外成像技术采用多种显示方式，可以丰富图像表现方式，增加图像的易判读性。后端的图像处理器件和算法可以将前端成像系统对目标的无接触测量和热特征分析的结果（CCD 的信号电荷转换输出为电流或电压），用伪彩色的方式显示出来，伪彩色配色的方式还可以根据需要或者使用习惯灵活配置，从而使图像更逼真、生动。例如，无人机可以将掩埋在沙下的坦克轻易探测出来，使用强烈反差的颜色来区分坦克目标和背景沙漠，丰富了武器操作人员的感官，增强了其他观瞄系统对其定位的精度，有利于发动进一步精确打击。

（2）红外成像技术的显著弱点

① 成像对比度低，分辨细节能力较差。红外成像技术对热源强度或者分布特征相对于背景差异明显的目标探测没有问题，如地面坦克、空中的飞机、工厂的烟囱，导弹发射井等。但对很多和背景温差并不太大的目标，红外成像对比度就会低，分辨细节的能力差。可见光成像同样存在这种情况。

② 不能透过"透明"的遮障物看清目标，如玻璃。玻璃这种"透明"是对于可见光而言的，可见光成像可以看见玻璃后的目标，但是由于玻璃具有明显的隔热效应，使红外成像探测不到其后的热源目标，也探测不到目标和其背景之间的温差，因而不能透过"透明"的遮障物探测目标。

③ 成本高、价格贵。目前红外成像系统的基础器件工艺复杂，价格昂贵，成本问题极大地限制了其应用。随着技术的不断推进，各种新工艺和新器件的出现，势必逐渐降低其应用成本，才能更大地发挥出红外成像技术的优势。

6.2.2 红外成像系统

无人机机载可见光/红外成像载荷是无人机最常见的侦察任务执行单元，机载成像侦察系统的先进性决定了侦察类无人机的战术或战略价值。无人机主要依靠红外载荷在晨昏、夜晚以及各种恶劣的天气条件下对战区进行战术侦察、识别、监视、定位、跟踪、测距、制导等作战行动，也可以进行协助式打击效果评估、战场隐蔽物探测、生化探测等。机载成像载荷形式主要包括主动式红外夜视系统、热成像仪、红外多（高）光谱扫描仪、红外电视、微光夜视、红外成像侦察告警仪等。

1. 红外成像系统的基本组成

常见的红外成像系统由红外光学系统、红外探测器、图像采集处理及控制系统、监视器等组成（见图 6-5），有些非制冷型红外成像系统还需要额外的冷却系统。

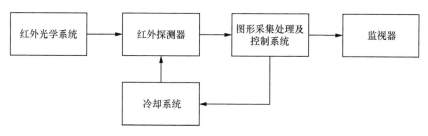

图 6-5 红外成像系统的组成

（1）红外光学系统

红外光学系统负责接收光信号，只允许特定波长的红外光信号通过并汇聚到探测器的灵敏面上，滤除其他非必要的各类杂散光信号，确保基本的进光量，同时确保抑制一定的强干扰，从而在前端确保红外信号的接收质量，从前端就提高系统的性噪比，这对增强系统探测能力有直接意义。红外光学系统一般由透镜组、增透膜、滤光片等器件组成。

（2）红外探测器

红外探测器是红外成像系统的核心器件，由红外焦平面阵列及读出电路构成，其性能决定了红外成像系统的工作性能乃至整个机载平台的作战性能。多数情况下，红外焦平面阵列光伏效应产生的电信号极其微弱，需要经过信号放大电路之后才能输出。读出电路的主要功能是在外部时钟脉冲驱动下，对感光单元转换的弱信号进行放大，然后将信号按照一定时序输出。在这个过程中，信号放大电路和处理过程本身会引入额外的噪声，降低信噪比，在一定程度上影响探测性能。

红外探测器的常见分类方法有下面两种。

① 按照能量转换方式不同，红外探测器可分为光子探测器（制冷型）和热探测器（非制冷型）。

（a）光子探测器。光子探测器依赖探测器材料内基于入射光子与介质材料相互作用产生的电子-空穴对的生成进行光电转换，其能量转换过程的类型有光生伏特效应型、光导效应型、光磁电效应型和光电发射效应型等，探测器的响应正比于材料吸收的光子数。由于其工作机制是探测器的材料和光子直接发生作用，因此灵敏度高，探测率比同等级的热探测器大 1~2 个数量级，且响应速度快，为微秒或者纳秒级。但是这种工作机制要以最小化热来产生电子-空穴对，要求低温环境，因此需要额外的冷却系统，从而增加了系统的复杂度、体积、重量和成本。制冷型探测器多用于航天、航空和军事应用等高端领域。在军用上，由于其响应速度更快、灵敏度更高、帧频高的明显优点，多用于对探测性能要求较高的武器装备，如高性能的无人机机载光电吊舱、舰载光电系统以及各类武器制导系统。

（b）热探测器。热探测器依赖探测器材料对红外辐射吸收产生的热效应进行光电转换，光能转换为热能，使某种热敏感元件（如热敏电阻、热电偶、热释电探测器等）温度上升，其某一温度相关的电特性参数发生变化，通过某种机制将这种物理参数变化转换为电信号，其能量转换过程的类型有热阻效应型、热伏效应型、热气动效应型和热释电效应型等。由于热探测器是依靠测量温度相关的物理属性来转换成红外辐射，不需要低温环境，因此系统结构简单、体积小、重量轻、能耗低，在民用上应用比较普遍。在军用上，由于这种探测器的主要问题在于灵敏度和响应速度方面仍落后于光子探测器，故多应用于单兵装备，如手持热像仪、武器瞄具、夜视头盔等。在中低端无人机中，热探测器凭借低成本的优势规模化列装，可以有效提升在复杂光照条件下（如晨昏、夜晚、眩光等）和气象条件下（如云、雾、沙尘等）的作战能力。

② 按探测器单元集成度不同，红外探测器可分为单元红外探测器、线阵红外探测器和焦平面红外探测器。这三种结构形式上的特性和优缺点可参照 6.1.1 节中"线阵 CCD 和面阵 CCD"部分内容。

（3）冷却系统

冷却系统专门为制冷型红外探测器创造所需的低温环境，降低探测器的噪声，可以提高探测性能，对于非制冷型红外探测器是不需要的。常见的制冷方式有下面四种。

① 变相制冷：由制冷剂变相吸收热量而制冷。

② 焦耳-汤姆逊效应制冷：高压气体节流循环制冷。

③ 辐射热交换制冷：高温物体辐射能量降温。

④ 温差电制冷：利用直流电通过半导体电偶对的珀尔帖效应制冷。

（4）图像采集处理及控制系统

图像采集处理及控制系统实现对探测器输出电信号的采集和处理，采用图像处理算法生成和输出图像，并同时完成对整个系统工作的控制，以及提供人机交互机制。

（5）监视器

监视器用于以各种方式（色彩、大小、范围等）显示最终输出图像。

2. 红外成像系统的分类

按照成像所需的红外来源不同，红外成像系统分为三类：主动式红外成像系统（如红外夜视仪）、被动式红外成像系统（如红外热像仪）、微光成像系统（如微光夜视仪）。

（1）主动式红外成像系统

主动式红外成像系统利用目标对探测源主动发出的红外辐射的反射特性进行成像，常见的设备有红外夜视仪。主动式红外成像系统自身带有主动红外光源，以红外变像管作为光电成像器件。主动式红外成像系统的结构如图 6-6 所示。

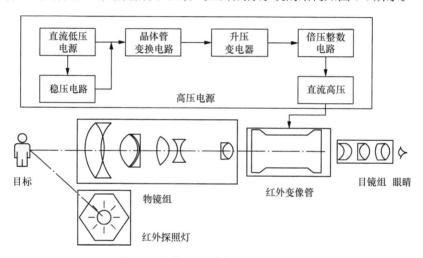

图 6-6　主动式红外成像系统的结构

① 物镜组和目镜组共同构成光学系统。物镜组用于把目标成像于红外变像管的光阴极面上。目镜组用于把红外变像管荧光屏上的像放大，便于人眼观察。常规的光学仪器的物镜组和目镜组通常是一体的，但这里的红外变像管设置在物镜组和目镜组中间，将二者隔离开，破坏了理想光学系统的物象共轭关系。

② 红外变像管是主动式红外成像系统的核心器件。光电成像器件一般分为两大类：一类是以 CCD 为典型应用的固体成像器件，另一类是以像管/摄像管为典型应用的真空成像器件。红外变像管是一种真空成像器件，具有转换和增强功能，用于把来源于微弱红外辐射的红外图像转换为增强的人眼可视效果良好的伪彩色

图像。其关键部分是对红外敏感的光电阴极，当光电阴极接收到红外照射时会产生激发电子，再经过电子光学系统，实现光谱变换。整个主动式红外成像系统的工作波长范围取决于红外变像管的光谱响应特性，即由其内部真空管的光电阴极响应特性决定，包括光谱灵敏度、量子效率、积分灵敏度和光谱特性曲线等，一般工作在 $0.76 \sim 1.2\ \mu m$ 的近红外光比较多。按照结构材料不同，常见的红外变像管有金属结构型和玻璃结构型；按照工作方式不同，常见的红外变像管有连续工作式和选通工作式。

③ 红外探照灯是主动红外光源，用于产生成像系统所需的红外辐射。根据发光方式不同，红外光源分为电热光源（如白炽灯）、气体放电光源（如高压氙灯）、半导体光源（如砷化镓发光二极管）、激光光源（如砷化镓激光二极管）等。红外探照灯的辐射光谱必须和红外变像管光电阴极的光谱响应特性有效匹配，用于给后者提供较高接收效率的红外辐射。红外探照灯的照射空间范围也应与接收部分的视场角一致，以提高光源利用率。

主动式红外成像系统的特点：

① 自带辐射光源，增强了成像目标的红外辐射强度，成像质量更好，图像对比度更高，不受环境光影响，在完全漆黑的夜晚也能清晰成像。

② 在情报的支援下，通过合理的运用方式，结合优秀的图像处理算法，能够更准确地描述目标及其背景差异，从而可以高效识别伪装了的军事目标。

③ 近红外辐射波长比可见光长，受大气散射作用小，相对更容易穿过大气，因此传输距离更远。

④ 属于有源探测，容易暴露，不利于需要隐蔽探测的军用场景。

（2）被动式红外成像系统

被动式成像系统完全依靠目标及其背景的自身红外辐射实现成像，常见的设备有红外热像仪。红外热像仪获取的热图像表征的是目标及其背景表面各处的红外辐射强度分布，与目标及其背景表面的表观温度场是相对应的，图像中的差异性来源于温度差和红外辐射率差。红外热像仪解决了复杂光照条件和气象条件下的成像侦察问题，将人眼视觉的观察范围由可见光扩展到原本不可见的红外光谱区，极大提高了人眼视觉的灵敏度，同时直观地获得了目标及背景与热运动相关信息。

按最常见的工作方式不同，红外热像仪可分为光机扫描型热像仪和凝视型热像仪。

① 光机扫描型热像仪。光机扫描型热像仪对应的是按探测器单元结构形式分类中的单元探测器和线阵探测器。

　　较早的光机扫描型热像仪大多采用光学机械扫描装置对一个单元探测器进行两个维度的高速扫描（见图 6-7）。目标及其背景的红外辐射穿过大气被光机扫描型热像仪的光学系统接收，依次经过水平扫描器（从左至右，行扫）和垂直扫描器（从上至下，场扫）后，再通过聚焦和光谱滤波，将能量会聚到单元探测器上，由其完成光电转换，将电信号增强、处理和着色后输出到显示器上，生成与目标及其背景红外辐射强度二维空间分布相对应的平面伪彩色可见光图像。因为需要二维扫描装置，因此该系统探测实时性较差，探测能力较低。

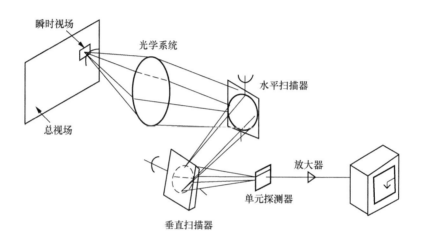

图 6-7　光机扫描型热像仪（单元探测器）工作原理

　　后来，随着探测器结构的改进，线阵探测器被用来提升单元探测器的性能，因为取消了其中一个维度的扫描器，显然可以提高系统的响应速度。例如，在无人机机载红外热像仪对地成像侦察中，通常采用大线阵探测器进行一维行扫，而借助无人机的飞行方向作另一维场扫，二者共同完成对地目标及其背景的二维红外辐射强度分布热像的获取。

　　根据所处的位置不同，扫描器又分为物方扫描和像方扫描。物方扫描的扫描器是处于光学透镜系统之前，接收到的红外辐射是平行光，因此也称为平行光扫描；像方扫描的扫描器是处于光学系统和探测器之间，接收到的是经过光学系统会聚后的光，因此也称为会聚光束扫描。

　　光机扫描型热像仪的显著优势是通过光机扫描的运动，可以实现对成像空间的分解，将探测器的小视场和成像区域的大视场进行匹配，可以提高维度上的热灵敏度、分辨率，成像空间也得到扩大。

② 凝视型热像仪。凝视型热像仪对应的是按照探测器单元结构形式分类中的面阵探测器。

随着焦平面列阵探测器技术的发展，现代化的高性能热像仪采用了性能优越、价格昂贵的大面阵探测器。凝视型热像仪也称为固体电子自扫描热像仪，其工作原理类似于固体成像器件 CCD。这种热像仪完全取消了光学机械扫描器，其探测器单元呈二维平面分布（见图 6-8），称为二维焦平面探测器阵列。目标及其背景的红外辐射穿过大气被热像仪的前端透镜系统的光学镜头接收，整个成像空间的红外辐射同时被成像在二维焦平面探测器阵列上，二维焦平面探测器阵列的每个探测单元与成像空间的每个元素一一对应，直接实现瞬时的成像空间分解，所分解的数量就是探测单元的数量。然后由电子自扫描方式，在时钟脉冲的控制下，按照一定顺序将各探测单元的信号读出，组织成为一维时序信号，最后再经处理送显示器输出二维平面图像。

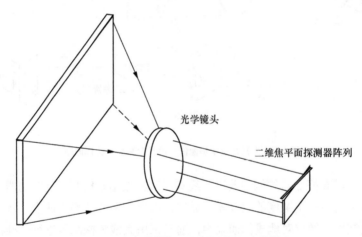

光学镜头

二维焦平面探测器阵列

图 6-8　凝视型热像仪（面阵探测器）工作原理

这种探测器在总像元数和线阵探测器相当的情况下相比，在一个维度上势必分辨率要低，但是由于其总体响应速度快、响应均匀性好、综合性能提升明显，且结构简单、功耗低、使用方便，是目前热像仪发展的主要方向。

（3）微光成像系统

微光成像技术是光电成像技术中的重要组成部分，是一种利用光增强技术的光电成像技术，其基本成像原理和红外成像类似，但其显著差别在于以下几个方面。

① 工作波段不同。微光成像以 0.38～0.76 μm 的可见光为主，延伸至 0.76～2.0 μm 的近红外区，即除了普通可视以外，人眼视觉在近红外区仍然有效，扩展

了视觉频谱范围；红外热成像是热红外波段，主要工作在 2.0 ~ 1 000 μm 热红外区中的几个红外大气窗口。

② 光信号来源不同。微光成像是依靠目标及其背景反射的来源于自然环境的微弱可见光和近红外光进行成像，只和光反射差异有关，而与基于温度的热对比无关；红外热成像是依靠目标及其背景的自身红外辐射或其对红外光源的反射进行成像，是和基于温度的热对比相关的。

③ 应用特点不同。微光成像强调的是对弱光信号进行增强，可以在极低照度（10^{-5} lx）下工作，将原本人眼看不到的弱光信号增强至正常视觉观感，专门用于夜晚或者无光环境（山洞、隧道、无光室内等）；红外热成像通用性更强，不仅在夜晚可以使用，而且在任何光照条件和气象条件下都可使用。

④ 成像稳定性不同。微光成像易受环境光照条件影响，所成微光图像的对比度差、灰度级有限、瞬间动态范围差、高增益时有闪烁，例如遇强光、眩光等会工作饱和，使用者会眼花眩晕，无法正常观测；红外热成像相对人眼视觉要稳定很多，不易受外界干扰。

在微光和热红外技术各自不断推进的时期，要充分考虑二者的优缺点和互补性，在不额外增加现有技术难度的基情况下，可将二者各自的图像数据进行融合处理，生成特征信息更丰富、视觉效果更好的综合图像。

按照应用方式的不同，微光成像系统分为直视微光夜视系统和间视微光夜视系统。

① 直视微光夜视系统——微光夜视仪。微光夜视仪是一种成像后直接供人眼实时观察的设备，其组成如图 6-9 所示。夜晚环境的自然微光照射目标及其背景，经过反射后，进入前端光学系统物镜组。图像增强器位于物镜组的焦平面上，其光阴极面接收到来自于物镜组的光信号，进行光电转换、电子成像和最关键的亮度增强，最后送到目镜组，由人眼直接观看。

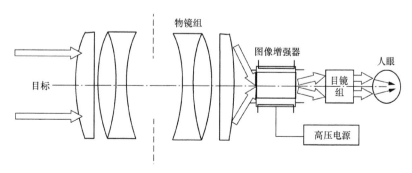

图 6-9　微光夜视仪的组成

完全借助自然微光而不用人工照明是微光夜视仪的主要优点，但由于工作时只靠自然环境的反射光（受环境光变化和气象条件变化影响大），微光夜视仪的图像总体视觉效果平淡且层次不够分明。

图像增强器是微光夜视仪的核心器件，用于把微弱的原始光信号增强到足够的强度，转换成人眼视觉良好的图像，以便人眼直接观察。它是一种电真空成像器件，主要由光阴极、电子光学系统和荧光屏组成，其图像增强过程包括外光电效应、加速聚焦和可见光（荧光）成像三个主要环节，具有系统增益大、背景噪声抑制明显、响应速度快、调制特性好、图像信噪比高等特点。

② 间视微光夜视系统——微光电视系统。微光电视系统在成像后并不直接提供人眼观察，主要由微光电视摄像机、传输通道和接收显示装置组成，如图 6-10 所示。其前端微光电视摄像机将目标及其背景在自然环境光照射下的反射光亮度分布信息，通过电视扫描方法转换（电光转换和光电转换）成为时序分布的视频信号，再通过输入显示器进行显示或者存储成视频文件。

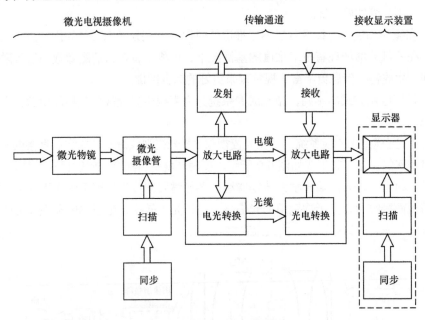

图 6-10　微光电视系统的组成

间视微光夜视系统相比较于直视微光夜视系统而言，具有以下特点。

（a）可进行图像的远距离传输后再进行观察。

（b）可以多人、多终端、多地同时观察。

（c）便于远程遥控录像和存储。

（d）可与其他光电稳定平台、运动控制系统等应用结合起来，构成自动化微光电视跟踪和监视系统。

6.3　光谱成像侦察

6.3.1　光谱成像的基本原理

1. 光谱成像的基本概念

光谱技术利用光与物质的相互作用来研究和分析组成物质的分子结构及其动态特性，即通过光的发射、物质对光的吸收与散射特征可获得物质组成的相关化学特征；成像技术利用获取目标的图像，通过其图像特征分析目标的相关物理特征。光谱技术和成像技术的结合就是光谱成像技术。

不同物质对电磁波谱的吸收或辐射特性不同，光谱成像技术利用这个特点，在普通的二维平面成像基础之上，增加了一个维度的光谱特征信息。由于成像目标及其背景的各种物质组成成分不同，每种成分对应的光谱之间必然存在差异性，从而可以利用这个光谱特征的差异性对目标及其背景进行区分、识别和分类。光谱成像技术根据具体需求，一般多应用在可见光/近红外、中红外和远红外等光谱范围。可见光/近红外是太阳的主要反射光谱区，在该谱段探测来自于地物地貌的太阳反射光，可以获取最基本的植被分布、水体特征和土壤类型以及军用单位的部署情况等信息；中红外可以用于探测飞机和导弹的喷射气流、爆炸气体和高温涡旋等运动目标的辐射信息；远红外可以用于探测多种化学物质的存在，根据特殊化学物质的光谱特性，可以发现生化武器的使用。此外，远红外也是红外热成像系统用于战场昼夜侦察和监视、区分识别真假目标、消除环境光干扰的主要工作波段。

2. 光谱图像的特征

如果在光谱成像技术基础之上，采用成像分光技术，将来自于目标及其背景的宽波段光分割成若干个连续窄波段的光束，并把每个波段的光束分别成像在对应的探测器上。这样对于每个空间像元，具有共同的空间特征信息，同时像元的光谱信息是经过分光后形成的若干个连续窄波段中的不同信息，从而可以获取一组和分光波段对应的连续窄波段下的图像数据，这就是光谱图像。据此可为图像中的每个像元绘制出一条连续的、完整的光谱曲线（光谱维度上），平面二维加上光谱维就可以用"三维数据块"来形象描述，如图 6-11 所示。

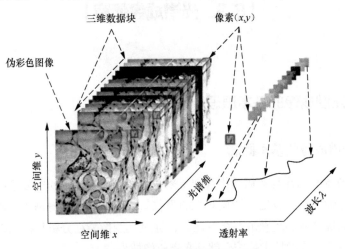

图 6-11　光谱图像的三维数据块特征

在图 6-11 中，x 轴和 y 轴是空间二维的平面坐标轴，第三维的 z 轴是光谱维。图像序列中每一幅图像表示是在 z 轴上对应波长窄波段下所成的光谱透射率分布图像。某个像元可以表示为 $P(x, y, \lambda)$，该像元在图像序列中的每幅图像中的透射率值则可以连续绘制成随波长 λ 变化的光谱曲线。可以看出，光谱图像既包含空间位置信息，又包含了光谱信息，从而既可以表征图像中某个目标的位置、大小、形状等，又可以表征其光谱特性，尤其是目标内部的局部光谱特征差异性还能表征其特定成分组成的差异，从而充分反映出目标内部的物理结构和化学成分组成，对目标的分辨、识别、分类以及性状检测等带来巨大的便利，也有助于人眼直观地观察和判读。

对于无人机光谱成像侦察而言，基于平台的运动特性，系统获取的光谱图像能更为细分地表现目标及其背景的四个域（空间域、光谱域、能量域和时间域）的特征。在探测器瞬时视场角保持稳定的情况下，空间采样间距的大小和无人机飞行高度相关，位置相关的信息是光谱图像最基本的表现特征；光谱采样带宽的大小和探测器的光谱分辨率相关，光谱特征相关的信息是光谱图像最重要的表现特征；光辐射采样能量的大小和探测器在不同谱段内的处理精度相关，即图像的细节特征；时间采样间隔的大小和无人机重复飞过成像位置的时间间隔相关。

3. 光谱成像的分类

描述光谱成像能力的关键指标是光谱分辨率，即光谱探测器所能区分的最小波长间隔。显然，光谱分得越细，波段数越多，分辨率越高，区分目标光谱特征的能力越强，根据光谱分辨率 $\Delta\lambda/\lambda$ 值的大小不同，光谱成像可分为以下几类[6]。

（1）多光谱成像（multispectral imaging）

多光谱成像的光谱分辨率 $\Delta\lambda/\lambda=0.1$，广谱光被粗分为几个波段，光谱分辨率一般在 100 nm 量级，可以用于粗分类和识别，如地带分类。

（2）高光谱成像（highspectral imaging）

高光谱成像的光谱分辨率 $\Delta\lambda/\lambda=0.01$，广谱光被细分为数十个波段，光谱分辨率一般在 10 nm 量级，可以用于细分类和识别，如对地遥感。

（3）超光谱成像（hyperspectral imaging）

超光谱成像的光谱分辨率 $\Delta\lambda/\lambda=0.001$，广谱光被精细分为数百个波段，光谱分辨率一般在 1 nm 量级，可以用于精细描述，如大气微粒精细探测。

4. 光谱成像的关键问题

（1）光谱成像系统的设计

光谱成像不同于一般的宽波段光学成像，由于需要在很窄的每个波段上（尤其是光谱分辨率很高时）依序成像，每个窄波段内的光辐射能量都很低，转换的电信号相应很弱，因此应研究如何在高光谱分辨率需求的情况下同时保持良好的弱信号检测能力、响应速度和响应均衡性等。

（2）大气传输的校正

大气由多种气体组成且具有分层特性，对电磁波的吸收、散射以及大气自身的辐射效应明显，地面物体的光谱信息必然受到大气传输的影响，无法反应物质的真正特性，因此必须进行大气传输校正。目前在成像系统的设计阶段和光谱数据的预处理上，通常采用专业大气传输计算软件 LOWTRAN 或 MODTRAN 来进行透射率计算分析[6]。

（3）光谱数据的分析处理

数据处理算法会极大影响最终的成像可视化效果，目前数据处理算法多样，主要用于信号处理分析的二元假设分类、相关分析、匹配滤波器、最佳波段选择、亚像素目标判别、CFAR 分类和神经网络分类等领域。

（4）物体的光谱特征匹配

光谱成像的目的是通过目标丰富的光谱特征信息来对物体进行识别和描述等，因此在进行探测之前，应该建立先验知识（即数据量庞大的标准目标光谱数据库），用于对探测获取的图像进行特征匹配和标定，才能给出置信度高的探测结论。

6.3.2　光谱成像系统

随着光电成像技术（包括焦平面探测器、CCD/CMOS 传感器、光学成像以及信息融合处理等技术）的突飞猛进，多光谱、高光谱和超光谱成像技术也迅速发展。在军用上，多种先进光谱成像系统的应用，拓展了传统单一谱段成像的信息维度，极大地增加了信息量，在目标的发现、分类、识别和描述以及目标的真假辨识、复杂背景抑制等方面提供了强大的数据支撑，有效地提升了综合侦察能力。

光谱成像系统是光谱成像技术得以实现的硬件载体，是现代化成像侦察系统不可或缺的组成部分，在无人机机载光电侦察系统中得到广泛应用。按照工作方式的不同，光谱成像系统可以分为推扫式扫描仪加面阵传感器和光机扫描仪加线阵传感器两种。

（1）推扫式扫描仪加面阵传感器

它利用线阵列探测器及其沿飞行方向的运动完成空间扫描，利用分光元件和面阵传感器完成光谱成像。

（2）光机扫描仪加线阵传感器

它利用单元探测器接收光谱信息，经分光元件后分成不同的波段，依序在线阵传感器上完成光谱扫描成像，通过扫描镜在垂直于飞行方向的面内摆动以及同时沿飞行方向的运动来完成空间扫描[7]。

不同种类的设备虽然工作方式、组成、结构不同，但其基本组成通常都包括：光学会聚单元、分光单元、探测与信号预处理单元、信息记录或传输单元等，下面介绍两种常见的光谱成像设备：CCD 多光谱相机和成像光谱仪。

1. CCD 多光谱相机

以典型的线阵 CCD 多光谱相机为例，该相机由光机设备、光机控制器等组成，如图 6-12 所示。

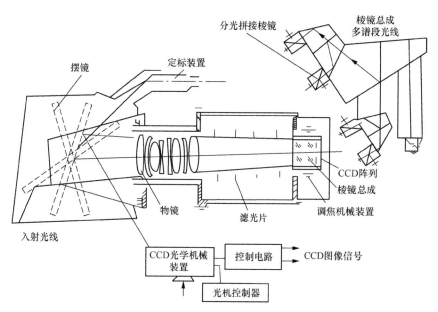

图 6-12 线阵 CCD 多光谱相机的组成

光机设备是相机的主体，由光学系统、定标装置和控制组件等组成。

（1）光学系统

光学系统包括摆镜、物镜、分光拼接棱镜、CCD 阵列和调焦机械装置等。

摆镜是平面反射镜，主要作用是可以通过控制侧向摆动，将光轴指向飞行方向两侧，实现侧视成像。

光经高透射率和高调制传函（modulation transfer function，MTF）特性的物镜接收，在其焦面上采用分光拼接棱镜将光谱分开，成像在不同空间位置的 CCD 阵列上。

分光拼接棱镜由几块棱镜拼接组成，考虑到各谱段的能量较弱，分光拼接棱镜采用全反全透方式。每个棱镜的表面镀有波段选择性很强的介质膜，介质膜材料特性不同，可以使特定波段的光透过，由此可以分离出所需的光谱。

CCD 阵列是由几段短的线阵 CCD 拼接而成的一段长线阵 CCD（见图 6-13），每个短 CCD 的位置对应分光拼接棱镜形成的各个谱段的成像焦面。

调焦机械装置用于精确调整焦面位置，提升图像质量。

（2）定标装置

定标装置包括辐射光源和附属光学系统，用于产生不同亮度的均匀图像，为相机的输出信号提供参考基准，实现辐射定标。该装置安装在镜头组前端的相机顶部，可以通过控制摆镜转动改变光轴指向，实现相机在定标模式和正常成像模式之间的转换，这也是摆镜的另一个作用。

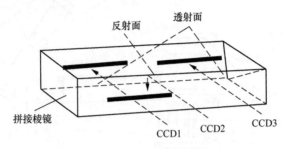

图 6-13　CCD 阵列拼接

（3）控制组件

光机控制器用于控制摆镜、调焦机械装置等活动部件的运动；控制电路用于提供光电转换过程中所需的时钟脉冲信号。

2. 成像光谱仪

（1）工作原理

成像光谱仪是新一代成像传感器，是基于红外行扫描仪、多光谱扫描仪等成像设备的基本原理发展起来的，由成像和分光两个功能结合而成。以典型的线性扫描成像光谱仪（见图 6-14）为例，其成像部分用扫描方式完成对地面目标及其背景的空间成像，分光部分利用光谱维的光栅分光计完成对瞬时线阵图像光谱波段的分割。

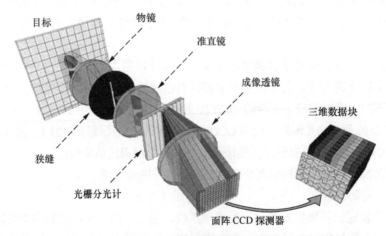

图 6-14　线性扫描成像光谱仪

该型成像光谱仪的前透镜设置了一个狭缝，可瞬时获取地面目标及其背景的一行图像（空间一维）。经过准直透镜、光栅分光计后，这一行图像被分解成多行不同谱段的图像（光谱一维）。多行光谱图像经过成像透镜，同时依序聚焦在面阵 CCD 探测器上，构成平面图像（二维），其中一维就是物象面上的一行图像，另一维是该行在其他各个谱段上的图像。无人机在空间的另一维上平稳飞行，进行推扫，构成空间第二维。这样最终获取的图像即为"三维数据块"，其光谱分辨率由光栅分光计的性能决定，空间二维分辨率由 CCD 探测器阵列尺寸和无人机飞行速度决定。

成像光谱仪的关键性能参数有：光谱分辨率（谱段的多少与谱宽）、空间分辨率（瞬时视场角）、噪声等效反射率差（信噪比）等。

（2）扫描方式

成像光谱仪有三种扫描方式：线扫式、掸扫式和推扫式，如图 6-15 所示。

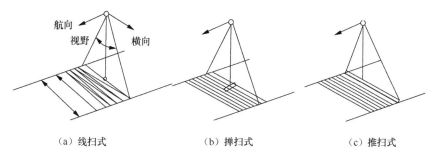

（a）线扫式　　　　　　（b）掸扫式　　　　　　（c）推扫式

图 6-15　成像光谱仪的三种扫描方式

① 线扫式。使用单元探测器接收光谱信息，在线阵传感器上完成光谱扫描成像；采用光机扫描装置，通过扫描镜在垂直于飞行方向的面内摆动以及同时沿飞行方向的运动完成空间扫描。

② 掸扫式。使用沿航向排列的短线阵探测器获取平行扫描线组，在面阵传感器上完成光谱扫描成像；采用光机扫描装置，通过扫描镜在垂直于飞行方向的面内摆动以及同时沿飞行方向的运动完成空间扫描。该扫描方式的优点是总视场角大，可高达 90°，像元配准好，不同波段在任何时候都可以凝视同一像元。

③ 推扫式。使用垂直于航向排列的长线阵探测器获取平行扫描线组，在面阵传感器上完成光谱扫描成像；不采用光机扫描装置，而是沿着飞行方向随飞行自然形成稳定水平推扫完成空间扫描。该扫描方式的优点是对像元凝视时间长，灵敏度和空间分辨率高。但由于光学设计上的困难，总视场受到限制，只能达到 30°左右。

|6.4 合成孔径雷达成像侦察|

合成孔径雷达（synthetic aperture radar，SAR）是一种高分辨率相干成像雷达，可以在能见度极低的光照和气象条件下得到类似普通光学照相一样清晰的可视化图像。

机载合成孔径雷达的空间分辨能力包括方位向和距离向两个：沿着飞行方向的分辨率是方位向分辨率；垂直于飞行方向的分辨率是距离向分辨率。在方位向上，利用机载合成孔径雷达与地面目标的相对运动，基于多普勒频移理论和雷达相参技术，把真实的小孔径天线侧向发出的雷达波照射到目标后返回的回波信号做相干和合成处理，等效为一个虚拟的大尺寸孔径天线的效应，从而可以获取沿航向上的高分辨率；在距离向上，采用对线性调频信号的脉冲压缩技术来获取该方向上的高分辨率。这样就可以获取方位向和距离向这两个维度上的可以媲美光学成像的高分辨率图像。

合成孔径雷达基于雷达的工作原理，依靠的是雷达自身发射的电磁波，而不是依靠自然环境光照。另外，合成孔径雷达波段的波长比可见光长很多，可以高效穿透云、雨、雪、雾和烟等，也可以穿透一些地表遮蔽物，因此具有全天时、全天候成像能力，也能有效地发现隐藏在遮蔽物下的目标，极大弥补了光学成像受制于光照和气象条件的不足。

合成孔径雷达的首次使用是在 20 世纪 50 年代后期，装载在飞机上，进行对地成像侦察。由于合成孔径雷达相对于光学成像的巨大优势，各国均将其作为光电侦察领域的新方向进行重点研究。经过近 70 年的发展，合成孔径雷达技术已经比较成熟，各种新型的合成孔径雷达层出不穷，在民用领域和军用领域都获得了极为广泛的应用。

6.4.1 合成孔径雷达的基本原理

1. 合成孔径雷达的基本概念[8]

合成孔径雷达是相对于实孔径雷达（real aperture radar，RAR）而言的。

机载合成孔径雷达受平台限制，其天线孔径有限，是先发射后接收的物理单元；而合成孔径雷达的天线在沿方位向运动，所收到不同位置的回波也是不同时的，这个不同时显然是依靠载机的运动分时获取的，将不同时刻接收到的回波通过一定的信号处理算法合成，就好像是一个大孔径天线发射信号后直接接收的效应。如图 6-16 所示，机载合成孔径雷达对地进行成像侦察时，机载的真实小天线沿着飞行轨迹随机体匀速移动并发射相参信号，同时依序接收和记录不同时刻的回波信号，再进行相参处理，就等效出一个长天线。而雷达方位向分辨率取决于天线的孔径、作用距离和波长，当波长一定时，孔径越大，作用距离越小时，方位分辨率越高。因此，除了接收机制不同，二者的信号处理算法是主要不同，合成孔径的大小决定了合成孔径雷达的方位向分辨率大大高于实孔径雷达。

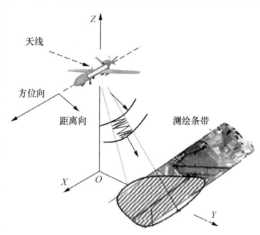

图 6-16　机载合成孔径雷达工作示意

　　雷达距离向分辨率由发射的雷达脉冲宽度决定，如果需要高距离向分辨率，则必须发射非常窄的脉冲，发射功率也必须提高到足够大以满足探测距离的要求。机载实孔径雷达由于受到硬件条件限制，不可能获得非常窄的脉冲宽度，而合成孔径雷达采用了脉冲压缩技术来提高距离向分辨率，从而解决了距离分辨率与探测距离之间的矛盾。

　　综合看来，合成孔径雷达采用以多普勒频移理论和雷达相干技术为基础的合成孔径技术来提高雷达的方位向分辨率，采用脉冲压缩技术来提高距离向分辨率，从而获得可以媲美光学成像的高分辨率图像。此外，雷达回波信号中还包含有极化信息、相位信息和多普勒信息等，是对成像视觉信息的有力补充和增强。

2. 合成孔径雷达的成像模型[9]

　　合成孔径雷达模型通常采用"一步一停"的方式工作，在距离向记录数据时认为雷达是"停"的，等一次数据记录完后，再移动"一步"到下个位置记录数据，在距离向记录数据时的时间称为"快时间"$\hat{t}$，在录取位置之间移动的时间称为"慢时间"t_m。

　　在理想的匀速直线运动条件下，设视场中有一点目标 P，其回波信号可记录在快时间 $\hat{t}$ 和慢时间 t_m 的二维平面。经过快时间的脉冲压缩后，记录的数据在 $\hat{t} - t_m$

平面里是一条复数曲线，称为该点目标 P 的系统响应。这个系统响应对于沿航向上的目标有平移不变性，但对垂直于航向方向上距离不同的目标具有空变性。空变响应通过飞机运动及其与目标的相对位置关系可以写出它的表达式，通过匹配滤波就可以求得 $P(x,y)$，对空间中的所有点同样处理，就可以生成视场图像。

如图 6-17 所示，无人机沿 x 方向以匀速直线飞行，平行于飞行方向称为方位向，垂直于飞行方向称为距离向。飞行速度为 v，高度为 H，斜视角为 θ（若 $\theta = 0$，合成孔径雷工作在正侧视模式），方位波束角为 β。航线上加粗的线段表示一个长度为 L_s 的合成孔径天线，中心点 D 的坐标为 $(x,0,H)$。

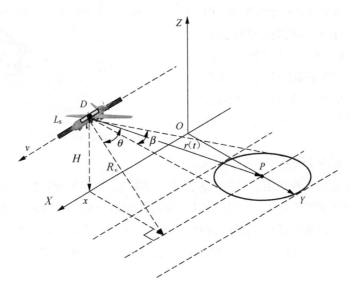

图 6-17 合成孔径雷达成像的几何模型

合成孔径雷达以固定的脉冲重复频率向地面发射雷达波，波长为 λ，带宽为 B。设图中点目标 P 此时刻正好位于波束中心线上，该点到航线的垂直距离或最短距离为 R_c，载机和静止目标 P 之间的瞬时斜距为 $r(t)$。$r(t)$ 随着载机在合成孔径中的位置移动而变化，当雷达脉冲经过不同瞬时斜距 $r(t)$ 所对应的不同延时 τ_i 到达 P 时，被其反射，再经过相应的延时 τ_i，回波就能被雷达接收到。

由图 6-17 所示可知，该系统工作在前斜视模式下，所以载机在不同孔径位置和目标之间瞬时斜距 $r(t)$ 的轨迹是抛物线的一部分，它在 X 轴的投影长度是从雷达波到达该目标与雷达波反射离开该点所经历时间的长度，即约为一个方位波束宽度，并且该目标每次回波的信号长度为该目标点和发射信号的卷积，故该目标在距离上的时间长度就是发射信号的脉冲宽度 T_p。

点目标 P 的回波数据支撑域如图 6-18 所示。可以把视场看作由很多类似 P 的点目标组成的集合，设系统为线性系统，则视场内回波数据可以认为是很多不同方位位置和不同距离延时的数据支撑域的叠加。

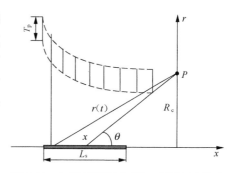

图 6-18　合成孔径雷达点目标回波数据支撑域

3. 距离向高分辨率[10]

设一脉冲雷达发射脉冲的持续时间为 T_p，脉冲重复周期为 T，脉冲峰值功率为 P_p，脉冲平均功率为 P_{av}，c 为光速，则雷达的平均功率为：

$$P_{av} = \frac{T_p}{T} P_p \qquad (6\text{-}4)$$

雷达的距离向分辨率为：

$$S_r = \frac{cT_p}{2} \qquad (6\text{-}5)$$

为了获得高的目标回波信噪比，使雷达能够探测更远的距离，需要提高雷达发射信号的平均功率 P_{av}。但是发射脉冲的峰值功率会受到发射管峰值功率、传输线功率容量以及体积重量等因素的限制，提高非常有限。因此，在发射机平均功率允许的条件下，可以通过增大脉冲宽度 $\tau(T_p)$ 来提高信号能量。而由式（6-5）可知，随着 $\tau(T_p)$ 的增大，雷达的距离向分辨率降低。因此，想同时提升探测距离和提升距离向分辨率是无法满足的，一个提升了，另一个就降低了，二者相互矛盾。普通的简单矩形脉冲信号的时域脉宽和带宽的乘积约为 1，这种信号无法同时得到大的时域脉宽和带宽，使用宽脉冲时必然降低其距离向分辨率。

为了解决上述矛盾，必须采用更为复杂的信号形式，目的是使之同时具有大的时域脉宽和大的信号带宽。可采用脉冲压缩技术产生这种信号：在发射时，在宽脉冲内采用附加的频率或相位调制，即宽编码脉冲，以增加信号带宽；在接收时，用匹配滤波器进行处理，可以将宽脉冲变换为窄脉冲，即脉冲压缩。这样既可使雷达用宽脉冲具有大的信号能量，同时又可以得到窄脉冲所具备的距离向分辨率高的优点。这种信号称为脉冲压缩信号或称为大时宽带宽积信号。因为脉内有附加调制后，其时宽带宽积大于 1。典型的大时宽带宽积信号为线性调频（linear frequency modulation，LFM）信号。

　　合成孔径雷达普遍采用线性调频信号，波形生成容易，对应压缩过程也相对容易。雷达发射时采用宽脉冲，从而增大了发射信号能量，最终确保有足够远的探测距离，在宽脉冲内进行频率范围 $f_1 - f_2$ 的线性频率调制：即在脉冲持续时间内，信号频率连续地线性变化。雷达接收回波信号时，采用相对应的脉冲压缩方法获得窄脉冲，可以提高距离向分辨率。

　　线性调频信号的复数表达式为：

$$s(t) = \mathrm{rect}\left(\frac{t}{\tau}\right)\exp[\mathrm{j}2\pi(f_0 t + Kt^2/2)] \qquad (6\text{-}6)$$

式中，f_0 为初始载频；τ 为脉冲宽度；K 为发射线性调频信号的调频斜率，且

$$\mathrm{rect}\left(\frac{t}{\tau}\right) = \begin{cases} 1, & |t| \leqslant \dfrac{\tau}{2} \\ 0, & |t| \geqslant \dfrac{\tau}{2} \end{cases} \qquad (6\text{-}7)$$

式中，$K = B/\tau$；B 为信号带宽。信号的瞬时频率 $f(t)$ 为：

$$f(t) = \frac{1}{2\pi}\frac{\mathrm{d}}{\mathrm{d}t}[2\pi(f_0 t + Kt^2/2)] = f_0 + Kt \qquad (6\text{-}8)$$

　　例如，当 $B = 20\,\mathrm{MHz}$，$\tau = 10\,\mathrm{\mu s}$ 时，线性调频信号的时域波形和频谱如图 6-19 所示。

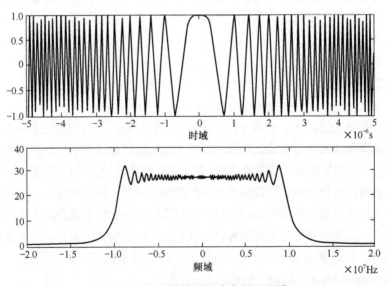

图 6-19　线性调频信号的时域波形和频谱

经分析可知：信号的频率范围从 $(f_c - |K| T_p / 2)$ 变换到 $(f_c + |K| T_p / 2)$，带宽为 $B = |K| T_p$。因此，采用脉冲压缩技术后，雷达的距离向分辨率为：

$$S_r = \frac{c\tau}{2} = \frac{c}{2B} = \frac{c}{2|K| T_p} \tag{6-9}$$

压缩后的脉冲宽度由信号带宽 B 决定，与压缩前脉冲的宽度无关。雷达的距离向分辨率 $\dfrac{c}{2B}$ 也由信号的带宽决定。随着发射脉冲的时宽带宽积的增大，合成孔径雷达的探测作用距离也在增加。采用脉冲压缩后，信号脉宽是原来的 $1/T_p B$，峰值功率提高 $T_p B$ 倍，从而即可以实现远距离探测，也可以达到距离向的高分辨率。

4. 方位向高分辨率[11-12]

在雷达系统中，当两个点目标距离相同、方位角不同时，可以被雷达区分出来的最小间隔称为方位向分辨率。方位向分辨率由天线的水平波束宽度决定，若两个点目标之间的方位向距离大于水平波束宽度，则两个点目标可以被雷达分辨，反之不能分辨。

常规的实孔径雷达方位向分辨率为：

$$\rho = H\lambda / (D \sin \beta) \tag{6-10}$$

式中，H 是天线距地高度；β 为水平波束角；λ 为信号波长；D 为天线长度。

当雷达工作波长确定后，要提高方位向分辨率可以增大天线长度 D，但是这会受到雷达载体平台的物理限制，不可能有非常长的天线。合成孔径雷达的基本原理是利用短天线随载体在方位向上的运动，经过特殊的信号处理方法，等效合成为一个大孔径天线，水平波束宽度很窄，从而获得方位向高分辨率。图 6-20 所示为合成孔径雷达在正侧视情况下的空间几何关系，雷达波束的中心线与测绘带垂直，假定雷达的水平波束角为 β，合成孔径长度为 L_s，雷达在 X 轴上的坐标为 x，合成孔径雷达平台前进速度为 v，目标 P 距天线 $r(t)$，在 X 轴上坐标为 x_0，最小距离 R_c，则目标与合成孔径雷达之间的距离为：

$$r(t) = [R_c^2 + (x - x_0)^2]^{1/2} \tag{6-11}$$

在匀速直线运动条件下，$x = vt$，则：

$$r(t) = [R_c^2 + (vt - x_0)^2]^{1/2} \tag{6-12}$$

一般情况有 $R_c \gg x - x_0$，故式（6-12）近似为：

$$r(t) = [R_c^2 + (vt - x_0)^2]^{1/2} \approx R_c[1 + (vt - x_0)^2 / 2R_c^2] \tag{6-13}$$

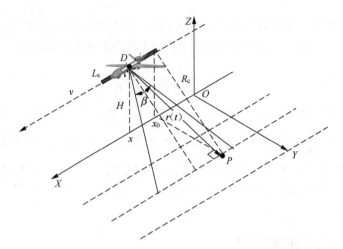

图 6-20　正侧视下合成孔径雷达的空间几何关系

假设合成孔径雷达发射的是连续正弦波：

$$s_t(t) = A\exp(j\omega_c t) \tag{6-14}$$

式中，A 为振幅；ω_c 为发射信号的载频。

点目标的回波信号可表示为：

$$s(t) = \sigma A\exp[j\omega_c(t-t_d)] \tag{6-15}$$

式中，σ 为目标散射系数；t_d 为：

$$t_d = \frac{2r(t)}{c} \tag{6-16}$$

由于合成孔径雷达与目标之间因相互运动会产生多普勒效应，则目标方位向上回波的瞬时多普勒频率为：

$$f_d(t) = \frac{1}{2\pi}\frac{d}{dt}\left[\omega_c\frac{2r(t)}{c}\right] \tag{6-17}$$

将式（6-13）代入式（6-17），化简整理得到：

$$f_d(t) = -\frac{2v^2}{\lambda R_c}(t-t_0) \tag{6-18}$$

式中，$t_0 = 2R_c/c$。

式（6-18）表明在合成孔径时间 $T_s = L_s/v$ 的这段时间内，f_d 随时间呈线性变化，因此可以将方位向的回波多普勒信号看作是脉宽为 T_s、多普勒中心频率为 0、调频率为 $f_d = \dfrac{2v^2}{\lambda R_c}$ 的线性调频信号。

合成孔径时间 T_s 与雷达平台以及天线长度之间的关系可以表示为：

$$T_s = \frac{L_s}{v} = \frac{\beta R_c}{v} = \frac{\frac{\lambda}{D} R_c}{v} \qquad (6\text{-}19)$$

式中，v 为雷达平台运动速度；L_s 为合成孔径长度；β 为方位向的波束夹角。

点目标回波信号的多普勒带宽为：

$$\Delta f_d = | f_d | T_s = \frac{2\beta v}{\lambda} \qquad (6\text{-}20)$$

根据脉冲压缩原理，方位向分辨率与雷达天线波束扫过点目标 P 时产生的最大多普勒带宽有关。当此线性调频信号经匹配滤波器之后，得到的输出信号（时域信号）包络的主瓣宽度为：

$$\tau_a = \frac{1}{\Delta f_d} = \frac{D}{2v} \qquad (6\text{-}21)$$

τ_a 相当于方位向的时间分辨率，如果两个点目标的回波多普勒信号经脉冲压缩后的时间间隔大于 τ_a，合成孔径雷达就可以将它们分辨开来。合成孔径雷达在方位向的分辨率为：

$$\rho_a = \tau_a v = \frac{D}{2} \qquad (6\text{-}22)$$

由式（6-22）可知，合成孔径雷达的方位向分辨率与雷达到目标的距离和雷达的工作波长无关，而仅由天线方位向的几何尺寸决定，这一特性表明合成孔径雷达对成像空间内不同方位向位置的目标能做到等分辨率成像，且分辨率最高可达 $D/2$（数值是实际天线孔径的一半，但实际中达不到）。减小天线孔径 D 可以提高方位向分辨率，但同时会使天线的增益下降，从而降低雷达探测距离。

5. 距离徙动和 R–D 成像算法[12–13]

在实际情况下，合成孔径雷达回波信号通常伴有大的距离徙动（range cell migration，RCM），这是一种对合成孔径雷达成像有重要影响的现象。大的距离徙动产生的原因是合成孔径雷达平台与目标之间的相对运动。当一个地面点目标处于合成孔径雷达波束照射范围的时间中时，即在合成孔径的过程中，其距离随着合成孔径雷达平台的连续运动而不断变化。若这个距离变化超过了雷达的一个距离分辨门，会使来自该目标的回波信号在距离向分布于几个相邻的不同距离门内，造成回波信号的方位向数据和距离向数据的耦合，这种耦合使基于匹配滤波成像的实际计算和处理变得复杂，直接影响最终的成像质量。因此，在合成孔径雷达成像处理环节中，必须采用专门的设计算法对距离徙动进行直接或者间接的补偿，即距离徙动校正（range cell migration correction，RCMC）算法。

根据大的距离徙动影响的不同，有多种信号处理的校正算法可用。其中，提出最早、应用也最广泛的是 R-D 算法。该算法根据合成孔径雷达成像过程中距离向和方位向上的大尺度时间差异，通过对两维滤波器的近似，将距离向和方位向的两维处理环节前后分离，成为两个级联的一维处理，即先距离压缩、后方位压缩（考虑方位向的相位聚焦），在两个一维操作的中间进行距离徙动校正（见图 6-21）。由于距离徙动校正是在距离时域-方位频域中处理实现的，方位频率等同于多普勒频率，所以该处理域又称为"距离-多普勒"域，是 R-D 算法与其他算法的主要区别，因此也称为"距离-多普勒"算法。

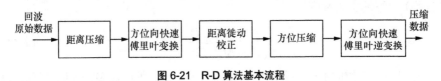

图 6-21 R-D 算法基本流程

在 R-D 算法处理过程中，距离相同而方位不同的点目标能量变换到方位频域后，其位置重合，因此频域中的单一目标轨迹校正等效于同一最近斜距处的一组目标轨迹的校正。这是算法的关键，可以满足高效的模块化处理要求。为了提高处理效率，所有的匹配滤波器卷积都通过频域相乘实现，匹配滤波及距离徙动校正都与距离可变参数有关，这也是该算法区别于其他算法的另一个主要特点——比较容易适应距离向参数的变化。另外，由于采用了分维处理，所有运算都针对一维数据进行，从而达到了处理的简便和高效。

R-D 算法是原始的正侧视距离-多普勒算法，随空间位置变化的二维匹配滤波在实际应用中很复杂，有时需根据成像的具体要求进行必要的近似和简化，以便适合于低分辨、窄波束、正侧视的情况，如机载和星载 X 波段合成孔径雷达等。

6. 运动补偿

以上分析均是建立在雷达以稳定指向和恒定速度做平行于地面的匀速直线运动理想工作条件下。在实际应用中，星载合成孔径雷达在外层真空中运行比较稳定，大体可以满足理想运动条件，仅需处理距离徙动的影响，而机载合成孔径雷达由于自身机体稳定性以及大气扰动的影响，会发生抖动、起伏等情况，造成飞行状态并非理想的匀速直线运动。因此，机载合成孔径雷达除了需要进行距离徙动校正外，还需要考虑非匀速直线飞行的影响。

由于非匀速直线运动的存在，合成孔径雷达成像模型中的瞬时斜距必然会与理想值有偏差，从而产生相位误差和时延。如果将这种相位误差和时延叠加在载机的飞行航线上，那么载机的飞行轨迹将不再是理想直线，而是变成了一条复杂的三维曲线。合成孔径过程中记录的数据将产生较大的失真，难以进行良好的匹配滤波，表现为无法准确聚焦而使图像产生模糊，情况严重时甚至完全无法聚焦成像。

因此，机载合成孔径雷达需要在成像处理环节中对记录的回波数据进行运动补偿。

① 飞行姿态不稳定，路线有偏离，导致目标和雷达瞬时斜距变化误差大时，需要补偿与载机航行方向垂直的平面内斜距误差，这种误差补偿称为法平面内的运动补偿。

② 大气扰动对速度影响大，导致载机在航向上做非匀速运动，导致数据记录时间不均匀时，对这种误差的补偿称为沿航向的运动补偿。

6.4.2　机载合成孔径雷达的工作模式

随着应用越来越广泛，合成孔径雷达也衍生出多种工作模式，以适应复杂多变的工作环境。按照波束指向特性的不同，合成孔径雷达的工作模式分为条带模式、聚束模式、扫描模式、滑动聚束模式、干涉模式、大视角、多波束和动目标显示等。其中，条带模式、聚束模式、扫描模式和滑动聚束模式是四种最常见的工作模式[14]。

1. 条带模式

条带模式是最常见、最简单的工作模式，其雷达天线的指向相对于载机航向始终保持相对不变，雷达天线随载机的匀速直线运动均匀、连续地扫过地面，得到的图像也是均匀、连续的（见图 6-22）。随时间推移，波束在地面的照射面叠加出一条平行于航迹的条带区域，其总长度仅取决于载机飞行的距离。

若波束指向与载机飞行方向相互垂直，称为正侧视；若波束指向与载机飞行方向不垂直，称为斜视；波束指向与载机飞行方向夹角小于 90°是前斜视；波束指向与载机飞行方向夹角大于 90°是后斜视。相比较于最简单的正侧视，斜视工作模式不仅有助于发现某些隐藏在正侧视模式下雷达盲区中的目标，还能够突破成像区域与载机飞行轨迹相互平行的限制，对载机前方的远距离目标进行侦察成像。

条带模式方法简单，适合对地大面积成像，但是由于整个条带是均匀分布的，对于具有特定需求的重点目标侦察无法达到长时间覆盖的战术要求。此外，由于受天线增益等方面的限制，无法通过无限制减小天线尺寸来提高方位向分辨率，难以满足高分辨率的要求。

2. 聚束模式

聚束模式是通过连续时段内天线波束对目标稳定不变的指向，形成等效宽天线波束角来提高条带模式的分辨率，如图 6-23 所示。

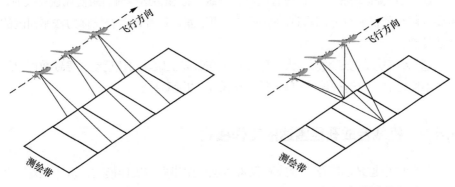

图 6-22 条带模式   图 6-23 聚束模式

该工作模式下的波束指向可根据作战需求随时调整，当需要对重点目标进行凝视侦察时，可在任务时间内始终将波束指向目标区域，从而在短时间内模拟出一个较宽的天线波束。在普通的条带模式下，天线合成孔径的长度由方位向波束宽度和作用距离决定，聚束模式的等效宽波束突破了这个限制，可以获得更高的方位向分辨率，从而能对指定区域进行精细成像。显然，由于是有目的的指向，该工作模式难以对整个飞临区域进行连续的、完整的覆盖，即某个时段内只能对地面的一个有限域进行成像。

由于条带模式和聚束模式的各自不同特性（见表 6-3）[15]，二者可以在应用上互补。

3. 扫描模式

扫描模式是条带模式和聚束模式的综合和改进，在一个合成孔径时间里，其波束指向既可瞬时调整，又不始终指向同一区域，天线会沿着距离向进行多次往复扫描，如图 6-24 所示。

表 6-3 条带模式和聚束模式的特性比较

性能参数	特性	
	条带模式	聚束模式
天线指向	固定	适时调整
方位向成像长度	由数据采集长度决定	由波束宽度决定
合成孔径长度	不同位置目标的合成孔径长度不同	所有位置目标的合成孔径长度相同
方位向分辨率	由天线大小决定	由数据采集长度决定
多普勒带宽	由雷达参数决定	由雷达参数和数据采集长度决定

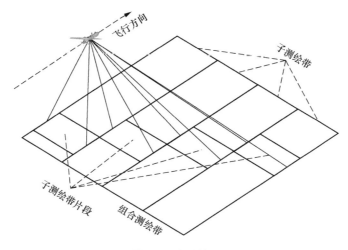

图 6-24 扫描模式

这种工作模式通过牺牲方位向成像长度来换取更宽的成像宽度，当需要扩大成像区域宽度时，简单易行，可实现中等分辨率需求下的大面积区域成像，但是合成孔径过程中的回波信号数据处理非常复杂。

4. 滑动聚束模式

滑动聚束模式是当前比较新的一种工作模式，通过调整波束指向，在地面形成一个相对固定大小的雷达波照射区，控制照射区在地面沿方位向的移动速度可增加方位向相干累积的时间，从而提高方位向的分辨率，如图 6-25 所示。

由图 6-25 所示可知，滑动聚束模式的两种特例就是条带模式和聚束模式：当照射区在地面的移动速度等于载机速度时，即为条带模式；当照射区在地面的移动速度为零时，即为聚束模式。当照射区的移动速度在零与载机速度之间时，对于同样尺寸的天线，由于方位向相干累积的时间要比条带合成孔径雷达长，故其方位向分辨率要大于条带模式；由于在扫描过程中照射区移动的速度不为零，所以其方位向成像区域长度要比聚束模式下方位向成像区域长度要大。可见，滑动聚束模式兼具条带和聚束模式的优点：既解决了条带模式下方位向分辨率受限的问题，又解决了聚束模式成像区域受限的问题，在

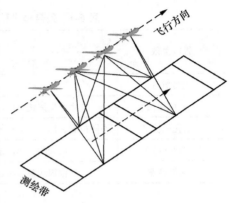

图 6-25 滑动聚束模式

方位向分辨率和成像区域大小之间找到了很好的平衡点，可以根据具体任务需求对工作参数进行灵活设计，可以有效地提高成像效率和数据质量，在军用机载合成孔径雷达成像侦察领域发展前景光明。

|6.5 激光雷达成像侦察|

雷达的主要功能包括：搜索目标和发现目标，对目标的距离、速度、方位角等运动参数以及反射率、散射截面和形状等特征参数进行测量。传统的雷达以微波和毫米波作为载波。

激光雷达（或称激光探测及测距系统）是在微波雷达技术的基础上发展起来的。激光雷达采用激光作为载波，以激光器为辐射源，以光电敏感器件为探测器，以光学透镜组为天线，其工作原理和微波雷达并无本质区别，信号处理也沿用了微波雷达中的成熟技术。

激光雷达结合了载波激光和雷达工作体制的优点，作为一种先进的光探测技术，被广泛应用于多种民用和军用领域，具体的应用形式有：跟踪识别激光雷达（成像制导、侦察、预警和目标探测）、火控激光雷达（自动化观瞄和打击控制）、靶场测量激光雷达（武器实验参数测量）、三维成像激光雷达（大地测绘、汽车自动驾驶、机器人）、大气测量激光雷达（测风、测云、测成分等）、引导避障激光雷达（障碍物探测和自动避障、航天器交会对接）等，工作原理

和体制复杂多样，本节只介绍激光雷达的基本原理和用于机载成像侦察任务的成像激光雷达。

6.5.1　激光雷达的基本原理

1. 激光雷达作用距离方程

激光雷达的回波信号强度（回波功率）可以由激光雷达作用距离方程来估算，其值决定了激光雷达的强度特征。激光和微波是不同波段的电磁波，激光雷达作用距离的定义和微波雷达作用距离相似，故可以从微波雷达作用距离方程推导出激光雷达作用距离方程：

$$P_{R} = \frac{P_{T}G_{T}}{4\pi R^2} \cdot \frac{\sigma}{4\pi R^2} \cdot \frac{\pi D^2}{4} \cdot \eta_{Atm}\eta_{Sys} \qquad (6\text{-}23)$$

式中，P_R 是接收到的激光回波功率；P_t 是激光发射功率；G_t 是发射系统光学增益；σ 是目标散射截面；D 是接收系统光学孔径；R 是激光雷达到目标的距离；η_{Atm} 是单程大气传输系数；η_{Sys} 是光学系统传输系数；$A_R = \pi D^2$ 是有效接收面积。

$$G_T = \frac{4\pi}{\theta_T^2} \qquad (6\text{-}24)$$

$$\theta_T = \frac{K_a\lambda}{D} \qquad (6\text{-}25)$$

式中，θ_T 是发射激光的带宽；λ 是激光波长（假设发射和反射的激光波长相等）；K_a 是孔径透光常数。

将式（6-24）和式（6-25）代入式（6-23）可得：

$$P_{R} = \frac{P_{T}\sigma D^4}{16\lambda^2 K_a^2 R^4}\eta_{Atm}\eta_{Sys} \qquad (6\text{-}26)$$

目标的散射截面为：

$$\sigma = \frac{4\pi}{\Omega}\rho_{T}\mathrm{d}A \qquad (6\text{-}27)$$

式中，Ω 是目标的散射立体角；$\mathrm{d}A$ 是目标面元；ρ_T 是目标平面的反光系数。

激光雷达作用距离方程表征了五项因子的乘积形式：激光发射、大气传输、目标特性、光学系统特性和激光接收。对于不同的目标，激光雷达作用距离方程有不同的意义和形式。

（1）点目标

如果激光雷达探测到的回波能量包含从目标上被辐照的点反射回的所有能量，则在激光雷达作用距离方程的计算中，必须用目标上整个辐照区来计算。对于一个朗伯散射的点目标，被照射的面元是 $\mathrm{d}A$，该截面 σ_{PT} 简化为：

$$\sigma_{\mathrm{PT}} = 4\rho_{\mathrm{PT}}\mathrm{d}A \tag{6-28}$$

式中，ρ_{PT} 是点目标的平均反射系数，代入式（6-26），可得点目标反射回来的激光回波功率为：

$$P_{\mathrm{R}} = \frac{P_{\mathrm{T}}\rho_{\mathrm{PT}}D^4\mathrm{d}A}{4\lambda^2 K_{\mathrm{a}}^2 R^4}\eta_{\mathrm{Atm}}\eta_{\mathrm{Sys}} \tag{6-29}$$

（2）扩张目标

如果接收到目标的全部回波光束，就可认为这是一个与目标大小有关的扩张目标，并且光斑附近的所有辐射能量都被反射。在近程探测时，一般都将目标视为扩张目标。

当圆光斑照射时，照射的面积为：

$$\mathrm{d}A = \frac{\pi R^4 \theta_{\mathrm{T}}^2}{4} \tag{6-30}$$

式中，θ_{T} 是发射激光的衍射极限角，对于一个朗伯散射的扩张目标有：

$$\sigma_{\mathrm{Ext}} = \pi\rho_{\mathrm{Ext}}R^2\theta_{\mathrm{T}}^2 \tag{6-31}$$

则有：

$$P_{\mathrm{R}} = \frac{\pi P_{\mathrm{T}}\rho_{\mathrm{Ext}}D^2}{4R^2}\eta_{\mathrm{Atm}}\eta_{\mathrm{Sys}} \tag{6-32}$$

式中，ρ_{Ext} 是扩张目标的平均反射系数，在近程探测中，大气影响可近似考虑为单程传输影响。

（3）线目标

线目标的长度大于辐照区的长度，宽度小于辐照区的宽度。对于一个漫射的线目标，长度为 R，宽度为 d，θ_{T} 是发射激光的衍射极限角，则目标在激光光斑中的截面可以近似表示为：

$$\sigma_{\mathrm{W}} = 4\rho_{\mathrm{W}}R\theta_{\mathrm{T}}d \tag{6-33}$$

则有：

$$P_{\mathrm{R}} = \frac{P_{\mathrm{T}}\rho_{\mathrm{W}}dD^3}{4R^3 K_{\mathrm{a}}\lambda}\eta_{\mathrm{Atm}}\eta_{\mathrm{Sys}} \tag{6-34}$$

式中，ρ_{W} 是线目标的平均反射系数。

2. 激光雷达的探测方式

激光雷达按照最基本的探测方式可以分为非相干探测和相干探测两类[16]。

（1）非相干探测

非相干探测也叫直接探测，光源可以是非相干光源也可以是相干光源，探测的是平均光功率（光强）。非相干探测的基本探测过程（见图 6-26）：激光发射后经大气传输照射到目标，反射光被光学天线接收。光电探测器将接收到的激光能量进行光电转换，将平均光功率直接转换为电信号幅值，输出形式为正比于平均光功率的电压或者电流，以此来对应还原目标的距离信息，即：距离远，平均光功率小，电信号幅值小；距离近，平均光功率大，电信号幅值大。在此光电转换过程中，激光原有的相位、频率和偏振等信息被消除。

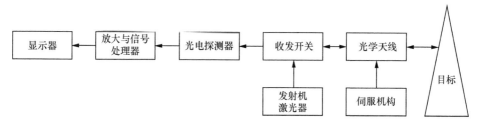

图 6-26　非相干探测的基本探测过程

激光雷达是通过测量激光回波的飞行时间（time of flight，TOF）计算目标距离信息的。根据测距的基本需求，激光的工作种类一般有两种：脉冲激光探测和连续波激光探测。脉冲激光探测是发射脉冲激光，利用计时电路记录发射和接收到返回脉冲的时间差，结合光速计算出目标距离；连续波激光探测是发射连续波激光，利用信号处理的方法，记录发射和接收到回波的相位差，计算出目标距离。

（2）相干探测

相干探测是利用两束激光在光电探测器像元上的相干效应，利用光电探测器的平方律响应特性实现光混频探测，获得的回波差频信息中包含了目标的特征信息。相对于非相干探测（直接探测），相干探测的光源只能是相干光源，探测的是光的波动参数，其基本探测过程如图 6-27 所示。

在发射系统，激光器发射一束连续波激光，经过分光器被分为两束：一束作为探测信号光经线性调频后，发射出去，照射在目标上；另一束作为本机振荡光束，在本机内部直接反射给光电探测器。在接收系统，目标反射回来的调频光束和发射系统直接分光产生的振荡光束在分光器中进行光混频，再照射到光电探测器上，混频光经光电转换输出为具有差频分量的电流，最后经过信号检测和处理，还原出目标的特征信息。

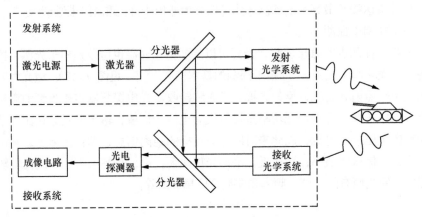

图 6-27　相干探测的基本探测过程

3. 激光雷达的信噪比特性

对于非相干探测，接收的除了目标反射光以外，还有额外的背景干扰光等。这种干扰光来自于太阳的辐射、环境中发光物体的自身辐射，以及环境中所有物体对这些辐射的反射、漫反射和闪烁等。这些不必要的背景干扰光和所需要的反射光一起在光电探测器中被转换和放大，造成了系统信噪比的降低。

对于相干探测，激光器除了发出的探测信号光外还有经过分光器得到的本振光。探测信号光的回波光需要和这个本振光进行光混频，再一起到光电探测器。因此，除了接收到的回波光信号、本振光的耦合以外，它们还需要一起和来自于环境的背景噪声项竞争。

背景噪声主要有三种元素：物体的黑体辐射、物体对阳光的后向散射和阳光的大气散射。

物体的黑体辐射：

$$P_{Bb} = \frac{\varepsilon \sigma_T T^4 \Delta \lambda \Omega_R A_R}{\pi} \eta_{Atm} \eta_{Sys} \tag{6-35}$$

物体对阳光的后向散射：

$$P_{Sb} = K_1 S_{IRR} \Delta \lambda \Omega_R \rho \eta_{Sys} A_R \tag{6-36}$$

阳光的大气散射：

$$P_{NS} = K_I S_{IRR} \Delta \lambda \Omega_R I_S \eta_{Sys} A_R \qquad (6\text{-}37)$$

式中，ε 是目标的辐射系数；σ_T 是斯特藩-玻尔兹曼常数；T 是目标的温度；$\Delta \lambda$ 是光波长的范围；Ω_R 辐射体的辐射立体角；A_R 是光电探测器敏感面的面积；η_{Atm} 是单程大气传输系数；η_{Sys} 是光学系统的传输效率；K_I 是太阳光通过大气的透过系数；S_{IRR} 是太阳的辐射照度；ρ 是目标的反射系数；I_S 是大气的散射系数。

系统信噪比为：

$$SNR = \frac{i_S^2}{i_{SN}^2 + i_{TH}^2 + i_{BK}^2 + i_{DK}^2 + i_{LO}^2} \qquad (6\text{-}38)$$

式中，i_S^2 是信号电流的均方值；i_{SN}^2 是散弹噪声电流的均方值；i_{TH}^2 是热噪声电流的均方值；i_{BK}^2 是背景噪声电流的均方值；i_{DK}^2 是暗电流的均方值；i_{LO}^2 是本振电流的均方值。

将以上电流的基本表达式代入式（6-38），则：

非相干探测的信噪比为：

$$SNR = \frac{\eta_D P_S^2}{hv[2B(P_S + P_{BK})] + K_1 P_{DK} + K_2 P_{TH}} \qquad (6\text{-}39)$$

相干探测的信噪比为：

$$SNR = \frac{\eta_D P_S P_{LO}}{hvB[(P_S + P_{BK} + P_{LO})] + K_3 P_{DK} + K_4 P_{TH}} \qquad (6\text{-}40)$$

式中，η_D 是探测器的量子效率；h 是普朗克常量；v 是激光频率；B 是电子响应宽度；P_S 是接收信号光功率；P_{BK} 是背景光功率；P_{DK} 是探测器暗电流功率；P_{TH} 是等效热噪声功率；P_{LO} 是本振光功率；$K_1 \sim K_4$ 是功率系数。

4. 激光的大气传输特性

激光在大气传输过程中，云、雾、霾、雨、湍流等大气现象对其产生的影响很大。大气对激光传输的作用效应主要有两种：确定性效应和随机性效应。确定性效应主要由大气吸收和散射引起；随机性效应主要由大气湍流引起。大气对激光传输的影响主要表现在以下几个方面[16]。

① 大气中某些气体分子对激光的选择性吸收引起的衰减。大气吸收效应是通过组成大气的不同气体分子的旋转能级、振动能级和电子能级的跃迁实现对能量的吸收。由于大气分子的结构和能级的非连续性，导致了分子对能量的吸收具有

选择性，即不同组成气体的分子具有不同的吸收带。

大气中对激光能量的吸收效应起主要作用的是水蒸气、氧气、臭氧和二氧化碳等。水蒸气有 0.9 μm、1.1 μm、1.4 μm、1.9 μm、2.5~3.0 μm、5~7 μm 等多个吸收带；二氧化碳在 15 μm 处对能量吸收最大，其次是 4.3 μm、10.4 μm 等；臭氧对小于 0.3 μm 都有吸收；氧气的吸收效应占比相对较低，主要在 0.69 μm、0.76 μm 等波段。

对于波长 λ、入射功率为 $P(\lambda)$ 的单色激光在大气中传输 x 的光程后，激光功率被大气的某些成分吸收而衰减，最后透射出的激光功率为：

$$P_\lambda(x) = P(\lambda)\exp[-K(\lambda)x] \qquad (6-41)$$

式中，$K(\lambda)$ 是大气成分对波长 λ 的激光吸收系数。

② 大气中分子和悬浮粗粒对激光的散射效应引起的衰减。除了大气吸收效应以外，大气中的分子和悬浮粗粒还会与激光发生相互作用，表现为原有的传输方向发生改变，部分激光能量被改变到其他方向，导致在原来传播方向上的能量减少，这种效应叫散射效应。一般来说，大气散射导致的能量衰减比大气吸收弱，且激光波长越长散射效应越弱。根据散射粒的粒径大小与激光波长的相对关系，大气散射主要分为瑞利散射（分子散射，粒子尺度远小于入射光波长）和米散射（粗粒散射，粒子尺度接近或大于入射光波长）。

对于波长 λ、入射功率为 $P(\lambda)$ 的激光在大气中传输 x 的光程后，由于大气中的总散射效应，将使激光功率沿传输方向衰减，最后透射出的激光功率为：

$$P_\lambda(x) = P_\lambda(\lambda)\exp[-\gamma(\lambda)x] \qquad (6-42)$$

$$\gamma(\lambda) = \gamma_m(\lambda) + \gamma_a(\lambda) \qquad (6-43)$$

式中，$\gamma(\lambda)$ 是大气的总散射系数，由两部分组成：$\gamma_m(\lambda)$ 是大气中气体分子的散射系数；$\gamma_a(\lambda)$ 是大气中悬浮粗粒的散射系数。

③ 大气的温度、湿度、压强等在短时间、小范围剧烈随机波动，使大气中的能量、动量和物质的垂直交换作用和水平交换作用明显增强，远大于分子运动的交换强度，使大气不再是均匀的光学介质，称为大气湍流。大气湍流会对各种在其中传输的电磁波产生影响，对于激光的影响主要是大气中分子团的折射率会发生随机变化，主要引起光束漂移、光束扩展和光强闪烁等多种现象。

（a）光束漂移：由于大气湍流引起折射率的随机变化，使光束整体发生随机性偏折，接收系统实际接收到的光强分布相对于理想状态下的光强分布存在整体快速偏移。

（b）光束扩展：本质是光束漂移效应的时间累积，形成长期的连续整体快速偏移和叠加，表现为接收系统实际接收到光斑的直径大于理论上衍射效应下的光斑直径。

（c）光强闪烁：当光束内部存在多个湍流涡旋时，每个涡旋都会对穿过它的那部分光束引起折射、衍射等作用，使在该路径上的子光束发生变化，多个涡旋的共同作用会产生多路径子光束的综合效应，表现为接收系统探测到目标表面的光强发生随机起伏。

除了以上主要几种效应以外，如果大气中的某些气体分子和悬浮粗粒本身物理性质发生变化，那么在被激光照射后，反射的回波光束性质也可能会变化。

6.5.2　激光雷达成像系统

1. 激光雷达的分类

随着激光雷达技术的不断推进，现在的激光雷达种类纷繁复杂，功能多样，工作体制各异。激光雷达的分类方式通常分为下面几种。

① 按探测方式不同可分为非相干探测激光雷达、相干探测激光雷达等。

② 按激光波段不同可分为紫外激光雷达、可见光激光雷达和红外激光雷达等。

③ 按激光产生介质不同可分为气体激光雷达、固体激光雷达、半导体激光雷达等。

④ 按激光发射波形不同可分为脉冲激光雷达、连续波激光雷达和混合型激光雷达等。

⑤ 按显示方式不同可分为模拟式激光雷达、数字式激光雷达和成像式激光雷达。

⑥ 按扫描方式不同可分为机械旋转激光雷达、相控阵激光雷达、MEMS 型激光雷达、Flash 型激光雷达等。

⑦ 按线数不同可分为单线激光雷达、多线激光雷达等。

⑧ 按承载平台不同可分为地基激光雷达、车载激光雷达、机载激光雷达、船载激光雷达、星载激光雷达、弹载激光雷达和手持式激光雷达等。

⑨ 按功能不同可分为测距激光雷达、测速激光雷达、测角激光雷达、跟踪激光雷达、成像激光雷达、目标指示激光雷达等。

⑩ 按具体用途不同可分为激光测距仪、靶场激光雷达、火控激光雷达、跟踪识别激光雷达、多功能战术激光雷达、侦毒激光雷达、导航激光雷达、气象激光雷达、大气监测激光雷达等。

2. 激光雷达成像系统的基本组成

激光雷达成像系统也可简称为成像激光雷达，是现代激光雷达的重要种类之一。

成像激光雷达利用激光分辨率高的优越物理特性，可以获取高精度的多维数据，如方位角-俯仰角-距离、距离-速度-强度等，将回波数据根据需求处理以后，以图像的形式显示，如辐射几何分布图像、距离选通图像和速度图像等，图像分辨率高、实时性好、可读性强，还可以生成可视化程度高的三维图像，因此逐渐成为现代高科技战争中战场成像侦察的重要组成部分。

从 20 世纪 80 年代美国的"火池"成像激光雷达开始，成像激光雷达在激光器工作介质、成像方式和探测器等多方面不断发展，如图 6-28 所示。

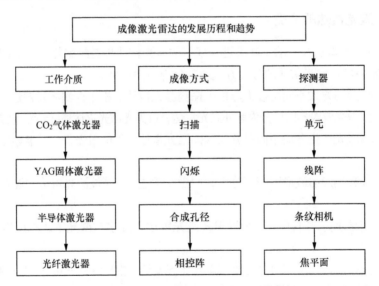

图 6-28　成像激光雷达的发展历程和趋势

不管哪一类成像激光雷达，其基本组成均包括：发射系统、接收系统、控制系统和数据处理系统四个基本模块，如图 6-29 所示[16]。

发射系统发射特定波长的激光束，经大气传输，照射到目标及其背景上。在此过程中，激光与大气、目标及其背景之间发生散射、反射、吸收等相互作用，大部分能量被目标反射回去。接收光学系统通过光电探测器接收激光回波信号，检测和计算回波能量、距离等基础数据。数据处理系统采集光电探测器输出的基础数据，并进行信号处理和图像处理，生成二维或三维图像提供判读，同时根据判读结果建立目标及其背景的特征信息数据库，用于后续的特征匹配、机器学习或其他应用等。控制系统则对发射系统中的激光源等进行控制。

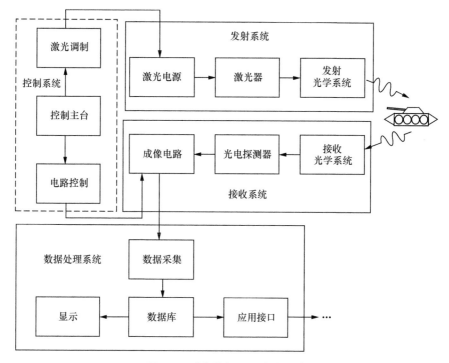

图 6-29　成像激光雷达的基本组成

3. 激光雷达成像系统的成像原理

激光雷达成像系统根据成像方式的不同可分为扫描式和非扫描式两类。

（1）扫描式

扫描式成像激光雷达是单点发射激光，首先通过扫描装置来控制激光脉冲对目标进行逐点扫描，然后使用单元探测器接收回波信号，得到目标的点云信息，最后生成三维图像。这种方式的成像分辨率和探测效率依赖于探测器的阵列规模，由于是单点模式，对激光器的性能要求较高，结构较为复杂。根据扫描装置的工作特性同，扫描式又分为机械扫描式和非机械扫描式。

① 摇摆扫描镜[17]。摇摆扫描镜是机械扫描式的一种。激光器首先发射单脉冲激光照射目标点，接着目标反射的回波信号被接收，得到激光的飞行时间，最后计算出目标距离。摇摆扫描镜以机械装置控制两个摆动方向和摆动角度［见图 6-30（a）］，产生相对于地面的双向扫描，地面投影为扫描点呈 Z 形分布的扫描

线 [见图 6-30（b）]。

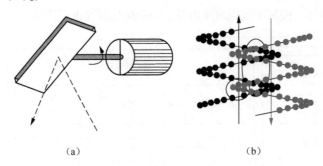

（a） （b）

图 6-30 摇摆扫描镜的基本原理

摇摆扫描镜的工作原理简单，可以通过灵活调整摆动角度来对不同大小范围的区域进行成像，但来回双向往复摇摆会导致机械部分耐受力差、可靠性不高，且在两边的扫描点比中间密集，适用于成像分辨率要求不高而又成像区域比较大的应用场合。

② 旋转正多面体扫描镜[17]。旋转正多面体扫描镜也是机械扫描式的一种。扫描装置采用旋转正多面体结构，通过将旋转激光束在时间域和空间域进行编码后照射目标，同时激光雷达自体随着机载平台做水平运动实现前视推扫，形成面阵激光脚印。目标反射的回波信号被接收后，进行数字解调，获得回波信号的相位和时间信息。由于旋转正多面体只有一个旋转方向，地面投影线为单向扫描平行线（见图 6-31），另一维是随着载机运动推扫，构成平面点云。

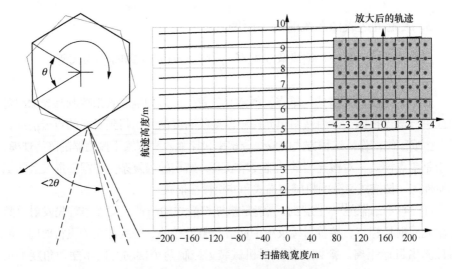

图 6-31 旋转正多面体扫描镜的基本原理

　　旋转正多面体扫描镜是匀速旋转，且机载平台保持稳定，因此扫描点是均匀分布的。旋转式机构扭矩磨损小，可靠性和稳定性比较高。主要缺点是由于旋转，载机不能飞太高，否则角分辨率会下降，且视场也不能调整，因此只适用于航高较低的应用场合。

　　③ 光纤扫描仪[18]。光纤扫描仪采用控制系统控制发射激光按照不同的脉冲序列耦合到发射光学系统的线性光纤阵列，然后按照一定的角度发射出去照射目标，是非机械扫描的一种。目标反射的回波信号被接收后，依次耦合到接收光学系统的线性光纤阵列，经由扫描系统和光学滤波系统将回波信号依序扫描到探测器上，最终获取目标的点云信息，如图 6-32 所示。

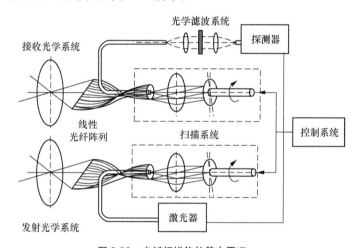

图 6-32　光纤扫描仪的基本原理

　　光纤扫描仪的优点是发射光学系统和接收光学系统采用了一一对应的线性光纤阵列，点云数据分布均匀。主要缺点是扫描角固定不可调整，成像区域小，且要求机载平台低速飞行。

　　④ 其他非机械式扫描。

　　（a）声光扫描。采用控制声光器件声音频率的方法来控制发射激光脉冲的角度，获取飞行时间，计算目标距离，根据角度的控制变化生成对应的目标点云。

　　（b）液晶光学相控阵。首先根据需要发射激光脉冲的角度，计算所需对应的理论电压值。然后将理论电压值输入控制系统，获得在液晶相控阵上产生的实际电压值，产生与相控单元的相位调制对应的控制代码，液晶相控阵根据这个代码进行响应，得到与输入的理论电压值一致的相位延迟，使脉冲的实际发射角度和需要的理论角度相同。最后再获取飞行时间，计算目标距离，根据角度的控制变化生成对应的目标点云。

（c）微电子机械系统微镜扫描。微电子机械系统微镜是综合微电子、微机械和光电子技术等基础技术产生的新型光器件，由其完成对发射激光脉冲的角度控制，获取飞行时间，计算目标距离，根据角度的控制变化生成对应的目标点云。其最主要优点是高度集成化、微型化，非常适合小型无人机机载平台。

（2）非扫描式

非扫描式的成像激光雷达无需扫描装置，可对目标进行一次探测成像。常见的非扫描式系统主要有距离选通、增益调制、条纹管探测、光子计数等成像方法，可以对中远距离的运动目标进行高质量成像，具有图像分辨率高、不失真，速度快、可靠性高、体积小、质量轻等优点。

① 距离选通。距离选通成像的激光雷达是一种非相干探测系统，用基于时间控制的距离门获取距离信息的方法实现成像，如图 6-33 所示。

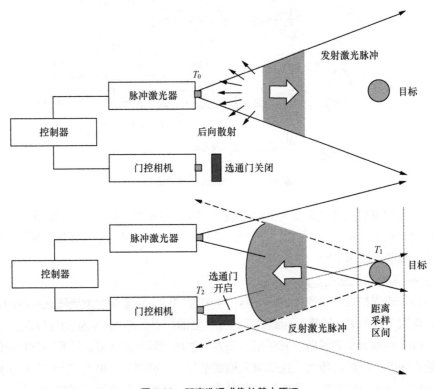

图 6-33　距离选通成像的基本原理

距离选通采用设定距离门信号，完成对距离门范围内的目标探测。在发射系统，控制器统驱动脉冲激光器发出激光脉冲，同时产生一个延迟的控制信号，触发选通门关闭。在发射后到激光脉冲照射到目标之前的这段时间（T_0）内（即传输过程中），接收系统的选通门就处于关闭状态。在这个过程中，部分激光能量一定会被传输路径上的大气介质散射、反射回来，但由于此时选通门处于关闭状态，从而避免了这些大气后向散射和背景杂光进入接收系统。在接收系统，当目标的反射光回来时，其前后一段极窄的时间（T_1）内，控制信号触发选通门打开，回波能量被接收系统正常接收，并在探测器上持续累积，以提高强度，从而实现在门内时间（T_2）探测，即距离选通。

距离选通技术最大优势在于通过距离选通门的精确控制，减小了门外干扰，提高了信噪比，可以获得很高的距离向分辨率，提高了系统工作效率。另外，由于关门时减小了系统工作时间，从而降低了主动探测容易被发现的弱点。缺点是需要一定的门内时间，成像速度较慢。

② 增益调制。增益调制成像的激光雷达是一种非相干探测系统，利用基于探测系统增益在两次发射/接收的前后变化来获取距离信息的方法实现成像，如图 6-34 所示。

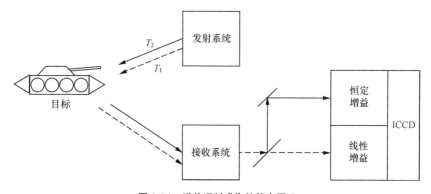

图 6-34　增益调制成像的基本原理

增益调制采用脉冲激光器作为发射光源，用增强电荷耦合器件（intensified CCD，ICCD）（相比较 CCD 多了前端的像增强器）作为探测器敏感元，一次探测须经过两次发射/接收过程：第一次发射/接收时，对 ICCD 中的像增强器增益的微通道板进行调制，使其增益随着成像空间内不同距离处的各点回波的返回时间做线性变化，距离越远，返回时间越长，则增益倍数越大，此时不同距离处的各点回波中的幅值信号就包含了目标的距离增益信息和目标回波的强度信息两部分。第二次发射/接收时，ICCD 中的像增强器采用恒定增益，对发射系统进行光学整形，使成像空间内不同距离处的每一点回波增益都相同，则各点返回的回波中只会包含强度信息，而没有距离信息。将这两次发射/接收获得的回波信息进行对比处理

（二者的比值就是线性增益与恒定增益的比值），可以消除回波强度信息，再结合调制增益与时间的线性相关性，可反推出对应空间回波信号的返回时间，从而获得距离信息。

相对于距离选通，增益调制极大地提高了成像速度，但由于一次探测需要两次发射/接收过程，对于雷达载体和目标存在相对运动时，成像质量较低。

③ 条纹管探测。条纹管探测成像的激光雷达是一种非相干探测系统，用探测器上偏置电压对光电子产生的偏转位置不同来获取距离信息的方法实现成像，如图 6-35 所示。

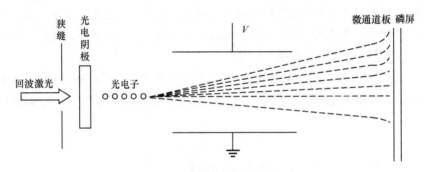

图 6-35　条纹管探测成像的基本原理

回波激光经过一个纵向狭缝进入接收系统后，探测器进行光电转换，其光电阴极产生的光电子经加速后向敏感面运动。对高速运动的电子施加一个偏置电压，且偏置电压随时间变化，该电压使光电子产生同样随时间变化的偏转，即在不同时刻转换的电子会因电压变化偏转到不同方向，再经微通道板进行放大，轰击和狭缝平行的纵向磷屏，把沿该方向电子离散的变化情况记录和标记下来，并送敏感面成像。

条纹管探测的灵敏度和距离向分辨率都很高，还可实现多狭缝探测成像。但是探测器内部的光电转换和处理环节多，导致结构复杂。此外，由于是一维狭缝式探测，探测器面阵的有效利用率较低，必须通过对成像空间进行线扫描才能实现成像。

④ 光子计数。光子计数成像的激光雷达是一种非相干探测系统，采用基于盖革式雪崩光电二极管的探测器[19]，对与时间相关的回波光子数进行直方图统计而获取距离信息的方法实现成像，如图 6-36 所示。

光子计数将探测器的输出信号视为单个光子产生的随机脉冲序列，每个输出脉冲都表示探测器探测到一个光子。发射系统对目标发射高重频的激光脉冲，目标反射的回波光子被探测器检测到并经前置放大器，输出脉冲信号给鉴别器。与其一同进入鉴别器的还有探测器的暗计数、背景噪声和放大电路的热噪声等，光子脉冲信号本身也会有波动，因此鉴别器需要合理设置鉴别阈值（应低于光子脉冲信号幅值但高于噪声幅值），才能将光子脉冲信号从干扰中鉴别出来。接着由计数器在相应时间单元对鉴别器输出的光子数进行记录，建立一个回波光子计数与时间相关的直方图，最后由该图提取得到飞行时间，从而获得目标距离信息。

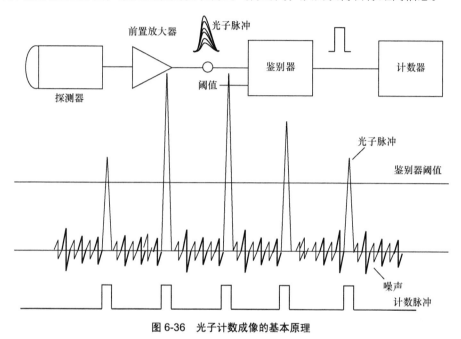

图 6-36　光子计数成像的基本原理

　　光子计数不受探测器的单电子响应宽度的限制，因此具有极高的时间分辨率和较宽的信号带宽。其鉴别器对背景噪声和系统噪声具有良好的抑制能力，即使在低照度条件下，仍可保持较高的信噪比。另外，在低照度条件下，每个信号周期内的信号量很少，且是离散化的脉冲信号，非常适用于数字化输出。因此，光子技术突破了传统激光雷达对于远距离、弱回波探测的瓶颈，是激光雷达未来的主要发展方向之一。

　　（3）特殊的系统

　　上述各类扫描式和非扫描式的成像激光雷达的共性是对目标一次探测后可以直接获得目标的点云数据和生成图像，还有一类特殊的系统是对目标进行多次探测，经过复杂的数据合成处理后才能生成图像，这就是距离-多普勒成像技术。

　　采用了距离-多普勒成像的激光雷达是一种相干探测系统，其充分利用了激光特有的相干性，除了获取距离、角度、速度等基础信息以外，还能获取相位、频率、偏振等信息，成像分辨率高，灵敏度高。典型的距离-多普勒成像技术的应用是合成孔径激光雷达（synthetic aperture LiDAR，SAL）。合成孔径激光雷达是以激光器为辐射源，以激光为探测载波的合成孔径体制的雷达，其工作原理和合成孔径雷达一致（见 6.4.1 节），具有合成孔径雷达和激光雷达的双重优势。由于激光频率相比微波更高，可实现性能优于合成孔径雷达的远距离目标高分辨率成像，但是成像距离范围较小，且对激光器和探测器要求都很高、技术难度大、系统结构复杂、信号处理量大、重构算法复杂、成像速度慢，导致应用范围小。

6.5.3　机载激光雷达的工作方式

1. 工作原理

机载激光雷达是一种快速、精确获取地面目标三维信息的新技术，是以激光测量技术、高动态载体测定技术、高精度动态差分卫星导航定位技术和计算机图像处理技术迅速发展的集中体现，可以获得比传统光学成像技术和微波探测技术更精确、细致的信息。其工作方式由载机平台的运动特性决定，基本工作原理如图 6-37 所示。

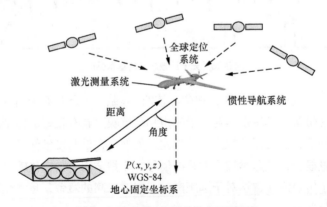

图 6-37　机载激光雷达的基本工作原理

一个典型的机载激光雷达探测系统主要由激光测量系统、全球定位系统和惯性导航系统组成[17]，如图 6-38 所示。

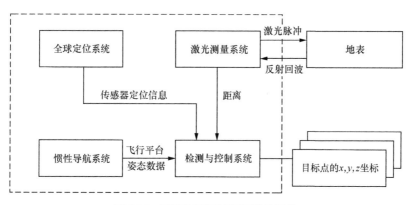

图 6-38　机载激光雷达探测系统的组成

机载激光雷达探测系统的成像装置通常为 CCD 相机或摄像机，其工作原理如下。

① 激光测量系统主要由激光测距仪和接收系统组成。激光测距仪中的激光器产生和发射激光脉冲照射目标，目标反射的回波信号被接收系统接收，敏感元进行光电转换，由模拟光信号转换为数字电信号，得到回波强度数据。采用高精度时差检测电路来检测发射脉冲与回波信号的时间差，计算出目标相对距离。

② 全球定位系统为机载导航和激光测距仪精确测距提供基础的高精度时统定位数据，用于对激光测距仪中的空间位置进行定位，根据激光脉冲飞行时间，对目标表面点的空间坐标进行换算。

③ 惯性导航系统是完全自主式导航系统，一般利用陀螺仪、加速度计等惯性传感器的测量信息直接计算出载机的瞬时姿态、速度、加速度等运动状态参数，为激光发射的角度参数提供基本依据。

总之，由激光测量系统获取回波强度信息和目标相对距离，由全球定位系统测量载机位置和时间，由惯性导航系统测量载机飞行姿态和激光发射角度，即可通过基本的激光直接测距原理获得激光照射地面目标及其背景形成的每一个光斑的空间三维坐标。

2. 探测方式

上述机载激光雷达探测系统完成的是单点探测，只是获取了地面目标单点的三维空间坐标。如果需要进行区域测量和三维成像，则必须进行更复杂的发射、接收和控制处理，才能获取区域探测需求下目标及其背景的点云数据，再使用图像处理算法对点云数据进行重构，生成可视化效果好的二维或三维图像。

因此，根据任务需求、载机特点和现有技术条件等，可以选用多种成像工作方式的激光雷达，来进行成像侦察（参见 6.5.2 节）。

3. 数据处理

（1）点云数据获取

激光雷达从实际环境中采集的数据以点云的形式存在，是经过完整探测后获得的在三维空间中大量离散分布的单点数据的集合。点云中的最小元素是点，也就是激光单点探测获得的目标上光斑的信息集合。点云的每个点不仅能存储距离信息，还能附带存储激光回波的其他特征信息。由于点云数据结构清晰、简单，易于存储和访问，操作比较灵活，成为激光雷达图像重构的基准处理对象。

激光单点探测可以直接获得的是距离信息和回波特征信息，回波特征信息可以直接存储到点云中，但是距离信息必须经过解算后得到空间三维坐标才能存储。从机载激光雷达采集数据开始到图像重构的完整过程中，共涉及多个坐标系统[20]：激光光束坐标系统、激光扫描坐标系统、载机平台坐标系统、惯性平台坐标系统、当地水平坐标系统、当地垂直坐标系统等。机载激光雷达的点云数据的三维测量就是依次完成上述坐标系统之间的转换，最后得到 WGS-84 地心固定坐标系中的空间三维坐标。

（2）点云数据特性

点云数据具有精确的三维坐标，包含有关于探测目标的多种数据类型的信息。其中最重要的是点云的几何数据和激光回波数据。

① 几何数据由激光测距和全球定位系统计算得到，通过坐标换算，存储的是目标点云的空间三维坐标，这是进行图像重构的像素空间几何关系计算的基本依据。

② 激光回波数据由激光测量回波信号信息和惯性导航系统得到，存储的是目标点云的回波强度和次数等数据，这是进行图像重构的像素灰度分布计算的基本依据。目标表面材质的反射率特性、激光发射角度、大气传输环境和探测器的工作特性等都会对回波强度和回波次数等数据有影响，也是对目标进行特征提取和分析的基本依据。

除此之外，在需求多源探测能力的应用系统中，目标光谱数据的获取也是非常重要的，将光谱点云数据与可见光点云数据融合处理，有利于更精确地实现目标及其背景的三维重构。

在实际的机载成像侦察应用中，目标的特性不同，点云数据分布特征和强度特征也会有明显不同，例如[21]：

① 平坦地面和建筑物屋顶等具有一定大小的平整表面目标形成的点云分布较为规则，强度稳定。

② 大型植被、森林和高建筑物等具有一定高度的目标由于存在纵向的多部位反射，形成的点云在垂直方向上分布极不规则，且自体强度变化比较大。

③ 水体等对激光吸收效应明显的目标则表现为点云的稀疏或缺失。

④ 金属、玻璃等具有光滑反射面的目标、空中的飞鸟等形成的点云常表现为孤立点，且与周围的邻近点存在异常的高差。

⑤ 地面突出的规则物体，斜坡、桥梁等，形成的点云通常会和周围地面的点云之间存在大幅高差，且有一定的斜率变化。

对于一个成熟的应用系统，应同时具有一个类似上述特点的大量样本数据构成的特征库，可以在进行图像重构时据此加入一些特定的修正或者补偿算法，重构的图像可以更真实准确，同时也能大大增强对图像的判读性，有利于目标的发现和识别。

（3）点云数据的图形重构

图像是一种特殊的信息表达形式，其特征是用良好的可视化图形效果来表达空间的维度信息，点云数据就是一种来源最为常见、信息构成最基础的数据模型。将激光雷达获得的点云数据进行一系列处理后借助计算机图形学技术、专用图像处理软件和图像显示硬件生成二维或三维图像，称为点云数据的图像重构。

在激光雷达完成初始采集时，原始数据规模庞大，分布不均匀，且包含了很多的噪声和冗余信息，常常无法一次就获得理想的点云，因此必须采用一系列的处理环节（见图 6-39），对点云进行优化，才能实像性能良好的图像重构。

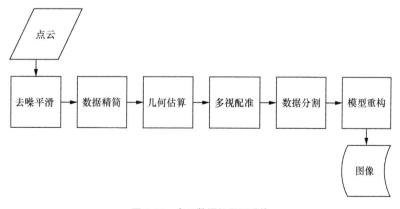

图 6-39　点云数据的图形重构

① 去噪平滑。由于激光雷达本身的性能因素、载机平台的运动和姿态影响、传输环境中大气散射和物体对阳光的后向散射影响等，点云中会包含大量背景噪声。此外，某些物体的表面、结构和材质特性会导致产生孤立点或异常点。这些均会影响数据曲面的平滑性，必须利用滤波算法进行去噪平滑，去除孤立点和异常点。

② 数据精简。点云数据量庞大，其中除了噪声、孤立点和异常点以外，还存在大量非所需的冗余点。这些冗余点具有一定的数据合法性，但是参与到计算中会影响处理效率，故需要采用一些精简算法去除这些冗余点，提高有效点的利用率。

③ 几何估算。点云的分布特征总体是散乱的，且密度分布不均匀，单点与单点之间不存在稳定的拓扑关系，必须对一些点云集合的群体几何特性进行估算，从而可靠地从中抽取出该集合表征的基本形状特征，以有利于后续的配准和区域分割。采用一些几何估算方法，可以获得两种基本的离散几何图形：线点云和面点云。线点云指的是一组分布在某个数学曲线上的有序离散点集合，又称为离散曲线；面点云指的是一组分布在某个数学曲面上的有序离散点集合，又称为离散曲面。

④ 多视配准。在实际应用中，需要对地表面积很大或者形状特殊的目标进行探测时，往往一次探测获取的点云很难真实全面地反映目标的完整信息，必须在不同视场角度下进行多次探测，获取多个批次的点云。各个点云是目标在不同视角下的部分数据，相互之间存在着平移和旋转的空间关系（载机高度不变，缩放变化不明显）。因此，必须将多批次的点云统一转换到同一个空间坐标系统下，进行相互配准、取舍融合，以此获得相对于单视、单次探测而言更多、更完整、更真实的信息，这就称为多视配准。通过多视觉配准可大大提升图像重构的效果和质量。

⑤ 数据分割。根据点云的空间分布关系、几何估算特征和回波信息等将上述处理完毕的点云集合划分成多个子集，使同一子集内的点云具有相似性，这些子集可能表征的就是某一类的目标，如分类出：目标、不同的物体个体、土地、草原、森林、河流湖泊、建筑物等。

⑥ 模型重构。对点云进行一系列数据处理流程之后，最终目的是进行目标的模型重构。从数据底层看，模型重构是采用一定的算法将目标的分类点云集合进行精确拟合，是得到目标的曲面拓扑结构。从显示表层看，模型重构是利用计算机图形学技术、专用图像处理软件和图形显示硬件等将目标的曲面拓扑结构用二维或三维绘制和显示出来，常见的图像处理软件有 OpenGL、OpenCV 等。

4. 机载激光雷达探测系统的应用特点

（1）优点

激光雷达由于使用的是激光作为载波，频率比微波雷达高了很多，带来下面诸多优点。

① 分辨率高。激光优越的物理特性使得激光雷达可以获得极高的测距、测角和测速性能。可以利用距离和速度的高分辨率，进行距离-多普勒成像技术来获取目标的高分辨率图像；利用角度的高分辨率，可以在更远距离上分辨出相互很近的两个目标，分辨率远超微波雷达，并可实现多目标跟踪。

② 隐蔽性好、抗干扰能力强。激光的方向性极好，只有在传输路径上才能被接收到，极难被敌方拦截接收；激光雷达的光学天线一般都很窄（透镜口径小），有意识的人为干扰光很难进入；在自然环境中能直接对激光雷达产生干扰作用的光源因素不多，环境适应能力较强。

③ 低空探测性能好。微波雷达存在严重的地形地物回波的影响，因此存在低空盲区，这给敌方飞机、导弹渗透和突防提供了有利条件。激光雷达则是能照射到目标就一定会有反射，完全不存在目标所处环境回波的影响，因此可以用于探测低空目标，弥补微波雷达的盲区。

④ 体积小、重量轻。微波雷达的天线孔径一般较大，同时需要较大的发射功率射，因此体积较大、重量较大。激光雷达发射透镜的孔径一般在厘米级，发射功率不高、体积小、重量轻，便于携带和安装，可以灵活适用于特种作战环境。

（2）缺点

① 由于大气吸收和散射效应，激光传输受天气条件影响大：晴朗的天气里，激光传输衰减较小，传播距离较远；在大雨、浓烟、浓雾等恶劣天气里，激光传输衰减急剧增大，传播距离减小。此外，大气湍流还会使激光光束发生畸变和闪烁，直接影响激光雷达的探测精度。这也给敌方实施无源干扰（如烟幕干扰）提供了有利条件。

② 由于激光波束极窄，在大范围空间内搜索和发现目标很难，探测效率和截获概率都很低，必须先依靠其他探测手段，如微波雷达、光电成像等进行粗扫，发现目标后，再使用激光雷达进行高精度的探测。另外，激光雷达对高速运动目标的跟踪能力也很低，极窄的波束意味着很容易丢失目标。因此，激光雷达较少直接单独使用，而是需配合其他探测系统来实现优势互补。

|6.6 典型的机载成像侦察任务载荷|

在现代高科技战争中，为了提高战场情报的实时获取能力，各国都在不断推进军用无人机的成像侦察任务载荷技术。除了传统的光电传感器件外，新一代的高光谱成像仪、合成孔径雷达、成像激光雷达等先进的侦察设备也开始被大量应用在高性能无人机上，实现了侦察监视手段的高度综合化，以满足多波段、高分辨率、全天时、全天候的全维全域侦察需求。

下面按照常规无人机（大、中、小）和微型无人机的分类，介绍世界上典型无人机搭载的成像侦察任务载荷的基本情况。需要注意的是，由于无人机机载平台的特点，任务载荷绝大多数都具备高度综合化和集成化的特点，即大多采用一体化吊舱的形式将多种传感器安装部署在一起，因此本节不按传感器分类介绍，而是直接按照无人机平台进行介绍。

6.6.1 常规无人机机载成像侦察任务载荷

1. 美国

美国在无人机战场成像侦察领域处于世界领先地位，无人机种类多，数量多，作战手段成熟，机载成像侦察载荷种类多，性能先进，应用极为广泛。美国军用无人机的机型编号里常用字母"R""M"。其中，"R"表示侦察专用，"M"表示可执行多种任务，如"察打一体"。

（1）MQ-1

MQ-1 为"捕食者"系列的初代机，主要用于侦察监视，挂载 2 枚地狱火导弹，具有一定的打击能力，载有美国雷锡恩公司研制的 AN/AAS-44(V)热成像、激光指示器转塔，综合了合成孔径雷达、可见光和红外传感器等多种载荷以及多频谱目标指示传感器等[22]。

MQ-1 的后续机型 MQ-1B 搭载了美国雷神公司研制的 MTS-B 一体化吊舱[23]，包括红外/可见光 CCD、人眼安全激光测距机、激光指示器、激光光斑跟踪仪、多波长传感器、近红外和彩色可见光摄像机等多种设备，吊舱直径为 56 cm，质量为 105 kg。

（2）MQ-4C

MQ-4C 是 RQ-4 全球鹰的衍生机型，主要用于海洋和沿海地区的远程和长时段监视任务。载有 AAS-52 系统[23]，该系统是 AAS-44 的升级型，改进了增强视觉图像功能，用来改善在能见度低和夜间环境下的成像侦察能力。该系统具有多光谱成像侦察能力，能在拦截、作战搜索救援、敌我识别、态势感知、威胁警告及目标指示中发挥重要作用。

（3）MQ-8B

MQ-8B 是无人直升机，主要用于执行对地/海广域搜索与监视、运动目标检测、指示与跟踪任务。该机载有美国诺格公司研制的 Star SAFIRE-HD 光电吊舱[22]，包括红外传感器、电视传感器、微光传感器、人眼安全激光测距仪、夜视镜兼容宽覆盖激光照明器和激光指示器等，吊舱直径为 38.1 cm。另外，该机还搭载了一套美国 Telephonics 公司研制的 RDR-1700B 多功能海上雷达系统，该雷达工作在 X 波段，采用固态放大器，能够完成 0.3 m 分辨率的 SAR/ISAR 成像。

（4）MQ-9B

MQ-9B 带有 8 个武器挂架，载有山猫逆合成孔径雷达和多频谱目标指示器[22]。该雷达工作在 Ku 波段（15.2 ~ 18.2 GHz），发射功率为 320 W，在聚束模式下探测距离为 4 ~ 25 km，对地分辨率可达 0.1 ~ 3.0 m，成像面阵为 640 像元×480 像元，质量不到 60 kg。

（5）RQ-4B

RQ-4B 有"大气层侦察卫星"之称，载有 MS-177 多频谱成像传感器，包括可见光、红外、CCD 数字摄像机和合成孔径雷达等。可见光传感器工作在 0.4 ~ 0.8 μm 的可见光波段，重 100 kg；红外传感器工作在 3.6 ~ 5.0 μm 的中红外波段；合成孔径雷达工作在 X 波段，重 290 kg，条带扫描式侦察分辨率为 1 m，定点凝视侦察分辨率可达 0.3 m。RQ-4B 能在 20 000 m 高空穿透云层和雨雾等不亮天气条件，连续监视运动目标，可准确识别中低空各种飞机、导弹和地面车辆的类型，对以 20 ~ 200 km 时速运动目标的侦察分辨率为 7 m。该机既可以进行大范围雷达搜索，又同时可提供 74 000 km^2 范围内目标的光电/红外图像，自主飞行时间达 41 h，一天之内可以对约 137 000 km^2 的区域进行侦察。

（6）RQ-5

RQ-5 主要用于搜集实时图像情报、炮兵调整、战场损失估计、侦察和监视、搜寻目标、战场观察任务。载有以色列航空航天工业公司的 MOSP3000 一体化吊舱[23]，包括红外传感器、昼夜彩色变焦摄像机、连续变焦热成像摄像机、激光指针、护眼激光测距仪、激光指示器、激光测距取景器等，直径为 36 cm，质量为 30～35 kg。

（7）RQ-7B

RQ-7B 是轻型无人机，主要用于执行侦察、监视和目标指示任务。载有以色列航空航天工业公司研制的"POP-300"插接式光电载荷[24]，包括高清红外热像仪、高清连续变焦彩色日间电视、双波长人眼安全激光指示器/测距仪、激光瞄准器和自动视频跟踪器等，可通过标准接口用接插方式替换不同的传感器，在执行任务时能够昼夜工作。该载荷系统总质量为 15.8 kg，直径为 264 mm，高为 381 mm，探测距离达 3 km。该机还载有美国诺格公司研制的 TUAVR 战术型无人机机载合成孔径雷达系统，工作在 Ku 波段，采用电扫阵列天线，条带模式下的分辨率为 1 m，聚束模式下的分辨率为 0.3 m，测绘带宽为 0.8～24 km，扫描范围为 0～360°。

（8）Tier3

Tier3 是全新概念的综合隐身无人侦察机，可执行大区域近实时侦察监视、目标探测、指挥控制、信号情报、电子战和其他特殊作战任务等。该机可在起飞前选装任务载荷，既可以选装合成孔径雷达，也可以选装 CCD 光电摄像机。合成孔径雷达是在 APQ-183 多功能雷达基础上发展的新型号；光电摄像机是美国利康光学有限公司研制的 CA-236NIIRS5.5 全景扫描仪[25]，用于中/高空（约 21 340 m）的中等视场、远距倾斜拍摄，为了保证 0.6 m 的高分辨率，装有前向运动补偿器。这两类任务载荷均具备大范围探测能力：在续航 8 h 的情况下，总侦察覆盖面积可达 48 000 km²；最高分辨率为 0.3 m；分辨率为 1 m 时，搜索速度可达 5 480 km/h；单机可搜索截获目标 600 个。

2. 英国

（1）WK180/WK450

WK180/WK450 采用一小和一大两机配合，执行战场侦察监视任务。该机载有以色列/英国合资公司 U-TacS 研制的 D-Compass "指南针先进光电侦察系统"[25]，包含 4 种传感器：可见光传感器、红外传感器、合成孔径雷达和地面移动目标激光指示感器。该系统可提供全天时、全天候的高分辨率图像，并具有精确的激光测距能力，可进行高精度的视线/瞄准线定位，同时还采用了自动视频跟踪装置、增强的图像处理能力和特殊的扫描方式，结合平台的良好稳定性，能适应各种复杂的战场环境。其中，合成孔径雷达采用的是英法联合研制的 I-MASTER 轻型战术型合成孔径雷达系统，工作在 Ku 波段，具有聚束、条带、动目标检测和 ISAR

等多种工作模式，最高分辨率为 0.3 m、最大作用距离可达 27 km，总质量小于 30 kg，功耗小于 600 W。I-MASER 的天线可在 0～360° 旋转，搜索效率为 800 km²/h。

（2）PHOENIX

PHOENIX 用于为英军 AS-90 式 155 mm 自行榴弹炮和多管火箭发射系统提供定位和识别服务，为灵巧炸弹热像制导，为远程探雷车指示目标。该机机腹下通过一个稳定的旋转臂安装了一个双轴稳定的传感器吊舱，主要设备是英国马可尼公司研制的"热成像通用组件红外传感器"[25]，采用了 2.5×～10× 的连续变焦透镜，自身视场角为 60°×40°，通过吊舱转轴可实现 0～360° 方向覆盖，俯仰 70° 覆盖。在巡航任务下，可在设定的垂直面内完成前视成像和后视成像；在区域搜索时，可进行大视场扇扫。

3. 法国

CRECERELLE 用于侦察监视和战术火力打击，该机载有法国 SAGEM 公司研制的两个线阵传感器[25]：工作在 8～12 μm 波段的 Cyclope 2000 型线阵红外扫描仪和可见光波段的线阵 CCD 扫描仪，具有昼间摄影和摄像侦察能力，在 300 m 高度上对地分辨率可以达到 0.45 m。

4. 奥地利

S-100 是奥地利 Schiebel 公司研制的世界上最先进的燃油动力无人直升机，被欧洲多国广泛用于广域海情监视、资源普查、灾害搜救、边境巡视、要地防御和目标侦察等。该机载有美国 L-3 公司研制的 Wescam MX-20 光电/红外摄像标准万向平台和 PT-8 海上监视成像载荷[26]，包括合成孔径雷达、激光雷达、多光谱成像设备和高灵敏度对地搜索雷达等。

5. 俄罗斯

Юлия 用于战场侦察监视，载有俄罗斯库仑科研所研制的一体化陀螺稳定光电系统[27]，包括宽幅双光谱（电视/红外）扫描仪、合成孔径雷达、激光测距器。该无人机可以与其他类型无人机集成，成为另一种系统。此外，2018 年 7 月，俄罗斯 Zala 公司首次在无人机上部署激光雷达，借助激光雷达更好的态势感知和更快的数据收集能力，执行情报获取和侦察监视任务。

6. 以色列

（1）Heron

Heron 是以色列先进的大型高空长航时战略无人机,是兼具光电成像侦察监视和综合电子战功能的多用途无人机,军用上用于实时监视、电子侦察和干扰、通信中继和海上巡逻等任务,民用上用于地质测量、环境监控、森林防火等任务。该机载有以色列 IAI 公司研制的 M-19HD 多传感器系统[28]和合成孔径雷达:M-19HD 包括一部中红外高清摄像机、两部高清可见光 CCD 相机、一部低光照相机、一部短波红外照相机、一部激光测距仪和一部目标指示器;合成孔径雷达可以同时跟踪 32 个目标。另外,该机配置有工作在多频段的接收天线,既能够进行电子对抗侦察和电子干扰等电子战任务,还可以提供通信中继,为导弹提供中继制导。该机可连续飞行 20 h 以上,可执行远距离飞行任务。

（2）Hermes-900

Hermes 是以色列先进的中低空长航时战术无人机,可执行侦察监视、电子战、通信中继等多种任务,挂载"地狱火"导弹后还可用于精确火力打击,是察打一体的多功能无人机。在执行不同任务时,可以灵活选装配置多种传感器系统,包括以色列 Elop 公司研制的 3 ~ 5 μm 可见光/红外传感器、英国 Leonardo 公司研制的工作在 X 波段的 Leonardo 动目标指示雷达/合成孔径雷达、美国 L-3 公司研制的 Wescam MX-15/-20 地球观测成像仪、以色列 Rafael 公司研制的 MIST G 双光谱机载测绘和监视系统、以色列 Elbit 公司研制的 SkEYE 广域持续视频监视系统、SPECTRO XR 多光谱地球观测仪、Gabianno T20 空空雷达、30 ~ 1 200 MHz 的通信对抗侦察系统、30 ~ 500 MHz 的通信干扰系统、AES-210/V 雷达对抗侦察系统等。

7. 其他

（1）KUS-FS

KUS-FS[26]是韩国仿造美国 MQ-9 自主研发的中空长航时无人机,用于执行战场情报搜集、侦察与监视任务。载有光电/红外传感器、地面动目标指示器、合成孔径雷达;带有 4 ~ 6 个武器挂架,可以执行精确火力打击,是察打一体的多功能无人机。此外,该机还有一定的电子战能力。

（2）Nishant

Nishant 是印度自主开发的用于战场情报获取、侦察和监视的中型无人机,负重 45 kg 的情况下可续航 5 h,载有多种传感器,包括激光测距和瞄准仪、昼间使用的相机、微型全景摄像机、无线电侦察设备和通信器材等。此外,机上还配备有两个从以色列进口的红外传感器。除了具有昼夜成像侦察能力以外，还具有一定的电子战能力。

6.6.2 微型无人机机载成像侦察任务载荷

由于微型无人机遥感的应用领域增多，使搭载于无人机上的成像侦察载荷也向着微型方向发展，例如有以下应用案例。

① 2018 年 3 月，美国海军陆战队首次在某营级单位配属小型四旋翼"即时眼"[26]。该无人机质量为 0.45 kg，采用电动力，续航时间约 30 min，航程 5～10 km，飞行高度可达 3 600 m，配 3 个光电/红外传感器和一个前视红外热成像仪，可手动或预编程控制，手持发射即可执行战术侦察监视任务。

② 美国仙童公司研制的 MV201B 型固态 CCD 电视摄像机仅重 397 g，大型号的也仅重 1.4 kg[29]，非常适合应用于微型无人机。

③ 美国英迪戈系统公司的 UL3 红外摄像机，采用 160×120 微测辐射热计探测器阵列，使用 F1.6 镜头，可以获得优于 80 mK 的灵敏度，包括光学系统在内的摄像机总质量不到 200 g，体积不超过 50 cm³，总功耗约为 1 W[24]。

④ 美国洛拉尔公司和休斯公司研制的前视红外仪重量都在 6 kg 左右，远小于市场上均重 20 kg 的水平。安装在美国龙眼小型无人机上的光电载荷质量只有 70 g，功耗约为 2.7 W[24]。

⑤ 欧洲航空防务及航天公司研制的微型无人机质量约 500 g，其携带小型红外照相机"欧米茄"总重约 50 g，分辨率 512 像素×582 像素[24]。

⑥ 美国麻省理工学院正在研制大小为 12 mm×8.5 mm，质量不到 1 g，功耗低于 25 mW 的 CCD，可从 100 m 高度以 0.7 mrad 的角分辨率观测目标[25]。

⑦ 以色列 Bental 工业公司推出搭载于微型无人机上的光电载荷 MicroBat，该光电载荷由一个可变焦光电传感器和一个先进的综合稳定平台组成，总长约 2.75 in（70 mm），总质量小于 350 g。云雀上配置的超轻型热成像传感器采用 8～12 μm 的高分辨率非制冷型前视长波红外摄像机，该传感器总质量仅为 0.7～0.8 kg，是同类传感器中最轻的[25]。

|参考文献|

[1] 许学勇. CCD 的工作原理及应用现状[J]. 视听界(广播电视技术), 2009(5): 81-85.

[2] 缪家鼎, 徐文娟, 牟同升. 光电技术[M]. 杭州: 浙江大学出版社, 1995.

[3] 王炳义. 面阵 CCD 图像采集与多接口传输系统[D]. 成都: 电子科技大学, 2009.

[4] 段连飞, 章炜, 黄瑞祥, 等. 无人机任务载荷[M]. 西安: 西北工业大学出版社, 2016.

[5] 李建增. 航空侦察技术[M]. 成都: 电子科技大学出版社, 2020.

[6] 许洪. 多光谱、超光谱成像探测关键技术研究[D]. 天津: 天津大学, 2008.

[7] 彭望琭, 彭望琭, 白振平, 等. 遥感概论[M]. 北京: 高等教育出版社, 2002.

[8] 姬宪法, 陈长春. 机载合成孔径雷达原理及应用[J]. 机电产品开发与创新, 2014(3):4-6.

[9] 裘磊. 机载合成孔径雷达成像及定位[D]. 西安: 西安电子科技大学, 2006.

[10] 刘晖铭. 机载合成孔径雷达成像算法研究[D]. 西安: 西安电子科技大学, 2012.

[11] 陈小利. 合成孔径雷达成像研究[D]. 南京: 南京大学, 2015.

[12] 璇焱如柳. SAR 成像原理[Z]. CSDN, 2020.

[13] 刘波. 高分辨机载 SAR 成像算法及实时成像系统研究[D]. 西安: 西安电子科技大学, 2009.

[14] 徐超. 合成孔径雷达对舰船目标成像算法研究[D]. 南京: 南京航空航天大学, 2010.

[15] 刘亚坤. 机载多模式 SAR 成像算法研究[D]. 西安: 西安电子科技大学, 2018.

[16] 柴国贝. 激光雷达成像特征分析及应用研究[D]. 西安: 西安电子科技大学, 2016.

[17] 李德仁. LiDAR 原理技术与应用[R]. 青岛, 2010.

[18] 杨兴雨, 李晨等. 先进激光三维成像雷达技术的研究进展与趋势分析[J]. 激光杂志, 2019(5): 1-8.

[19] 叶凌. 光子计数激光雷达关键技术研究[D]. 南京: 南京理工大学, 2019.

[20] 李东. 机载激光雷达三维成像技术研究[D]. 成都: 电子科技大学, 2012.

[21] 张小红. 机载激光雷达测量技术理论与方法[M]. 武汉: 武汉大学出版社, 2007.

[22] 王岩飞, 刘畅, 詹学丽, 等. 无人机机载合成孔径雷达系统技术与应用[J]. 雷达学报, 2016(8): 333-347.

[23] 陈丹琪, 金国栋, 谭立宁, 等. 无人机机载光电平台目标定位方法综述[J]. 飞航导弹, 2019(8): 43-47.

[24] 王方玉. 美国无人机的光电载荷与发展分析[J]. 光电技术应用, 2008, 38(4): 311-314.

[25] 张进. 无人机机载光电/红外载荷的现状和发展[J]. 飞航导弹, 2008(4) 34-38.

[26] 李磊. 2018 年国外军用无人机装备及技术发展综述[J]. 战术导弹技术, 2019(2): 1-11.

[27] 宫朝霞, 张婵, 邢艳丽. 俄罗斯无人机概述[J]. 飞航导弹, 2010(8) 34-44.

[28] 吴思亮, 宁波, 陈宇. 以色列军用无人机发展概览[J]. 航空世界, 2016(4) 52-55.

[29] 李德仁. 无人机遥感系统的研究进展与应用前景[J]. 武汉大学学报, 2014, 39(5): 505-513

第 7 章

机载反辐射任务载荷原理

在现代信息化战争中，雷达系统作为预警探测系统的重要组成部分，是获取战场态势信息的重要手段，同时也为火力打击武器系统提供目标指引。为了压制敌防空系统中的雷达，各种雷达电子战技术应运而生，传统雷达对抗技术主要是以电子攻击为主，而反辐射武器作为硬摧毁手段，可直接攻击敌防空系统雷达。反辐射武器主要包括反辐射导弹和反辐射无人机，其中反辐射无人机具有零伤亡、机动性强、压制时间长、价格低廉等优点，是反辐射武器的重要发展方向。反辐射无人机是在无人机上装配被动雷达导引头和战斗部，利用被动雷达导引头完成对目标雷达信号测向，引导反辐射无人机对目标雷达进行搜索、识别，并自动导航到预定目标区域的反辐射武器。本章主要介绍反辐射无人机任务载荷——被动雷达导引头的工作原理。

|7.1 概述|

反辐射无人机是一种利用被动雷达导引头搜索、识别目标雷达辐射的电磁信号，攻击和压制目标雷达的新型武器系统[1]。反辐射无人机在反辐射导弹的基础上发展而来，兼具反辐射导弹和无人机的特点，在军事领域得到了迅猛的发展，已成为压制、摧毁目标雷达的重要武器之一[2]。反辐射无人机在实施火力圈外打击方面独树一帜，能够对战场的时敏目标和关键节点进行充分、有效的毁灭性打击，它可以在任何气象条件下，远距离地探测、跟踪、压制和摧毁敌空防系统中的雷达系统。

目前，典型的反辐射无人机有德国的"DAR"无人机、法国的"ARMAT"无人机、以色列的"哈比"无人机以及南非的"LARK"无人机等。其中，"哈比"

无人机由于其出色的表现，已成为反辐射无人机的典型代表[3]。

7.1.1 反辐射无人机系统的组成

反辐射无人机系统主要包括无人机平台、发射平台及其辅助系统、任务设备系统、情报支援与目标指示、任务规划与加载以及人员操控所组成，如图7-1所示。

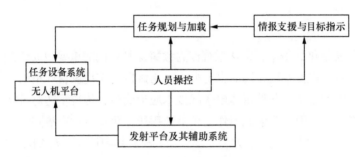

图 7-1 反辐射无人机系统的组成

① 无人机平台是反辐射无人机系统的主要载体，负责将毁伤目标雷达的攻击弹药运送、投放至目标所在位置。通常由推进系统、飞行控制系统、导航制导系统等组成。

② 任务设备系统是指飞行平台上完成反辐射攻击任务所需的有效载荷。它由两部分组成：一部分是将反辐射攻击武器引向目标雷达的导引头；另一部分是由引信、弹药和安全引爆装置构成的战斗部。

③ 发射平台及其辅助系统。发射平台可分为机载、舰载和陆基三种，辅助系统主要有运输和装填设备、检测维修设备等。

④ 情报支援与目标指示是指反辐射无人机在对目标雷达实施攻击的过程中，需要取得的目标雷达电子信号情报。

⑤ 任务规划与加载是根据作战意图和拟攻击的目标雷达情报，设计作战战术并形成相应的数据，编程好后装载于反辐射无人机中，使攻击按预期执行。

反辐射无人机系统能够根据作战区域的目标雷达情报规划作战任务、加载作战数据，然后反辐射无人机在巡航飞行中，被动雷达导引头不断地在作战区域对电磁信号进行采样、测量，截获目标雷达信号并与加载作战数据中的目标雷达信号进行比较识别，识别成功即开始跟踪目标雷达，最后通过弹药的化学能对目标雷达实施物理损伤，以此达到对目标雷达实施硬杀伤的作战目的。

7.1.2　反辐射无人机的攻击过程

反辐射无人机可以实现高速巡航、低速巡逻待机、大落角俯冲攻击、拉起等功能。

如图 7-2 所示,反辐射无人机的攻击过程大致包括发射起飞、巡航突防、巡弋搜索、俯冲攻击、拉起再搜索和引爆毁伤六个阶段。

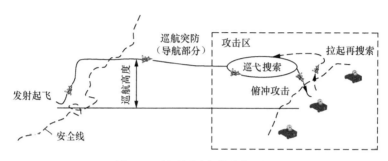

图 7-2　反辐射无人机的攻击过程

1. 发射起飞

反辐射无人机在完成发射前检测和任务装订后,通常根据上级所批复的发射计划,按照预定计划和发射顺序完成火箭助推,箱式发射。

反辐射无人机发射升空后,按照预定的爬升角(如某型无人机在海拔 2 500 m 以下为 20°,海拔 2 500 m 以上为 17°)进行爬高飞行,直至爬升至要求的巡航高度,随后进入巡航突防阶段。

在发射起飞阶段,由于反辐射无人机长时间处于爬升状态,其飞行径向速度相对较慢、飞行高度相对较低且雷达反射截面积相对较大,极易被敌防空系统发现并摧毁。因此,在遂行反辐射攻击任务时,通常需要将反辐射无人机的发射起飞航路段置于敌防空火力杀伤范围之外。

2. 巡航突防

当反辐射无人机爬升至要求的巡航高度后,将按照预定的巡航路线进行自主飞行;在越过安全线后,将解除反辐射无人机战斗部引信的二级保险;在距离攻击区一定距离(通常为 10 km)时,反辐射无人机被动雷达导引头将开机工作,对目标雷达进行搜索。

反辐射无人机攻击区通常设置在敌纵深腹地,其要从发射阵地突防至攻击区,则必然会遭受到敌一体化防空系统的重重拦截。现在的一体化防空系统通常包含四道防线：第 1 道为远程打击线，是指距离在 200 ~ 400 km 上，对预警机和远距离支援干扰飞机，以及能正常进行跟踪的其他飞机和巡航导弹进行打击；第 2 道为中程拦截线，是指距离在 30 ~ 200 km 上，对投放空袭武器的载机进行拦截；第 3 道为近程拦截线，是指距离在 5 ~ 30 km 上，将各类空袭武器直接毁伤；第 4 道为末端防御线，是指在距所保卫要地安全边界线到 5 km 距离上，将各类空袭武器直接毁伤。对反辐射无人机而言，其面临的防空威胁主要是敌第 3 道防线和第 4 道防线，以及部分偶遇的第 2 道防线，具体为敌战斗机（直升机）、防空导弹、高炮等火力拦截威胁，以及敌卫星导航干扰系统的干扰威胁等。由于反辐射无人机本身并不携带威胁感知和火力抗击设备，其能否有效突防则完全取决于前期对巡航路径的有效规划和突防过程中支援掩护兵力的有效掩护。

3. 巡弋搜索

当反辐射无人机巡航突防飞行至攻击区后，其将自主转入巡弋搜索阶段，此时反辐射无人机将沿着事先规划好的搜索路径进行飞行，同时被动雷达导引头对视场范围内的目标雷达信号进行侦察截获。

在巡弋搜索阶段，反辐射无人机任务的核心是完成对目标雷达信号的侦察截获，其作战效能可通过信号侦察截获效率来表征，其作战效能的有效发挥则主要受目标雷达工作状态、反辐射无人机被动雷达导引头侦察能力、反辐射无人机搜索路径设置和攻击区内敌防空火力威胁等因素影响。在不改变装备性能的前提下，反辐射无人机可通过合理规划搜索路径以提升有效视场覆盖路径占比，同时采取诱攻结合战术以增加目标雷达在反辐射无人机侦察方向的信号照射时长，在巡弋搜索过程中，应尽量减少变高度和大转弯机动以提高反辐射无人机对目标雷达的信号侦察截获效率。

4. 俯冲攻击

当被动雷达导引头发现目标雷达，并确认是要被攻击的目标雷达后，无人机进入俯冲攻击阶段。首先无人机自动打开侧力板，然后进行调姿定位；当无人机与目标雷达视线角大于或等于一定角度时，进入俯冲攻击；最后以近似 90° 角（雷达顶空盲区）命中目标雷达。

在俯冲攻击阶段，反辐射无人机需完成对被动雷达导引头视场范围内的电磁辐射源进行信号识别和持续测定辐射源角度信息以引导攻击两项工作。其中，对电磁辐射源进行信号识别是反辐射无人机启动俯冲攻击的前提，其主要采取多通道同步检测的方式来实现宽频带、高精度的信号参数测量,并将所测量到的辐射源参数信息与反辐射无人机被动雷达导引头目标库进行匹配并确定其在目标库中的优先等级。若所检信号被成功匹配且为同时被检信号优先级最高时,则该目标信号将被确认为待攻击目标;对辐射源角度信息进行持续测定是准确引导反辐射无人机攻击的重要支撑,其主要采取"比幅"+"比相"的单脉冲测角方式以实现精准、快速的信号角度测量,该项工作起始于辐射源信号首个脉冲被截获,终止于反辐射无人机俯冲至低于决断高度或机体倾斜到一定角度。反辐射无人机在俯冲攻击阶段,极易受到诱饵干扰,为降低或弥补敌诱饵所带来的攻击效果损失,反辐射无人机可采取多机协同攻击、合理规划搜索路径等应对措施。

5. 拉起再搜索

在反辐射无人机执行俯冲攻击过程中,若目标雷达因关机或已被其他火力摧毁等原因,造成其信号长时间中断消失,同时反辐射无人机距目标雷达高度高于决断高度,反辐射无人机则会自动停止攻击,立即拉起并爬升到二次待机高度重新搜索目标雷达;若反辐射无人机距目标雷达高度低于决断高度,则反辐射无人机会根据目标雷达信号消失前的角度信息,按照记忆跟踪攻击模式继续对目标雷达进行攻击,该模式跟踪误差较大、攻击效果难以保证。

6. 引爆毁伤

在反辐射无人机持续进行俯冲攻击时,反辐射无人机与目标雷达之间的距离将逐步逼近,在二者之间的距离逼近到一定距离时(通常为引信所设置的爆炸高度),引信将引爆战斗部从而实现对目标雷达的毁伤。反辐射无人机战斗部装药量通常为几千克至几十千克,主要通过破片杀伤和爆破杀伤两种方式对目标雷达及相关武器平台和人员进行毁伤,其对目标雷达毁伤效果主要取决于被动雷达导引头跟踪精度、战斗部装药量、引信引爆高度、目标雷达位置、分布及抗毁伤能力等。对反辐射无人机而言,其对目标雷达的毁伤核心不在于对其进行摧毁,而是通过毁伤其关键部件、杀伤其操作人员或对操作人员造成心理压力,使目标雷达在较长一段时间内无法正常工作。

7.1.3 反辐射无人机的特点

反辐射无人机主要具有以下几个特点。

1. 体积小巧、隐身性好、突防能力强

反辐射无人机机体大量采用复合材料，机翼和机身是以木料为框架、使用玻璃纤维等复合材料冲压而成，具有较小的雷达反射面积；其发动机采用效率较高的转子发动机，红外特征较弱，具有较强的隐身能力。攻击时采用垂直高速俯冲攻击方法，由雷达顶空盲区进入，攻击阶段被敌防空火力击落的概率较小。

2. 复合制导、远距作战、命中精度高

反辐射无人机通常采用 GPS/GLONASS+航程推算等复合方式进行导航和被动雷达导引头寻的，能自主搜索、识别、跟踪、攻击目标，最大攻击距离可达数百公里，攻击精度小至数米，反辐射无人机的压制时间则可达小时以上，留空时间长，可对敌预警探测及防空反导系统进行长时间压制，为航空兵夺取制空权创造有利条件，为实施纵深打击开辟空中通道。

3. 防区外发射、机动性好、生存能力强

反辐射无人机系统通常在敌防区外通过车载发射，机动性和隐蔽性强，无人机在远离敌火力范围之外的阵地发射升空，完成发射任务后，可及时进行战术机动，迅速转移阵地。反辐射无人机到达预定目标上空后按照程序设定自主待机飞行，一旦搜索到任务设定的目标雷达信号即可自动攻击，不需要人工进行实时指挥引导，对发射人员及装备损伤威胁较小，具有较强生存能力。

4. 可恢复拉起、记忆功能强、抗雷达关机

反辐射无人机在被动雷达导引头截获到预定攻击目标雷达后，能立即进入攻击阶段，对目标雷达实施垂直攻击，若目标雷达采取关机对抗手段，无人机则可在一定高度上恢复拉起，恢复搜索目标雷达状态，继续搜索、压制或按照"记忆"数据继续执行攻击，可有效对抗目标雷达关机。

5. 集群作战、压制面积大、覆盖范围广

反辐射无人机具有搜索压制范围广、可在目标区长时间巡弋、可压制攻击多个目标雷达等特点。在确定目标雷达的种类、数量后，选择一定数量的无人机进行任务编程，并分配攻击优先等级，有重点地打击目标雷达，提高反辐射无人机的作战效能和压制效果。多架无人机组成的无人机集群可对广大区域内的多型、多部目标雷达实施长时间的压制。

|7.2　被动雷达导引头的功能与组成 |

7.2.1　被动雷达导引头的功能

　　反辐射无人机能否有效打击目标雷达的关键取决于被动雷达导引头的性能，它是反辐射无人机系统的核心部件之一。被动雷达导引头是安装在无人机上的目标跟踪装置，可对目标雷达信号进行搜索、截获以及识别。通过测量目标雷达的位置，然后根据无人机制导系统的导引规律，生成无人机飞行控制指令，送入飞行控制系统控制无人机的飞行轨迹，使之最终命中目标雷达。

　　具体来说，就是被动雷达导引头截获、跟踪目标雷达信号，实时测量目标雷达与飞行器轴线的夹角，即目标雷达辐射电磁波的到达角，并将此角度信息送给飞行控制系统，控制舵机使飞行中的反辐射无人机机体轴线与目标雷达的方向重合，保证反辐射无人机实时跟踪目标直至命中。为了完成对无人机的制导，被动雷达导引头主要完成以下基本任务[4-5]。

　　① 快速截获目标雷达信号。

　　② 采用单脉冲测向技术，实现到达角测量。

　　③ 利用单脉冲角度跟踪系统，产生跟踪角误差信号。

　　④ 根据角误差信号，实现对目标雷达的角度跟踪，引导反辐射无人机飞向目标雷达。

　　反辐射无人机被动雷达导引头装设在机体头部，采用宽频带技术，并通过四臂双模螺旋天线搜索跟踪目标雷达信号，对其频率、脉宽、脉冲重复周期等参数进行测量、分选识别，找出目标雷达后，形成控制指令传送给飞行控制系统去操纵机体的飞行状态，引导其命中目标雷达。

7.2.2　被动雷达导引头的组成

　　被动雷达导引头在无人机测向定位中发挥着举足轻重的作用。被动雷达导引头由无人机天线分系统、天线分系统支架、伺服系统、测向接收机、测频接收机、信号处理器、控制管理器、预置参数及指令接收组件、测试接口等组成，如图 7-3 所示。

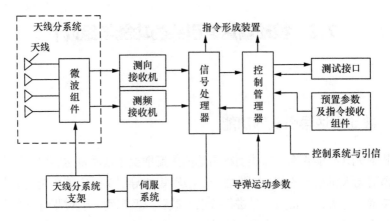

图 7-3　被动雷达导引头的组成

　　天线分系统是由微波组件和天线组成。无人机通过天线接收目标雷达信号，微波组件用来形成空间波束。一般来说，四副天线可测量出目标雷达信号到达被动雷达导引头的方位角和俯仰角。通过方位平面内的两副天线来测量方位角，通过俯仰平面内的两副天线来测量俯仰角。

　　四副天线在空间内形成四个波束，按照上下左右分布，部分波束会互相重叠。测频接收机用于雷达信号载波的频率和时域参数的测量。测向接收机用来测量目标雷达信号到被动雷达导引头时候的方位角和俯仰角。一共也是四个通道，其中两个用来处理来自方位平面的两副天线的信号，并进行比较，通过这个方法来形成方位角。同理，另外两个接收通道最终形成俯仰角。

　　天线接收到的信号，进入测频接收机和测向接收机。首先，测向接收机测出脉冲到达方向。测频接收机测出脉冲频率、到达的时间、宽度等参数。信号处理器依据两个接收机的输出结果进行信号的处理、分析等。

　　控制管理器根据需要既可以划分为单独的组件，也可以划分到信号处理器中。控制管理器包括微处理器和逻辑电路，根据信号处理器的处理结果和火力控制系统传来的各种信息，对被动雷达导引头和无人机的状态进行调整，以使无人机能够完成既定的作战任务。

|7.3 被动雷达导引头的工作原理|

7.3.1 被动雷达导引头的工作机理

反辐射无人机被动雷达导引头只有在满足方向对准、频率对准、时间对准、极化对准且接收到足够强的目标雷达信号的条件下才能有效截获目标雷达信号。

① 方向对准是当被动雷达导引头天线波束指向目标雷达，同时目标雷达波束指向被动雷达导引头时，被动雷达导引头才有可能截获到目标雷达信号。

② 频率对准是指被动雷达导引头的工作频率范围包含目标雷达的工作频率。

③ 时间对准是指目标雷达和被动雷达导引头的工作时间相互重叠。

④ 极化对准是指目标雷达和被动雷达导引头的极化方向一致或者二者有相同的极化分量。

⑤ 接收到足够强的目标雷达信号是指被动雷达导引头的接收机灵敏度不大于截获目标雷达信号功率。

图 7-4 所示为被动雷达导引头的基本原理框图。被动雷达导引头由微波天线及射频接收系统、现场可编程门阵列（field programmable gate array，FPGA）、信号分选装置、主控器数字信号处理器（digital signal processor，DSP）等组成，由信号分选装置完成信分选、识别及记忆，由主控器 DSP 形成导引指令，控制无人机在方位上跟踪目标雷达。

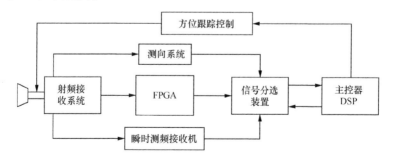

图 7-4　被动雷达导引头的基本原理框图

在实际电磁环境中，被动雷达导引头需要能检测单部连续波雷达、常规脉冲雷达信号以及多部目标雷达信号的相互交叠信号，还要能够对频率捷变、脉冲重频捷变、波形捷变和脉内调制等目标雷达信号进行分选。信号分选一般采用被动雷达导引头接收到的脉冲流与装载的目标雷达参数进行匹配，从而提取单部雷达脉冲序列，实现对目标雷达的跟踪。射频接收系统（接收机）采用单脉冲测向体制，由微波天线和波束形成器组成，测向系统形成方位信号，FPGA 检测出信号的脉宽和达到时间，瞬时测频电路完成对目标雷达信号的载频的测量。

被动雷达导引头是自寻的制导系统的关键设备。被动雷达导引头对目标雷达高精度的观测和跟踪是提高无人机制导精度的前提条件，因此，被动雷达导引头的基本参数应满足一定的要求。

（1）发现和跟踪目标雷达的距离

对于反辐射无人机，如果采用被动雷达寻的，则其发现和跟踪目标雷达的距离取决于被动雷达导引头的探测效能和系统工作模式（即被动雷达导引头的开启时间）。

（2）视场角

被动雷达导引头的视场角 Ω 是个立体角，被动雷达导引头在这个范围内观察目标雷达。视场角 Ω 由天线的特性（如扫描，多波束等）与工作波长来决定。要使被动雷达导引头的分辨率高，那么视场角应尽量小，而要使被动雷达导引头能跟踪快速移动目标雷达，则要求视场角增大。

对于固定式被动雷达导引头而言，视场角应大于或等于某个值，当视场角等于这个角度时，在系统的时延，目标雷达不会超出被动雷达导引头的视场，即要求：

$$\Omega \geqslant \dot{\varphi}\tau \tag{7-1}$$

式中，$\dot{\varphi}$ 为目标雷达视线角速度；τ 为系统时延。

对于活动式跟踪被动雷达导引头，视场角可以大大减小，因为在目标雷达视线改变方向时，被动雷达导引头的坐标轴 Ox 也随之改变自己的方向。如果要求被动雷达导引头精确地跟踪目标雷达，则视场角 Ω 应尽量减小，但是，由于目标雷达运动参数的变化，被动雷达导引头信号的波动，仪器参数偏离了给定值等原因，会引起跟踪误差，这些误差源的存在，使被动雷达导引头的视场角的允许值较小。

（3）中断自导引的最小距离

在自寻的系统中，随着无人机逐渐接近目标雷达时，目标雷达视线角速度随之增大，这时被动雷达导引头接收的信号越来越强，当无人机与目标雷达之间的距离缩小到某个值时，大功率信号将引起被动雷达导引头接收回路过载，从而不可能分离出关于目标雷达运动参数的信号，这个最小距离，一般称为"死区"。在无人机进入被动雷达导引头最小距离（"死区"）前，应当中断被动雷达导引头自动跟踪回路的工作。

（4）被动雷达导引头框架转动范围

被动雷达导引头一般安装在一组框架上，它相对机体的转动自由度受空间和机械结构的限制，一般限制在±40°以内，如某反辐射无人机框架角为±25°。

在实际作战应用中，可以采取以下措施来提高被动雷达导引头的作战性能。

① 扩展频率范围，使其成为超宽带被动雷达导引头，以适应复杂的战场电磁环境。

② 提高被雷达动导引头抗诱饵能力，主要依靠信号处理单元的信号分选和识别性能的提高。

③ 提高被动雷达导引头抗关机能力，主要依靠频率记忆和位置参数记忆分系统以及采用复合制导体制。

7.3.2　被动雷达导引头的测向原理

被动雷达导引头不能测量目标雷达的距离信息，它是根据测量目标雷达来波方向来跟踪目标雷达的。因此，测向是被动雷达导引头的关键，这要求被动雷达导引头具有较大的瞬时视野、高的测向精度和角度分辨率。

被动雷达导引头主要采用比幅法测向和相位干涉仪测向[6-7]。

1. 比幅法测向

用多个独立的不同波束指向的天线（覆盖 360°的空间区域）对同一目标雷达信号进行侦察搜索时，对于天线来说总有一对相邻的波束分别输出最强和次强的目标雷达信号，通过比较这对相邻波束输出信号包络幅度的相对大小就可以确定目标雷达的方位。它的优点是测向精度较高；缺点是系统较为复杂。

反辐射无人机被动雷达导引头在机头部分一般装有由 4 个平面螺旋天线组成的测向系统，两个位于垂直平面内，以测量目标雷达的俯仰角偏差。其余两个位于水平面内，用于测量方位角偏差。其相对位置如图 7-5 所示。

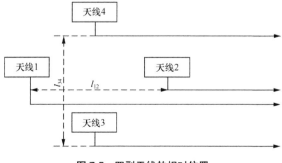

图 7-5　四副天线的相对位置

天线 1 和天线 2 水平排列，视轴指向张角为 θ_s，基线长度为 l_{12}，实现对目标雷达方位角的测量；天线 3 和天线 4 垂直排列，视轴指向张角为 α_s，基线长度为 l_{34}，实现对目标雷达俯仰角的测量。

以同一水平面的天线为研究对象，假设两副天线方向图相同且满足对称性：$F(\theta)=F(-\theta)$。两副天线形成相对于等信号方向偏离 $\pm\theta_s$ 的两个形状相同的交叉波束，如图 7-6 所示。

当目标雷达方向位于两天线之间，且偏离两天线等信号方向的夹角为 θ_r 时，对应的通道输出信号 $S_1(t)$，$S_2(t)$ 分别为：

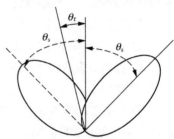

图 7-6　振幅法测向天线方向图

$$S_1=K_1F(\theta_s-\theta_r)\alpha(t) \tag{7-2}$$

$$S_2=K_2F(\theta_s+\theta_r)\alpha(t) \tag{7-3}$$

式中，$\alpha(t)=A\cos(\omega t+\varphi)$ 为目标雷达信号；A 是目标雷达信号的振幅；ω 是目标雷达信号的角频率；φ 是初相位；K_1 和 K_2 为两副天线对应通道的增益。

对于振幅的比较，主要采用比幅法。平面螺旋天线的方向图函数 $F(\theta)=\mathrm{e}^{\left[-\left(\frac{k\theta}{\theta_r}\right)^2\right]}$ 来近似。其中 $k=-1.3836$ 为常数，θ_r 为半功率波瓣宽度。

当 $K_1=K_2=k$ 时，两路信号幅度的比值为：

$$R_b=\frac{S_1}{S_2}=\frac{K_1F(\theta_s-\theta_r)\alpha(t)}{K_2F(\theta_s+\theta_r)\alpha(t)}=\frac{F(\theta_s-\theta_r)}{F(\theta_s+\theta_r)} \tag{7-4}$$

根据比值的大小，可以判断目标雷达偏离等信号等方向的夹角 θ 的大小和方位。在实际应用中，通常用对数相减代替比值，即

$$R=\lg S_1(t)-\lg S_2(t)=\lg\frac{S_1(t)}{S_2(t)}=\lg\left[\frac{F(\theta_s-\theta_r)}{F(\theta_s+\theta_r)}\right] \tag{7-5}$$

由式（7-5）可知，当 $K_1=K_2=k$ 时，可得：

$$\theta=\frac{R\theta_r^2}{24\theta_s\theta} \tag{7-6}$$

只要测得功率比值 R，就可以求出入射角信号角度 θ。

两路信号的差值为：

$$S_\Delta=S_1(t)-S_2(t)=K[F(\theta_s-\theta_r)-F(\theta_s+\theta_r)]\alpha(t) \tag{7-7}$$

在单调区间 $[-\theta,\theta]$ 内，可用 S_Δ 来判断角度 θ 的大小及方向。通常是用两路信号的和值：

$$S_\Sigma = S_1(t) + S_2(t) = K[F(\theta_s - \theta_r) + F(\theta_s + \theta_r)]\alpha(t) \tag{7-8}$$

和信号与差信号共同完成角误差的提取与测量。

比幅法测向的误差主要包括系统误差和随机误差两个部分。系统误差是由测向系统元件的元器件局限性所引起的误差。对于式（7-6）的 θ_s、θ_r、θ 进行全微分，可得出用微分变量表示的系统误差 $\Delta\varphi$ 为：

$$\Delta\varphi = \frac{R\theta_r}{24\theta_s}\Delta\theta_r - \frac{R\theta_r^2}{24\theta_s^2}\Delta\theta_s + \frac{\theta_r^2}{24\theta_s}\Delta R \tag{7-9}$$

式（7-9）表明，波束宽度的变化 $\Delta\theta_r$、张角的变化 $\Delta\theta_s$ 以及幅度比值的变化 ΔR 都可能引起测角误差。

随机误差主要是由测角系统的内部噪声（电噪声）引起的。由于相邻通道的内部噪声是不相干的，在幅度比值运算时，二者不能互相抵消，故会引起通道失衡，造成测角误差。

2. 相位干涉仪测向

相位干涉仪测向原理如图 7-7 所示，两天线单元间距为 d，目标雷达方向与视轴夹角为 θ，两天线单元接收信号的相位差为：

$$\varphi = \frac{2\pi}{\lambda}d\sin\theta \tag{7-10}$$

式中，λ 为目标雷达的工作波长。

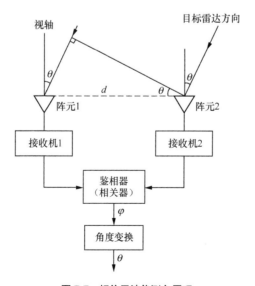

图 7-7 相位干涉仪测向原理

若两个阵元接收的信号送入鉴相器，经过鉴相器后得到阵元 2 与阵元 1 接收信号的相位差 φ，则入射角 θ 为：

$$\theta = \arcsin \frac{\varphi\lambda}{2\pi d} \tag{7-11}$$

对入射角 θ 求全微分可得：

$$\Delta\theta = \frac{\Delta\varphi}{\frac{2\pi}{\lambda}d\cos\theta} + \frac{\Delta\lambda}{\lambda}\tan\theta - \frac{\tan\theta}{d}\Delta d \tag{7-12}$$

假定频率是不变化的，则式（7-12）可简化为：

$$\Delta\theta = \frac{\Delta\varphi}{\frac{2\pi}{\lambda}d\cos\theta} \tag{7-13}$$

由式（7-13）可知，测角精度与天线单元间距 d 和到达角 θ 有关。若减小间距 d，则 $\Delta\theta$ 将增大，即测角精度下降。对于到达角 θ，当 $\theta=0°$ 时（与天线视轴一致时），测角误差最小。当 $\theta=90°$ 时（与天线基线一致时），测角误差非常大。因此，被动雷达导引头的视场角不能太大，通常为 $\pm30°$；在具体设计时，由于在较低频率上容易实现比相，所以通常将射频信号与同一本振信号混频，在中频进行比相。图 7-8 所示为相位干涉仪测向的系统框图。

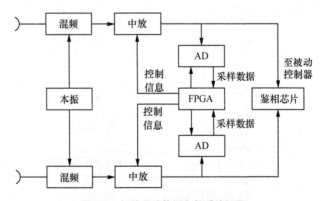

图 7-8 相位干涉仪测向的系统框图

相位干涉仪中的 φ 存在周期（周期是 2π），当超过一个周期的时候，会造成测角模糊。相位干涉仪是以视轴为对称轴，在其左右均能完成测向任务，所以在视轴两侧的最大相位差为 π 与 $-\pi$，位于视轴方向 $\theta=0$，$\varphi=0$。当目标雷达位于视轴右侧的最大方位角 $\theta_{\max}$ 时，$\varphi=\pi$，代入式中（7-11），可得：

$$\theta_{\max} = \arcsin(\lambda / 2d) \qquad (7\text{-}14)$$

目标雷达位于视轴左侧的最大方位角为：

$$-\theta_{\max} = \arcsin(\lambda / 2d) \qquad (7\text{-}15)$$

所以不模糊视角为：

$$\theta_{u} = \left|\theta_{\max}\right| + \left|-\theta_{\max}\right| = 2\theta_{\max} = 2\arcsin(\lambda / 2d) \qquad (7\text{-}16)$$

要扩大干涉仪的线性视角范围，必须采用小的天线间距 d，但这和测角精度相矛盾。对于单基线相位干涉仪来说，这个矛盾是无法解决的，因此，采用多基线干涉仪，视角范围 θ 与测角精度之间的矛盾可以得到解决，即短间距干涉仪决定视角宽度，长间距干涉仪决定测角精度。

针对相位干涉仪测向技术存在的相位模糊问题，出现了许多适用于不同条件下的解模糊方法，如长短基线、参差基线等，每种解模糊方法都有其具体的适用条件，应根据实际情况采用相应的解模糊方法。下面选取工程中几种较简易的解模糊方法进行介绍。

（1）长短基线解模糊

长短基线解模糊是利用长基线和短基线的组合来解相位模糊的方法，短基线可以解相位模糊，长基线可以保证相位模糊。长短基线解模型的原理如图 7-9 所示。天线 1、天线 2 构成短基线，基线长度为 $d_{12}\,(d_{12} \leqslant \lambda/2)$，不存在相位模糊；天线 1、天线 3 构成长基线，基线长度为 d_{13}，当信号频率和入射角度较大时，有可能存在相位模糊。假定 $d_{13}/d_{12} = n$，当鉴相器测得天线 1、天线 2 间的相位差 ϕ_{12} 后，可以估算天线 1、天线 3 间的相位差为 $n\phi_{12}$，而根据鉴相器得到的天线 1、天线 3 间存在模糊的相位差和可能存在的模糊周期数可以得到一个与 $n\phi_{12}$ 最为接近的实际相位差 ϕ_{13}，将其作为天线 1 和天线 3 间无模糊的相位差，便可以由此反推得到具有较高测角精度的入射角。

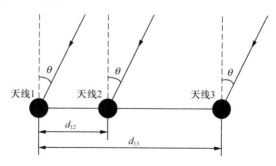

图 7-9　长短基线解模糊的原理

在长短基线组合解模糊中，无模糊视角 $\theta = 2\arcsin\left(\dfrac{\lambda}{2d_{12}}\right)$，忽略由于频率的

不稳定性所产生的误差，则它的测角误差为：

$$\Delta\theta = \frac{\lambda\Delta\phi_{13}}{2\pi d_{13}\cos\theta} \tag{7-17}$$

短基线决定最大不模糊入射角，长基线决定测角精度，这在一定程度上解决了单基线干涉仪存在测角范围与测角精度之间的矛盾。但是长短基线接模糊方法要求短基线长度必须小于入射信号的半个波长，而当入射信号频率较大时，由于受到天线半径尺寸的影响，物理上无法实现，因此长短基线受信号频率影响较大，不适用于较高信号频率的信号环境。

（2）参差基线解模糊

参差基线解模糊又称为余数定理解模糊，它是根据中国的余数定理而来的，要求基线长度满足互质的关系。下面以双基线干涉仪为例来说明参差基线解模糊的原理。

如图 7-10 所示，当入射角为 θ 时，天线 1、天线 2 之间和天线 1、天线 3 之间的相位差分别为 ϕ_1 和 ϕ_2。其中：

$$\phi_1 = \frac{2\pi d_1\sin\theta}{\lambda} \tag{7-18}$$

$$\phi_2 = \frac{2\pi d_2\sin\theta}{\lambda} \tag{7-19}$$

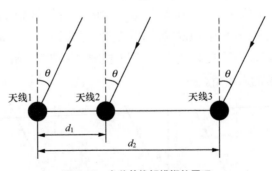

图 7-10   参差基线解模糊的原理

因为基线长度大于入射信号半波长，所以：$\phi_1 = 2\pi N_1 + \varphi_1$，$N_1 \geqslant 0$ 且为正整数，$0 \leqslant \varphi_1 \leqslant 2\pi$；$\phi_2 = 2\pi N_2 + \varphi_2$，$N_2 \geqslant 0$ 且为正整数，$0 \leqslant \varphi_2 \leqslant 2\pi$，$\varphi_1$、$\varphi_2$ 为 ϕ_1、ϕ_2 关于 2π 的余数。所以：

$$\frac{d_1 \sin \theta}{\lambda} = N_1 + \frac{\varphi_1}{2\pi} \qquad (7\text{-}20)$$

$$\frac{d_2 \sin \theta}{\lambda} = N_2 + \frac{\varphi_2}{2\pi} \qquad (7\text{-}21)$$

取基本基线 d_0，并且 $d_i = \dfrac{d_0}{m_i}$（i=1,2），则 $\dfrac{\phi_2}{\phi_1} = \dfrac{d_2}{d_1} = \dfrac{m_1}{m_2}$，其中 m_1、m_2 互质，$m_1 d_1 = m_2 d_2$。根据式（7-20）、式（7-21）以及 $m_1 d_1 = m_2 d_2$ 关系就可以求解来波方向 θ。

7.3.3　被动雷达导引头的测频原理

目前，测频技术有很多，但是瞬时测频接收机已发展成为现代电子战系统的关键性设备。它的优点是体积小、精度高、适应性强。

数字计数式瞬时测频就是在一段与被测信号 f 的若干个周期相对应的时间段 T 内，分别对被测信号和一个相对较高频率的时钟信号 f_c 的周期进行计数，然后利用计数的结果换算出被测信号的频率。其原理是利用较高频率（较短周期）的时钟去测量一个较低频率（较长周期）的信号。或者说，用一个较小的时间计量单位，去度量一段较长的时间。在这里，时钟信号的周期就扮演着时间计量单位的角色。计数测频方法的基本公式为：

$$f = \frac{n f_c}{m} \qquad (7\text{-}22)$$

式中，n 是时间窗口 T 内信号 f 的周期个数；m 是时间 T 内时钟信号 f_c 的周期个数。可见，要使测量误差 Δf 小，m 要尽可能大；m 大的方法有两种：一是加大 T，二是提高时钟频率。在实际工程中，时间窗口 T 对应的是被测信号的脉宽 τ，实际往往要求实现窄脉冲条件下的瞬时测频，因此时间窗口 T 的加大受到限制。要减小测频误差，只有提高时钟频率。

直接提高时钟频率的空间非常有限，所以可采用等效提高时钟频率的办法来解决这一问题。如果对时钟信号移相 180°（倒相），再分别同时对时钟及移相后的时钟两路信号的脉冲前沿计数，并把两者结果相加。从宏观上看，其结果等效于对时钟信号的前、后沿计数。或者说，等效于把时钟信号的频率提高了一倍。同理，如果把时钟信号移相 90°，则可形成时间上等距离错开的四路信号，其结果是得到原时钟信号四倍频的等效时钟信号。图 7-11 所示为实现数字式计数瞬时测频的电路框图。

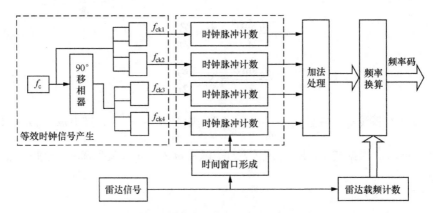

图 7-11　实现数字式计数瞬时测频的电路框图

现代电子战信号环境日益复杂，有通信信号、雷达信号、有源干扰信号、激光信号、红外信号、电视信号等各种类型的人为电磁辐射信号及其他干扰信号。其主要特点如下。

① 雷达体制多样化，抗侦察、抗干扰能力大大提高，这增加了信号分选与跟踪的难度。

② 信号密度急剧增加。到 20 世纪 80 年代，信号密度已达每秒 50 万～100 万脉冲。

③ 雷达占用的频谱大大扩展。尽管常规雷达的工作频率大都集中在 0.5～18 GHz 的频域内，但目前已有 35 GHz 工作频率的火控雷达在研制中，将来的雷达工作频率可能会更高。

每部雷达都有区别于其他雷达的特征，即时域、频域、空域特征，其中脉冲重复周期是非常重要的一个参数。传统的重频分选算法如下：先对交织在一起的雷达脉冲进行频域、空域预分选，然后对稀释后的雷达脉冲流进行重频分选（利用脉冲重复频率 PRF 或脉冲重复周期 PRI）。传统的重频分选算法主要是基于直方图统计的方法，所针对的重频形式为参差 PRI、抖动 PRI 及固定 PRI。

在被动雷达动导引头的目标雷达判断、识别过程中，信号的重频检测是在载频满足装载的条件下才进行的。也就是说，输入的信号先进行瞬时测频，如果载频值满足预先装订的范围，则对该信号进行视频检波，然后用 FPGA 测出重频。

┃参考文献┃

[1]　全军军事术语管理委员会. 中国人民解放军军语[M]. 2011 版. 北京: 军事科学出版社, 2011.

[2] 朱会, 武文军, 张天文. 决胜电磁空间的 "雷达杀手"—反辐射无人机透视[J]. 国防科技, 2007, 8(1): 35-38.

[3] FAHLSTROM P G, GLEASON T J. 无人机系统导论[M]. 郭正, 王鹏, 陈清阳, 等译. 4 版. 北京: 国防工业出版社, 2016.

[4] 司锡才, 赵建民. 宽频带反辐射导弹导引头技术基础[M]. 哈尔滨: 哈尔滨工程大学出版社.

[5] 曲长文, 陈铁柱. 机载反辐射导弹技术[M]. 北京: 国防工业出版社, 2010.

[6] 杜镇奇, 姜永华, 段鲁生, 等. 被动导引头寻的技术研究[J]. 辽宁工程技术大学学报(自然科学版), 2012, 31(1): 114-117.

[7] 谢红, 孙莹. 两点源作用下被动导引头测向性能仿真与分析[J]. 哈尔滨理工大学学报, 2008, 17(3): 110-114.